中等职业教育农业农村部“十三五”规划教材

水生动物病害防治

叶志辉　主编

中国农业出版社
北　京

内容简介

本教材系统地阐述了水生动物病害的基本原理和防治方法，着重介绍了我国水生动物养殖常见疾病的病原、症状和病理变化、流行情况、预防措施和治疗方法。全书包括：绪论、病理学基本概念、寄生虫学基本概念、药理学基础及渔药、病害的发生与控制、由微生物引起的疾病、由寄生虫引起的疾病、其他原因引起的疾病等内容。本教材可供水产养殖专业教学之用，还可供相关专业的师生、科研单位和基层水产养殖从业者参考。

编 写 人 员

主　编　叶志辉
副主编　沈卓坤
编　者　（以姓氏笔画为序）
王春燕　叶志辉
李丽鹃　沈卓坤

前言

我国水域、水产资源丰富，水产养殖业是我国农业经济的重要支柱产业之一。水生动物疾病防治对于我国水产行业快速、健康发展至关重要。为了适应中职学生的“必需、够用”的原则，本教材力求做到知识全面、信息最新、由浅入深、循序渐进。重点阐述了水生动物疾病学的基本原理和防治方法，对于我国水生动物养殖中常见疾病的病原、症状和病理变化、流行情况、预防措施和治疗方法分别叙述，并加入大量图片。通过本教材的学习可以系统地认识和了解水生动物疾病的基本概念和基础知识，掌握主要病害的诊断和防治技术。

本教材由四川省水产学校叶志辉主编，编写分工如下：叶志辉（四川省水产学校）编写绪论、第四章、第五章、第六章第三节和第四节，沈卓坤（广东省海洋工程职业技术学校）编写第七章、第八章，王春燕（安徽生物工程学校）编写第一章、第二章、第六章第一节和第二节，李丽鹃（四川省水产学校）编写第三章及附录。

由于编者水平有限，教材中不足之处在所难免，恳请广大读者批评指正。

编　者

2020 年 2 月

目 录

绪　论

（一）水生动物疾病学研究的内容、性质和任务

水生动物疾病学是研究水生动物疾病的发生、发展、消亡规律及诊断和防治方法的科学，是一门理论性和实践性都很强的学科。一方面，以寄生虫学、微生物学、动物生理学、动物组织学、病理学、药理学和水环境学等学科为基础；另一方面，它是同水生动物养殖生产密切结合起来，在水生动物病害的预防和治疗实践中建立并发展起来的一门科学。具体研究的内容包括疾病发生的原因、病理机制、流行规律，以及诊断、预防和治疗方法等。

水生动物疾病学的任务就是运用疾病学的知识，正确地诊断和防治疾病，推广和普及水生动物疾病的防治技术，推广健康养殖，更好地为养殖生产服务，使养殖产量达到稳产、高产，使水产养殖业快速、健康、可持续发展。同时，水生动物疾病学还要提高和加强本学科的基础理论的研究，采用新技术和新方法扩大其研究的外延，加深其研究的内涵，提高水生动物疾病学的理论水平。

（二）水生动物疾病学与其他学科的关系

水生动物疾病学是一个系统工程，涉及许多学科。水生动物正常的形态、组织结构和生理活动，是研究水生动物疾病的理论基础。只有掌握了水生动物的形态学与生理学知识，才能在其发生病害后做出正确判断和研究其发生病害后的系列变化。在研究水生动物病害的发展规律和防治措施时，必须很好地应用寄生虫学、病理学、组织解剖学、流行病学等有关的专业知识，以及生物学、动物学、微生物学、水化学等基础知识。此外，本学科还与许多其他新兴科学和技术有着密切联系，如电子显微技术，超薄切片和负染技术，酶联免疫吸附试验等，促进了对病毒、支原体的研究。在学习和研究水生动物病害时，必须注意与相关学科的联系，才能开拓思路，更好地指导病害防治工作。

（三）水生动物疾病的特点

改革开放以来，我国水产养殖业总体上一直保持持续稳定、又好又快的高速发展态势，但在水生动物养殖业高速发展的同时，海、淡水养殖品种的各种病害频繁暴发，每年造成鱼、虾、蟹、鳖、贝类等的经济损失也处于迅速上升态势，主要表现为新的疾病出现频率加快、暴发性强、并发症多等特点。

1. 新的疾病出现频率加快　近年来，水生动物养殖已从鱼类迅速扩展到甲壳类、两栖类、爬行类，鱼类养殖的品种也日益增多，特别是一些以海洋为栖息环境的品种。这些品种从野生到家养，生态环境发生了较大的变化，因而导致了很多新的疾病发生。如大黄鱼的烂尾病，中华绒螯蟹的颤抖病，中华鳖的白斑病，对虾的白斑综合征、黄头病、桃拉综合征

等。这些新的疾病由于发生快、人们对其还缺乏认识，尚无有效的控制方法，因此造成了较大的损失。

2. 多病原性的混合感染增加，并发、继发性疾病普遍 在常规养殖鱼类疾病诊断过程中，常常发现寄生虫病并发细菌性疾病，多种细菌性疾病混合感染以及与病毒性疾病、真菌性疾病混合感染，而且这种多种疾病并发的现象已成为一种常态。如草鱼的烂鳃病常与车轮虫病、指环虫病并发，低温期又常伴有鳃霉病的发生，有时也与赤皮病、肠炎、肝综合征并发；淡水鱼类细菌性败血症，病原除了嗜水气单胞菌外，还有温和气单胞菌、鲁氏耶尔森菌等。

3. 急性暴发型疾病占据了较重要的地位 高温养殖期以及养殖中后期是水产养殖动物养殖成败的关键时期。在此阶段，一方面，因为水产养殖动物快速生长使养殖负荷快速增加；另一方面，因人为活动使养殖水体富集大量残饵、粪便等有机质，致使病原微生物大量滋生，这都为疾病的传染提供了有利条件，一旦天气突变就会引发水产养殖动物疾病大规模暴发，如常规养殖鱼类的细菌性败血症、斑点叉尾鮰的疖疮综合征、罗非鱼的链球菌病、对虾的白斑综合征、“红体病”和“偷死症”、罗氏沼虾的“滴星病”以及河蟹的“上岸不下水症”等，一旦暴发，死亡率高，病程长，治愈难度大，养殖者往往束手无策。

4. 疾病流行的速度加快，区域扩大，危害增加，很多疾病成了全球性的疾病 中华鳖的出血性肠道坏死症几乎在中国所有的鳖养殖区均有发生；在珠三角地区肆虐多年的鳜病毒性出血病也在全国各鳜主养区频频发生，发病率及病死率逐年攀升；对虾的白斑综合征，鲑鳟类的传染性胰坏死症、传染性造血器官坏死症已经是全球性的疾病。造成这种现象的原因与检疫意识差、检疫制度不严格有很大关系。

5. 某些寄生虫病仍有较大的危害性 一般认为，水生动物的寄生虫病较易控制，因此人们对其危害性不太重视。大多数细菌性与病毒性疾病都是因寄生虫寄生后造成表皮损伤，为细菌与病毒入侵打开门户所致。由于药物的滥用，目前很多寄生虫均产生了较大的耐药性，而且耐药性虫体产生的速度十分惊人，每到鱼病的高发期，都会面对硫酸铜、敌百虫的用量逐年加大的现实，稍不注意又会引发药害事故。目前，防治指环虫病、三代虫病等单殖吸虫病唯一有效的药物是甲苯达唑溶液，但当被二次使用时，其使用效果就会大打折扣。而有些寄生虫病，如黏孢子虫病、吉陶单极虫病、白鲢疯狂病、小瓜虫病等的防治至今仍是世界性难题。

6. 环境胁迫导致的疾病发生率呈明显的上升态势 目前水生动物的疾病不仅表现在病原性疾病的发病率增加，更表现在因环境胁迫引起的疾病发病率增加。疾病现场诊断过程中经常发现蓝藻水华水、红水、黑水、白浊水等不良水质，尤其与季节交替、持续阴雨以及天气突变等环境条件的改变密切相关。例如，桑尖瘟期的草鱼综合征、黄颡鱼的裂头综合征、台风过后对虾白斑综合征都与气候密切相关。因环境胁迫引起的疾病发病率上升的原因，一方面，是大多数水生动物集中养殖区域的公用进排水环境因非自然原因造成污染；另一方面，是因为养殖池塘常年不清淤、高密度放养、过量投饵施肥、不注重水质和底质维护等导致养殖水环境恶化，严重时引起水产养殖动物氨及亚硝酸氨中毒症等，再加上气候原因，微生物繁殖力差，藻类光合作用差，水体初级生产力低下，导致大量有机物得不到转化利用，加速了水环境的恶化，诱发各种疾病。

7. 营养不合理导致的疾病呈明显的上升态势 水生动物因营养不合理导致的病变最引

人关注的莫过于肝综合征，肝综合征明显降低了水生动物自身抵抗力，诱发各种疾病的发生，虽然引起水生动物肝综合征的原因很多，但饲料营养成分配比不合理、投喂过量、滥用药物是发病的重要因素。

8. 不明疾病对水生动物的危害时有发生　“不明疾病”对水生动物的危害性迅速加重，如鲫的红鳃病、黄颡鱼的裂头综合征、鲤的坏鳃死亡症、乌鳢的诺卡氏菌病、罗非鱼的链球菌病等在近几年都给水产养殖业带来很大的危害，尽管很多学者已经分离出了病原微生物，但从临床表现与治疗看，大多数不可能是由单一病原引起，而且治疗该类疾病的药物开发速度远跟不上疾病变化的速度，现在通常采用以水质改良、口服药物、提高抗病力为主的综合办法，但治疗效果常常不理想。

（四）水生动物病害防治的发展概况及趋势

1. 水生动物病害防治的发展概况

（1）轻预防、重治疗。水生动物自始至终都生活在水中，其活动行为不易被察觉。疾病发现难、治疗难，一旦发病，患病的水生动物不仅对外界环境的抵抗能力差，免疫能力低下，且对药物耐受性较差。患病的个体往往食欲减退或无法进食，即使是特效药物也很难发挥作用。“无病先防、有病早治、防重于治”是我国在鱼病防治过程中长期理论与实践经验的科学总结与概括。但养殖业者通常是在水生动物发病后，才意识到预防的重要性，很少有无病先防的主动意识。

（2）缺乏科学的用药指导。水生动物病害防治需要扎实的专业基础和丰富的实践经验，实际操作往往采用经验式的处方或一成不变的药物来治疗。主要表现为：在不了解渔药理化性质的条件下随意配伍药物；不注意药品的使用注意事项，不合时宜使用药物；很少考虑用药后药物对水环境和水产养殖动物的伤害及水产品的安全性；选择低价劣质的渔药甚至“三无”渔药。

（3）养殖技术和养殖模式不合理。现有的养殖技术与集约化、多种类混合、高密度养殖模式严重不适应。例如，养殖布局不合理，养殖比例失衡，养殖密度超过水体负载能力，优良抗病品种比较匮乏，缺乏必要的专用配合饲料。

（4）专用高效药物资源稀缺。部分渔药被废止或禁止使用，又无新的有效替代药物，导致对部分水生养殖动物病害无药可治。

2. 水生动物病害防治的趋势

（1）强化“无病先防、有病早治、防重于治”的意识。在水生动物疾病防治过程中，应坚持“无病先防、有病早治、防重于治”的基本原则。只有实实在在履行“防重于治”，才能真正收到事半功倍的养殖效果，才能在水产养殖上真正做到防病于未然，把水生动物因疾病引起的损失降到最低限度。正确诊断水生养殖动物疾病是科学选好药、用好药的首要前提和基本条件，正确诊断鱼病与正确使用渔药对科学防病、综合防病具有举足轻重的作用。

（2）加快专用新渔药的研制。在当前水生动物疾病日益严重的态势下，加快绿色、健康渔用新药的联合开发力度，是现在或今后相当长一段时期水产工作者的首要任务。特别是当前各种名优鱼类的病毒病、小瓜虫病、水霉病、车轮虫病、单殖吸虫病、孢子虫病以及不断发生的不明原因疾病等，目前尚无有效药物可供选择，防治技术和方法混乱。若不能从根本上解决这些顽固性疾病的防治，简单强调“健康养殖”是不现实的，而解决方法只能是政策支持、联合创新，既要强调水生动物疾病防治的基础科学和应用基础研究，又要重视专用新渔药的研发，更不能忽视生态预防、免疫预防的方向性研究。

（3）培育优良品种，提高抗病力。种质是健康养殖的物质基础。当前，我国大多数水生动物养殖品种是采用自繁自育的亲本，近亲繁殖、回交的现象较为普遍，缺乏正确的系统选育，导致种质退化、生长缓慢、抗病力差。因此，应加强种质保护和改良，培育优良品种，提高养殖品种的抗病力。

（4）修复水产养殖生态环境。水环境的好坏是决定水产养殖动物能否健康、快速生长和繁殖的根本条件。因此，应使用物理、化学和生物方法来修复或改善养殖生态环境，创造适宜水生动物生存的良好生态条件，确保其健康生长。

思考题

1. 水生动物疾病学的概念是什么？
2. 水生动物疾病学的任务是什么？
3. 简述我国水生养殖动物病害防治的现状与对策？

第一章　病理学基本概念

病理学是研究疾病发生发展中机体的形态、功能和代谢等方面的变化及其规律的科学，为诊断和防治疾病提供必要的理论基础。

基本病理过程又称为一般病理过程，是指很多疾病所共有的病理过程。本章着重介绍与水生动物疾病有关的一些病理学知识。

第一节　血液循环障碍

血液循环是指血液在心血管系统中循环流动的过程。正常的血液循环是动物机体新陈代谢和功能活动的重要保证。机体通过血液循环向各器官组织输送氧气和营养物质，并携带和清除组织中的二氧化碳及代谢产物。血液循环障碍，会引起组织代谢障碍，功能失调和形态改变，严重时损害器官组织，甚至引起组织死亡。

血液循环障碍按其发生原因和波及范围不同可分为局部性和全身性两类，常见的如贫血、充血、出血、梗死、血栓形成和栓塞等。局部性血液循环障碍通常由局部因素引起，表现为局部组织或个别器官的血液循环障碍，主要包括 3 个方面的内容：一是局部血量变化，如局部充血和局部淤血；二是血液性状的改变及其后果，如血栓形成、栓塞、梗死和弥散性血管内凝血；三是血管壁的完整性和通透性改变，如出血和水肿。全身性血液循环障碍主要是由心血管系统损伤所引起的波及全身各器官、组织的血液循环障碍。

一、充　血

器官或局部组织的血管内血液含量增多称为充血，可分为动脉性充血和静脉性充血两种。

1. 动脉性充血　由于小动脉扩张而流入局部组织或器官中的血量增多，称为动脉性充血，又称为主动性充血，简称充血。动脉性充血既有生理性的，也有病理性的。如鱼类剧烈游动时，肌肉组织和鳃由于活动量增加，力度增强，流往该处的动脉血量增多，属于生理性充血；病理性充血是由于病毒、细菌、寄生虫等致病因子的作用而发生的毛细血管扩张、血流加快、血量增多和组织器官呈鲜红色等现象。病理性充血常伴有血液中渗出成分增多、组织器官炎症、体积增大和肿胀等症状。

2. 静脉性充血　由于静脉血液回流受阻而引起局部组织或器官中的血量增多，称为静脉性充血，又称被动性充血，简称淤血，可分为全身性和局部性两种。静脉性充血一般均为病理性的，对机体的影响一般较动脉性充血严重。

二、贫　血

组织或器官动脉血输入减少或停止，或血液中血红蛋白或红细胞数量低于正常值的现象，称为贫血，也称为缺血。轻度贫血时，组织或器官颜色苍白，功能降低；严重贫血时，组织细胞出现萎缩、变性或坏死。如患细菌性烂鳃病的草鱼鳃丝发白、腐烂和坏死。

1. 出血性贫血 因出血造成血液中红细胞丧失超过补偿的速度。如虹鳟的病毒性出血败血症和斑点叉尾鮰病毒病，其病毒能在血管组织内皮细胞中生长，从而引起血管破裂出血。

2. 吸血性贫血 如蛭等吸血为食的寄生虫寄生在水生动物体表，吸食血液，使机体血量减少，出现贫血现象。

3. 营养性贫血 因缺乏某种营养物质，引起机体造血障碍，使血液生成量减少，称为营养性贫血。如缺乏叶酸、铁或维生素 B_{12} 均能引起贫血。

4. 溶血性贫血 在正常情况下，巨噬细胞能破坏血液中衰老的红细胞，使机体血液保持新鲜，并可重新利用所含的铁。但发生溶血性贫血时，血液中红细胞大面积遭到破坏，其破坏程度远远超过正常情况下红细胞新老交替速度。最常见的是血液中寄生原虫和鳗弧菌，它们均能产生溶血素，引起溶血性贫血。

5. 肾和脾疾病引起的贫血 水生动物肾和脾具造血功能，造血组织因疾病损伤常导致血细胞生成减少而引起贫血。如传染性造血组织坏死病和杆状细菌肾病等引起的贫血。

三、出　　血

血液流出心脏或血管之外，称为出血。血液流出体外，称为外出血；血液流入组织间隙或体腔内，称为内出血。根据出血发生的机制可分为破裂性出血和漏出性出血两类。

1. 破裂性出血 是由血管破裂造成的出血，可发生于心脏、动脉、静脉和毛细血管的任何部分。破裂性出血一般出血量多，组织间隙多出现水肿。其原因为：一是机械性损伤，如刺伤、咬伤等损伤血管壁，血液流出血管之外；二是侵蚀性损伤，如在炎症、肿瘤、溃疡、坏死等过程中，血管壁受周围病变的侵蚀作用，以致血管破裂而出血。

2. 漏出性出血 又称渗出性出血，是由于小血管壁通透性增高，血液通过扩大的内皮细胞间隙和损伤的血管基底膜而缓慢地漏出到血管外。其原因为病原生物入侵、血管发生炎症等。渗出性出血一般出血量较少，皮肤黏膜多出现出血点或出血斑。

四、血栓形成

在活体的心脏或血管内，血液发生凝固或血液中某些有形成分析出、黏集形成固体质块的过程，称为血栓形成。在这个过程中所形成的固体质块称为血栓。

血栓形成的原因有心血管内膜受损伤、血液流速缓慢和血液性质改变等 3 个因素。它们经常同时存在，相互作用，相互影响。具体形成过程：一是血小板和白细胞的凝集过程；二是由于纤维蛋白析出而发生的血液凝固过程。血栓的形成对机体既有有利的一面，也有不利的一面。其有利的一面是炎症病灶周围血管内血栓形成，有防止出血的作用，可阻止病原体及其毒素随血流扩散；其不利的一面是能引起局部组织的缺血性坏死，如果堵塞静脉还会引起局部淤血、水肿，如果重要的组织器官形成血栓，则会引起严重的后果。

五、栓　　塞

循环血液中出现不溶于血液的异常物质，随血流运行并阻塞血管腔的过程称为栓塞，阻塞血管的异常物质称为栓子。栓子可以是固体、液体或气体。最常见的栓子是脱落的血栓。

此外，还有空气、脂肪、细菌团块、寄生虫和肿瘤细胞等。

栓塞对机体的影响取决于栓子的性状、大小、栓塞器官的重要性和能否迅速建立侧支循环等。如气泡病，大量气泡进入鱼苗血管，引起血管堵塞，导致鱼苗死亡；又如鳃霉菌菌丝穿入鳃血管，引起血管阻塞，导致鱼类大量死亡。

六、梗　　死

机体器官或组织由于血管阻塞，血液供应中断，引起局部组织的缺血性坏死称为梗死。梗死的原因通常有血栓形成、动脉栓塞、血管腔受压等引起的血管闭塞，并导致局部缺血。

梗死对机体的影响取决于梗死灶的大小和发生的部位。心脏、脑梗死，范围小者出现相应的功能障碍，范围大者可危及生命，其他部位小范围的梗死对机体影响不是很大。

七、水　　肿

在正常生理状况下，毛细血管动脉端滤出压大于回流压，而静脉端的滤出压小于回流压，所以血浆中水、小分子化合物及无机盐离子通过动脉端滤出，生成组织间液，而组织间液和组织细胞代谢产物又不断地通过静脉端回流到血浆中，从而使组织间液形成与回流维持动态平衡，称为组织间液循环。在致病因素的作用下，血管内外交换发生障碍或水、钠滞留，导致水肿和积水，称为组织间液循环障碍。

细胞或组织中滞留大量组织液称为水肿。而皮下组织里滞留大量液体称为浮肿。在浆膜腔内积存大量液体称为积水，如胸腔积水、腹腔积水和心包腔积水等。

水肿和积水是一种可逆性病理过程，一般随病因的消除而消失。但若水肿液和积水长期聚集不被吸收，就会引起组织炎症、功能障碍；若水肿发生在重要部位，还可引起机体死亡。

第二节　细胞和组织损伤

细胞、组织损伤是由于细胞、组织的物质代谢障碍所致的形态结构、功能和代谢三方面的变化。这种损伤性病变包括萎缩、变性和细胞死亡。前两者是可逆性病变，而后者是不可逆性病变。

一、萎　　缩

发育成熟的器官、组织或细胞发生体积缩小的过程，称为萎缩。器官、组织萎缩是由于实质细胞体积缩小或数量减少所致，同时伴有功能降低。它与发育不全不同，发育不全是指器官和组织不能达到正常的体积。根据萎缩发生的原因，可分为生理性萎缩和病理性萎缩两类。

1. 生理性萎缩　在正常生理情况下，随年龄的增长，某些器官和组织的生理功能逐渐减退，体积缩小的现象称为生理性萎缩。如亲鱼经多年繁殖后，卵巢逐渐退化，怀卵量逐渐减少；黄鳝第一次性成熟均为雌性，卵巢发育完全，但经产卵后，卵巢逐渐萎缩，发生性逆转变为雄性。

2. 病理性萎缩　器官和组织在致病因素的作用下发生的萎缩。病理性萎缩可分为全身性萎缩和局部性萎缩。鱼类因长期缺乏营养物质而处于饥饿状态，或因消化吸收障碍而处于营养不全状态，就会发生萎瘪病，出现全身性肌肉萎缩。全身性萎缩首先从脂肪开始，其次为肌肉、肝、肾等，最后是脑组织萎缩。局部发生物质代谢障碍，导致相应的组织器官发生萎缩称为局部性萎缩。如鲫感染舌状绦虫时，体腔内有大量寄生虫，内脏器官受到挤压后逐渐萎缩，属局部性萎缩。萎缩是一种可逆性病变，消除病因后，萎缩器官和组织的形态和功能可恢复。萎缩对机体的影响与萎缩发生的部位和程度有关，若萎缩发生在不重要的器官或程度较轻，不一定出现功能降低的临床表现；若萎缩发生在重要器官或程度严重时，则可引起严重的后果。

二、变　性

变性是指细胞或细胞间质内，出现各种异常物质或原有正常物质异常增多。变性一般是可复性过程，发生变性的细胞和组织功能降低，严重时可发展为坏死。变性的种类较多，常见有以下几种。

1. 水样变性　细胞内水分增多，胞体增大，细胞质内出现微细颗粒或大小不等的水泡，称为水样变性或空泡状变性。细胞肿胀多发生于心脏、肝、肾等实质细胞，也可见于皮肤和黏膜的被覆上皮细胞，它是一种常见的细胞变性。

2. 颗粒性变性　变性细胞肿大，细胞质内出现微细蛋白质颗粒，称为颗粒性变性。颗粒性变性主要发生于心脏、肝、肾等实质脏器，故也称实质变性。变性细胞呈混浊状态，细胞核不易看见。颗粒变性常见于缺氧、中毒和急性感染过程。颗粒变性是细胞一种轻度变性，具有可逆性，当病因消除后恢复正常。若病因继续作用，可进一步引起水样变性和脂肪变性，严重时细胞坏死。

3. 脂肪变性　细胞的细胞质内出现大小不一的脂肪滴的变性称为脂肪变性。引起脂肪变性的原因与颗粒变性相同，并常与颗粒变性先后或同时发生在同一器官中。脂肪变性常见于肝、肾、心脏等实质器官，以肝脂肪变性最常见。当饲料中缺乏胆碱、蛋氨酸或脂肪含量高时，就会引起肝脂肪变性，变性器官稍显黄色，体积增大。

4. 黏液变性　正常情况下，机体体表分泌一定量的黏液，具有保护和润滑作用，但当黏膜上皮受到致病因素的作用，如细菌和寄生虫感染等，体表黏液分泌量显著增加，并发生一定程度的变性、坏死和脱落。黏液变性的显著特点是上皮细胞或结缔组织内黏液物质增加。

5. 玻璃样变性　细胞或细胞间质内出现一种均匀、同质和透明的玻璃样物质，即玻璃样变性，又称为透明变性。常见于各种微生物感染的鱼类和中毒鱼类的肾小管上皮细胞。

三、坏　死

机体内局部组织、细胞的病理性死亡称为坏死。坏死的实质是局部组织、细胞代谢完全停止，功能完全丧失，是一种不可逆的变化。多数坏死是逐渐发生的，往往是由变性进一步发展的结果。从变性到坏死，是一个由量变到质变的渐进过程，故常称为渐进性坏死。坏死又分为生理性坏死和病理性坏死两种。

1. 生理性坏死　在正常生理情况下，机体内有一定数量的细胞衰老，也有新的细胞生成，新生细胞不断代替衰老细胞，衰老细胞脱落、死亡即生理性坏死。如表皮细胞的脱落即属于生理性坏死。

2. 病理性坏死　任何致病因素只要对机体作用达到一定强度和时间，都能使组织细胞发生损伤，引起其物质代谢完全停止而发生的坏死称为病理性坏死。常见的原因有局部组织缺血、理化因素和生物因素的刺激、变态反应、缺乏某些必要的营养元素等。

坏死的组织、细胞成为机体内异物，机体通过各种方式将其清除，如溶解吸收、分离脱落和形成包囊等。

第三节 代偿与修复

（一）代偿

在致病因素作用下，体内出现代谢、功能障碍或组织结构破坏时，机体通过相应器官的代谢改变、功能加强或形态结构变化来补偿的过程，称为代偿。代偿主要有3种表现形式：

1. 代谢性代偿 指在疾病过程中体内出现以物质代谢改变为主要表现形式，借以适应机体新的改变的一种代偿过程。例如，处于慢性饥饿的动物由于营养物质缺乏，在较长时期内能量来源主要是靠消耗体内储备的脂肪。

2. 功能性代偿 是最常见的代偿形式，指机体通过功能增强来补偿体内的功能障碍的一种代偿形式。例如，成对器官肾中的一个或肝的一部分因损伤而功能丧失时，健侧的肾或肝的健康部分可出现功能增强，以维持肾或肝的正常功能。

3. 结构性代偿 是以器官、组织体积增大（肥大）来实现代偿的一种形式，此时体积增大的器官、组织伴有功能增强。结构性代偿是一个慢性发展过程，一般在功能性代偿之后逐渐出现。

代偿是机体的适应性反应。机体的代偿能力是相当大的，并具有多种多样的形式，但任何代偿又都有一定的限度。

（二）修复

修复是指组织损伤后的重建过程，即机体对死亡的细胞、组织的修补性生长过程及对病理产物的改造过程，主要包括再生和创伤愈合。

1. 再生 机体内死亡的细胞和组织可由邻近健康的细胞分裂新生而修复，这种细胞的分裂新生称为再生。再生可分为生理性再生和病理性再生。

（1）生理性再生。是指在生理情况下，有些细胞、组织不断老化、消耗，又不断由新生的同种细胞来加以补充更新。例如，外周血液内血细胞衰老、死亡后，可由造血器官不断地进行生成血细胞加以补充。

（2）病理性再生。是指在病理情况下，细胞组织缺损后发生的再生。

2. 创伤愈合 动物体由于创伤引起组织损伤或缺损，由该处组织再生进行修复的过程称为创伤愈合。如皮肤受创，出血及血液凝固，白细胞清除创口细菌、异物和坏死组织，创口收缩，肉芽组织生长和疤痕形成等过程。

第四节 炎　　症

（一）炎症的概念

炎症是机体对致炎因素的局部损伤所产生的具有防御意义的应答性反应。炎症局部组织的病理变化有变质、渗出和增生。局部表现是红、肿、热（在鱼类不明显）、痛和功能障碍，全身反应有发热、血液中白细胞变化等。

（二）炎症的原因

凡能引起组织损伤的致病因素都可成为炎症的原因，概括起来有以下几种。

1. 生物性因素 这是最常见的致炎因素，包括各种病原微生物、寄生虫等，如细菌、病毒、立克次体、螺旋体、真菌和寄生虫等，通过其产生的内（外）毒素、机械性损伤、细胞内增殖造成的破坏或作为抗原性物质引起超敏反应，都可导致组织损伤而引起炎症。

2. 物理性因素 高温、低温、机械力、紫外线、放射性物质等，当达到一定作用强度时均可引起炎症。

3. 化学性因子 外源性化学性因子（如强酸、强碱等），在其作用部位腐蚀组织而导致炎症。

4. 异常免疫反应 当免疫反应异常时，造成组织损伤形成炎症，如过敏、肾小球肾炎等。

（三）炎症的基本病理过程

炎症的基本病理过程包括局部组织损伤、血管反应和细胞增生，通常概括为局部组织的变质、渗出和增生。在炎症过程中，一般早期以变质和渗出为主，后期则以增生为主，三者之间相互联系，相互影响，构成炎症局部的基本病理变化。变质是损伤性过程，渗出和增生是对损伤的防御反应和修复过程。

1. 变质 炎症局部组织发生的变性和坏死称为变质。变质主要是致炎因子的直接损伤作用，或由局部血液循环障碍及炎症反应物等共同作用引起。在鱼类多由微生物性病原感染而引起，最常见于肾，其实质细胞的变化主要表现为严重的颗粒变性、空泡变性、脂肪变性和坏死。

2. 渗出 炎症过程中，随着血流变慢和血管通透性升高，血液的液体成分可通过微静脉和毛细血管壁进入组织内，这种现象称为渗出。渗出的液体和细胞成分，称为渗出液或渗出物。渗出全过程包括血流动力学改变、血管通透性升高和细胞游出及吞噬三部分。

3. 增生 在致炎因子、组织崩解产物等刺激下，炎症区组织的实质和间质细胞增殖，细胞数目增多，称为增生。增生是一种防御反应，起着局限炎症病灶、修补组织缺损的作用，对机体是有利的。但增生也有不利的一面，如患细菌性烂鳃病的鱼类，鳃呼吸上皮细胞过度增生，使相邻鳃小片融合，则影响鳃的呼吸功能。

（四）炎症的结局

在炎症过程中，损伤和抗损伤双方力量的对比决定着炎症发展的方向和结局。如抗损伤过程（白细胞渗出、吞噬能力增强等）占优势，则炎症向痊愈的方向发展；如损伤性变化（局部代谢障碍、细胞变性坏死等）占优势，则炎症逐渐加剧并可向全身扩散；如损伤和抗损伤矛盾双方处于一种相持状态，则炎症可转为慢性而迁延不愈。

1. 痊愈 炎症病因消除，病理产物和渗出物被吸收，组织损伤通过炎灶周围健康细胞的再生而得以修复，可完全恢复其正常组织的结构和功能，称为完全痊愈。若组织损伤重、范围大，则由肉芽组织增生修复，引起局部疤痕形成，不能完全恢复其正常组织的结构和功能，称为不完全痊愈。

2. 迁延不愈转为慢性炎症 致炎因子不能在短时间内清除，持续或反复作用于机体，机体抵抗力低下和治疗不彻底，则炎症迁延不愈，由急性炎症转为慢性炎症。如急性病毒性肝炎转变为慢性肝炎等。

3. 蔓延扩散 在机体抵抗力差、病原微生物数量多、毒力强的情况下，炎症沿组织间隙或脉管系统向周围组织或全身组织、器官扩散。炎症区病原微生物侵入血液循环或其毒素吸收入血，可引起菌血症、毒血症、败血症和脓毒败血症。

第五节 肿　　瘤

（一）肿瘤的概念

肿瘤是机体在各种致瘤因素的作用下，局部组织细胞异常增生而形成的新生物。肿瘤细胞是由正常细胞获得了新的生物学遗传特性转变而来的，伴有分化和调控障碍，并具有异常的形态、代谢和功能。这种生长与整体不协调，当致瘤因素停止作用后，生长仍可继续。多数肿瘤能形成各式各样的肿块，但也有不形成肿块的。肿瘤夺取患体的营养，产生有害物质，引起器官功能障碍。恶性肿瘤还能浸润、破坏正常组织，甚至发生广泛转移而危及机体生命。

（二）良性肿瘤与恶性肿瘤

根据肿瘤对机体的影响不同，可将肿瘤分为良性和恶性两大类。

1. 良性肿瘤 良性肿瘤一般对机体影响小，易于治疗。其组织分化程度高，与原有组织形态相似，与周围组织分界清楚，不转移，很少复发，危害小，主要为局部压迫或阻塞作用。

2. 恶性肿瘤 恶性肿瘤危害大，治疗复杂，效果不好。其组织分化程度低，与原组织形态差别大，与周围组织分界不清，不能移动，可发生转移，容易复发，其危害除压迫、阻塞外，还可以破坏组织，引起出血合并感染，甚至造成恶病质。

水生动物也会发生肿瘤，目前研究比较多的是鱼类的肿瘤，常见的有海、淡水鱼类乳头状瘤、鲑科鱼类肝细胞瘤、白鲢皮下软纤维瘤、鲮软骨瘤、鱼类脂肪瘤、北美狗鱼淋巴肉瘤、鲢淋巴管瘤、鳕背肌黑肉瘤、鲫眼睛黑色素瘤等。虽然鱼类肿瘤的总发病数不高，对渔业生产影响不大，但鱼类肿瘤报道的病例已有700余例，分属于60多种肿瘤，其中硬骨鱼类较软骨鱼类多，硬骨鱼类中尤以鲑科、鲤科、鳕科、鲆科、鲽科及食蚊科鱼类为多。

（三）肿瘤的病因

1. 外因 各种动物与人类在肿瘤发生的外因上，既有相同的因素，也有各自的特点。例如，人的肿瘤中有60%～90%与环境致癌因子有关，在这些因子中，90%是属于化学性的。而家畜、家禽和鱼类以及许多野生动物的肿瘤，则很多与病毒有关，危害性也较大。生物性致瘤因素占重要地位，其次为化学性因素，再次为物理性因素。

(1) 生物性因素。包括某些病毒与寄生虫。已知鱼类的若干肿瘤也是由病毒引起的，如北美狗鱼淋巴肉瘤。两栖类的豹蛙的卢开氏腺癌是由一种疱疹病毒引起的高度恶性肿瘤。

(2) 化学性因素。已确知的化学致癌物质有 1 000 多种，最常见的化学性致瘤因素包括多环芳烃化合物、亚硝胺类、霉菌毒素、某些激素、农药和微量元素等。

(3) 物理性因素。属于这类物质主要有 X 射线、各种放射性元素和紫外线等。

2. 内因 由于种属、年龄、品种与品系、性别、机体的免疫状态等不同，肿瘤发生率的高低差异很大。

思考题

1. 什么是充血？阐述充血的原因和发生机制。
2. 充血能引起哪些病理变化？
3. 什么是出血？出血的原因有哪些？能引起什么病理变化？
4. 血栓形成的条件和机制是什么？血栓的结局如何？
5. 阐述萎缩的病因、病理变化、结局和后果。
6. 变性有哪些类型？病理变化怎样？
7. 坏死的病因和发生机制是什么？
8. 修复的过程包括哪些内容？

第二章　寄生虫学基本概念

第一节　寄生的概念和起源

（一）寄生的概念

生物界中，各种生物千差万别，生活方式也极为复杂。有的营自由生活；有的必须与特定的生物营共生生活；有的在某一部分或全部生活过程中，必须生活于另一生物的体表或体内，夺取该生物的营养而生存，或以该生物的体液及组织为食物来维持其本身的生存并危害生物，此种生活方式称为寄生生活或寄生。凡营寄生生活的生物都称为寄生物。寄生物包括植物性寄生物与动物性寄生物。动物性寄生物就生物进化的程度而言，都属于低等动物，故一般称为寄生虫。营寄生生活的动物称为寄生虫，被寄生虫寄生而遭受损害的动物称为寄主。例如，鳃隐鞭虫寄生于草鱼鳃上，则鳃隐鞭虫称为寄生虫，草鱼称为寄主。寄主不但是寄生虫食物的来源，同时又成为寄生虫暂时的或永久的栖息场所。寄生虫的活动及寄生虫与寄主之间相互影响的各种表现称为寄生现象，系统研究各种寄生现象的科学称为寄生虫学。

（二）寄生生活的起源

寄生生活的形成是寄主与寄生虫在其种族进化过程中长期互相影响的结果。一般情况下，寄生生活的起源有下列两种方式。

1. 由共生方式到寄生　共生是两种生物长期或暂时结合在一起生活，双方都从这种共同生活中获得利益（互利共生），或其中一方从这样的共生生活中获得利益（偏利共生）的生活方式。但是，营共生生活的双方在其进化过程中，相互间的那种互不侵犯的关系可能发生变化，其中的一方开始损害另一方，此时共生就转变为寄生。如痢疾内变形虫的小型营养体在人的肠腔中生活就是一种偏利共生现象，这时痢疾内变形虫的小型营养体并不对人发生损害作用，却可利用人肠腔中的残余食物作为营养。当人们受到某种因素的影响（如疾病、损伤、受凉等）而抵抗力下降时，小型营养体能分泌溶蛋白酶，溶解肠组织，钻入黏膜下层，并转变为致病的大型营养体，共生变成寄生。

2. 由自由生活经过兼性寄生到专性寄生　寄生虫的祖先可能是营自由生活的，在进化过程中由于偶然的机会，它们在另一种生物的体表或体内生活，并且逐渐适应了新的环境，开始损害另一种生物而营寄生生活。由这种方式形成的寄生生活，大体上都是通过偶然性的无数次重复，即通过兼性寄生而逐渐演化为专性的寄生。

第二节　寄生虫的寄生方式和寄主种类

一、寄生方式分类

1. 按寄生虫寄生的部位分

（1）体外寄生。即寄生虫暂时地或永久地寄生于寄主的体表。寄生虫寄生在鱼的皮肤、鳍、鳃等处均属体外寄生，如小瓜虫寄生在鱼的皮肤和鳃上。

（2）体内寄生。寄生虫寄生于寄主的脏器、组织和腔道中。如九江头槽绦虫寄生在草鱼肠内；鲢碘泡虫寄生在鲢、鳙的神经系统和感觉器官。

此外，在寄生虫还有一种特异的现象——超寄生，即寄生虫本身又成为其他寄生虫的寄主。如三代虫寄生在鱼体，而车轮虫又寄生于三代虫。

2. 按寄生虫寄生的性质分

（1）兼性寄生。也称为假寄生，营兼性寄生的寄生虫，在通常条件下营自由生活，只有在特殊条件下才能转变为寄生生活。例如，马蛭与小动物相处时和欧洲蛭一样营自由生活，当它和大动物相处时就营寄生生活。

（2）专性寄生。也称为真寄生，寄生虫在部分或全部生活过程中从寄主取得营养，或以寄主为自己的生活环境。专性寄生从时间的因素来看，又可分为暂时性寄生和经常性寄生。

①暂时性寄生。也称为一时性寄生，即寄生虫寄生于寄主的时间甚短，仅在获取食物时才寄生。如鱼蛭吸食鱼的血液。

②经常性寄生。也称为驻留性寄生，即寄生虫在一个生活阶段、几个生活阶段或整个生活过程必须寄生于寄主。经常性寄生方式又可分为阶段寄生和终身寄生。

阶段寄生：寄生虫仅在发育的一定阶段营寄生生活，它的全部生活过程由营自由生活和寄生生活组成。如中华鳋仅雌性成虫阶段寄生在草鱼鳃上，其余阶段都营自由生活。

终身寄生：寄生虫的一生全部在寄主体内度过，它没有自由生活的阶段，所以一旦离开寄主，就不能生存。如锥体虫寄生在鱼蛭的肠内和鲫的血液中。

二、寄主种类

1. 终末寄主　寄生虫的成虫时期或有性生殖时期所寄生的寄主称为终末寄主或终寄主。如鸥鸟是复口吸虫的终末寄主。

2. 中间寄主　寄生虫的幼虫期或无性生殖时期所寄生的寄主。若幼虫期或无性生殖时期需要两个中间寄主时，最先被寄生的寄主称为第一中间寄主；其次被寄生的寄主称为第二中间寄主。如螺为复口吸虫的第一中间寄主，鱼为第二中间寄主。

3. 保虫寄主　某些习惯寄生于某种宿主的寄生虫，有时也可以寄生于其他寄主，但寄生不普遍，无明显危害，通常这类寄主称为保虫寄主。例如，华支睾吸虫的第一中间寄主是沼螺，第二中间寄主是鱼，终寄主是人、猫、犬；而从人体寄生虫学的角度看，猫与犬又是保虫寄主。在鱼类中，鳃隐鞭虫是危害草鱼的一种寄生虫，但当它寄生在鲢、鳙的鳃耙上，并不会使鲢、鳙致病，在这种情况下，鲢、鳙成为鳃隐鞭虫的保虫寄主。

三、寄生虫的感染方式

寄生虫的感染途径和方式主要有以下两种。

1. 经口感染 具有感染性的虫卵、包囊或幼虫，随污染的食物等经口吞入所造成的感染称为经口感染。如艾美虫、毛细线虫均借此方式侵入鱼体。

2. 经皮感染 感染阶段的寄生虫通过寄主的皮肤或黏膜（在鱼类还有鳍和鳃）进入体内所造成的感染称为经皮感染。此种感染一般又可分为两种方式。

（1）主动经皮感染。感染性幼虫主动地由皮肤或黏膜侵入寄主体内。如双穴吸虫的尾蚴主动钻入鱼的皮肤造成的感染。

（2）被动经皮感染。感染阶段的寄生虫并非主动地侵入寄主体内，而是通过其他媒介物，经皮肤将其送入体内造成感染，称为被动经皮感染。如锥体虫必须借鱼蛭吸食鱼血而传播。

第三节　寄生虫、寄主和外界环境三者间的相互关系

寄生虫、寄主和外界环境的关系十分密切也极其复杂。寄生虫与寄主的关系，包括寄生虫对寄主的损害以及寄主对寄生虫的影响两个方面。寄生虫进入寄主，受到寄主免疫系统的攻击（力求将寄生虫消灭）；同时也使寄生虫发生生理生化、代谢、形态等方面的改变，寄主则可能发生病理、生化、免疫等方面改变。寄生虫与寄主互相影响，同时外界环境条件也直接或间接影响着寄生虫、寄主及它们之间的相互关系。

一、寄生虫对寄主的作用

寄生虫对寄主的影响有时很显著，可引起生长缓慢、不育、抵抗力降低，甚至造成寄主大量死亡；有时则不显著。寄生虫对寄主的作用，可归纳为以下几个方面。

1. 机械性刺激及损伤 机械性刺激及造成组织损伤是寄生虫病共有的一种特征。如鲺寄生于鱼体，用其倒刺及口器刺激或撕破寄主皮肤，使寄主极度不安，常在水中狂游或时而跳出水面。大中华鳋的寄生可造成鳃组织炎性水肿和细胞增生，外观上出现鳃丝末端肿大、发白。

2. 夺取营养 寄生虫的营养取自寄主，其结果必然是或多或少地对寄主产生某种危害，轻者表现为营养不良，生长发育受影响，重者甚至死亡。如寄生在鲟鳃上的一种单殖吸虫，每个虫体每天从鳃上吸取 0.5mL 血液，严重时每尾鲟可被寄生 300～400 个虫体，这样寄主每天失血可多达 150～200mL，病鱼会很快消瘦。

3. 挤压与阻塞 体内的寄生虫往往会对寄主组织器官造成挤压，引起萎缩、坏死和生理功能丧失，这种病变在实质性器官更为常见。如鱼怪的寄生影响寄主生殖腺的发育，导致病鱼不育；舌状绦虫寄生在鱼的体腔，引起内脏萎缩；侧殖吸虫大量寄生，可使鱼苗的肠道阻塞而致死。堵塞还可发生于血管中，如血居吸虫病就是典型的病例，三角形的虫卵堵塞肾血管、鳃血管，引起水肿与鳃丝坏死。

4. 毒素作用 寄生虫在寄生过程中，其代谢产物排泄于寄主体内。有些寄生虫还能分泌特有的有毒物质，对寄主产生一定影响。如鲺的口刺基部有一堆多颗粒的毒腺细胞，能分

泌毒液；寄生在草鱼鳃上的鳃隐鞭虫分泌的毒素可引起溶血。

5. 其他疾病的媒介 寄生虫不仅本身对寄主有害，还可在侵害寄主时将某些病原（如细菌、病毒或原虫等）直接带入寄主体内，或为其他病原体的侵入创造条件，使寄主感染而发病。如鱼蛭在鱼体吸食血液时，常可把多种鱼类的血液寄生虫（如锥体虫）由病鱼传递给健康鱼。

二、寄主对寄生虫的影响

寄主机体对寄生虫的影响问题广泛而复杂，目前关于这方面的研究还不多，其影响程度如何难以估计，现简单叙述于下。

1. 组织反应 由于寄生虫的侵入而刺激了寄主，引起寄主的组织反应，表现为寄生虫寄生的部位形成结缔组织包囊，或周围组织增生、炎症，以限制寄生虫的生长，减弱寄生虫附着的牢固性，削弱对寄主的危害；有时更能消灭或驱逐寄生虫。例如，锚头鳋侵袭草鱼鳃时，寄主形成结缔组织包囊将虫体包围，不久虫体即死亡。

2. 体液反应 寄主受寄生虫刺激后也能产生体液反应。体液反应表现多样性，如炎症时的渗出，既可稀释有毒物质，又可增加吞噬能力，清除致病的异物和坏死细胞。但在体液反应中主要是产生抗体，引起免疫反应。

有机体不仅对致病微生物会产生免疫，对寄生原虫、蠕虫、甲壳类等也有产生免疫的能力，不过一般较前者弱。

3. 寄主年龄对寄生虫的影响 随着寄主年龄的增长，寄生虫的寄生情况也相应发生变化。某些寄生虫的感染率和感染强度随寄主年龄的增长递减，如寄生在草鱼肠内的九江头槽绦虫，其感染率和感染强度随寄主年龄的增长而降低。因为草鱼在鱼种阶段以浮游生物（九江头槽绦虫的中间寄主为剑水蚤）为食，一龄以上的草鱼则以食草为主。另一些寄生虫的感染率和感染强度随寄主年龄递增而递增，其主要原因是由于寄主食量增大，所食中间寄主增加；对体外寄生虫而言，则由于附着面积增大及逐年积累，以及幼体和成体形态上的差别所引起，如寄生在长尾大眼鲷的大眼鲷匹里虫和寄生在对虾的对虾特汉虫，其感染率和感染强度均随寄主年龄增长而增加。还有一些寄生虫与寄主年龄无关，它们多为无中间寄主的种类，如鲤科管虫、车轮虫和指环虫等，因而这些寄生虫也就成为最早感染寄主的种类，常会引起鱼苗、鱼种发病而成批死亡。

4. 寄主食性对寄生虫的影响 水生动物与寄生虫在生物群落中的联系，除了体外寄生虫和通过皮肤而进入寄主的体内寄生虫之外，皆通过食物链得以保持，因此寄主食性对寄生虫区系及感染强度起很大作用。根据食性不同，可将鱼类分为温和性鱼类和凶猛性鱼类两类：第一类主要是以水生植物及小动物为食；第二类则以其他鱼类和大动物为食，因此，它们的寄生虫区系成分有显著差别。例如，草鱼为温和性鱼类，因此就不会感染以其他鱼类为中间寄主的寄生虫；鳜则为凶猛性鱼类，故容易感染以其他鱼类为中间寄主的寄生虫，如道佛吸虫等。

5. 寄主的健康状况对寄生虫的影响 寄主健康状况良好时，抵抗力强，不易被寄生虫所侵袭，即使感染，其强度小，病情也较轻，如多子小瓜虫很难寄生在强壮的鱼体上，即使寄生了，也很容易中途夭折；反之，抵抗力弱的鱼，则易受寄生虫侵袭，且感染强度大，病情也较严重。

三、外界环境对寄生虫和寄主的影响

外界环境直接影响寄生虫在寄主体外的发育阶段，其变化也影响寄主，并通过寄主间接影响其体内的寄生虫。环境条件适宜时，寄生虫生存时间长，繁殖快；反之，则时间短，繁殖慢。环境条件变化时，在可适应的限度内可引起寄生虫形态、生理的变异，超过可能适应的限度则造成寄生虫死亡。

四、寄生生活对寄生虫形态及生理功能的影响

自然生活演化为寄生生活，寄生虫经历了漫长的适应寄主环境的过程。寄生生活使寄生虫对寄生环境的适应性以及寄生虫的形态结构和生理功能发生了变化。

1. 寄生虫形态上的变化

(1) 外形的变化。体外寄生的种类，体形变扁、变短，体节也减少，如鲺。肠内寄生的种类体形较长，有的身体分节，如绦虫。

(2) 某些器官退化或消失。如绦虫无运动器官和消化管，吸收营养的方式是直接通过体壁渗透，直接被细胞吸收。体内寄生种类由于寄生环境比较稳定，所以部分神经系统和感觉器官也退化了。

(3) 新生附着器官。如吸虫和绦虫的吸盘吸槽，单殖吸虫的大小钩，棘头虫的头棘等都是由于定居和附着需要，演化产生的附着器官。

(4) 生殖系统发达。在寄生虫的成熟个体内，生殖器官特别发达。如在成熟的吸虫体内，几乎 1/3 是生殖器官；绦虫的成熟个体节片内主要是生殖器官，每一个节片都含有一套雌、雄生殖系统。

2. 寄生虫生理功能的变化

(1) 寄生虫有抵抗消化液的作用。肠道内的寄生虫可分泌抗消化液的物质，并具有生长活跃的上皮细胞，保护自身的生存。

(2) 体内寄生虫对厌氧环境的适应。由于体内寄生虫既不能从大气中吸氧，也不能从所处的环境中取得氧气。因此，只能采用厌氧性呼吸。

(3) 寄生虫有各种特殊的趋向性。由于长期适应寄生生活，寄生虫对于寄主或寄主的某种组织、器官有特殊的趋向性，如双穴吸虫的尾蚴进入鱼体后，一定要在眼球内变成后囊蚴，而血居吸虫则寄生在鱼的循环系统中。但有些寄生虫则有广泛的适应性。

思考题

1. 寄生虫有哪几种寄生方式？
2. 寄主可分为几种类型？其特征是什么？
3. 寄生虫主要通过什么方式感染寄主？

第三章 药理学基础及渔药

药理学是研究药物与机体间相互作用的科学，主要阐明药物对机体的作用和药物在机体内所经过的变化。药理学能指导合理用药，开辟寻找新药途径和改进现有药物的研究工作，充分发挥药物在治疗和预防上的最大效能。

第一节 药理学概述

一、药物的基本作用

药物的作用是指药物对机体和病原体的双重作用，药物对机体功能活动的影响即药物的基本作用。使机体功能活动增强的为兴奋作用，使机体功能活动减弱的为抑制作用。兴奋作用和抑制作用可相互转化。无论是兴奋或是抑制作用都只能影响机体原有的功能活动，而不能使机体产生新的功能活动。

二、药物的作用方式

1. 局部作用和吸收作用 按药物发生作用时，药物是否停留在用药部位和是否被吸收到机体，分为局部作用和吸收作用。

（1）局部作用。药物停留在用药部位所发生的作用，称为局部作用。如外用消毒药对鱼体皮肤的消毒作用；杀虫药能杀灭鱼体外的寄生虫等。局部作用不仅表现在体表，也可表现在体内，如驱肠虫药就是在肠内吸收前所发挥的局部作用。

（2）吸收作用。药物吸收到机体并进入体液循环后所发生的作用，称为吸收作用。如磺胺类药物治疗赤皮病、土霉素治疗对虾瞎眼病时的药物作用方式等。

2. 直接作用和间接作用 按发生机制不同，药物作用可分为直接作用和间接作用两种。

（1）直接作用。药物所接触的部位对药物发生的反应，称为直接作用。如敌百虫可以直接杀死鱼体寄生虫。

（2）间接作用。由直接作用所引起而发生在其他部位的反应，称为间接作用。如胆碱是通过改善鱼体营养，调节代谢功能，而达到防治鱼类脂肪肝的作用。

3. 选择作用和普遍细胞作用

（1）选择作用。药物进入机体后对组织器官的作用强度不一，对某些组织器官的作用特别明显，称为选择作用。如青霉素能阻止细菌细胞壁的合成，因而能对细菌起到杀灭作用，而对鱼无毒性；磺胺类药物能抑制细菌二氢叶酸合成酶的活性，因而能抑制细菌的生长和繁殖。

药物的选择作用是相对的，因为当所用药物浓度增加时，也将对机体的其他部位也发生作用。药物的选择性有高有低。多数选择性高的药物，使用时针对性强；选择性低的药物，作用范围广，应用时副作用常较多。

（2）普遍细胞作用。药物与接触的组织器官都有类似的作用，称为普遍细胞作用。如硫酸铜能与一切生命组织所必需的含巯基（—SH）的酶结合，而破坏其功能；漂白粉能对细菌、病毒、寄生虫等原浆蛋白产生氯化和氧化作用。

4. 协同作用和拮抗作用

（1）协同作用。当两种以上药物合并使用时，其作用因互相协助而增强，称为协同作用。如硫酸铜与硫酸亚铁合用，可增加主效药的通渗性，从而提高硫酸铜药效；大黄与氨水合用，可使大黄的药效增加数倍；乌桕与生石灰合用，可使乌桕药效大大增加。

（2）拮抗作用。当两种以上药物合并使用时，其作用因相互抵消而减弱，称为拮抗作用。如敌百虫与碱性药物合用时，先脱去一个氯化氢，成为毒性很强的敌敌畏，如果再继续水解，再脱去一个氯化氢便无效了；青霉素与四环素混用产生拮抗作用。

三、药物的作用效果

1. 防治作用　包括预防作用和治疗作用。

（1）预防作用。凡是能阻止、抵抗病原体的侵入，或促使机体产生相应抗体，以预防疾病的发生，称为预防作用。如接种疫苗等。

（2）治疗作用。药物有减轻或治愈疾病的作用称为治疗作用。如硫酸铜能用于治疗车轮虫病。

2. 不良反应　对防治疾病无益，而且还有害，严重时甚至可导致机体死亡的反应，称为不良反应，包括副作用、毒性反应、变态反应和继发性反应等。

（1）副作用。用药物常用剂量治疗时，伴随治疗作用出现的一些与治疗无关的不适反应。如用硫酸铜、晶体敌百虫等药物全池泼洒治疗寄生虫病时，虽然寄生虫被杀灭了，但带来的副作用是水生动物产生厌食；将抗生素添加到饲料中，能预防水生动物细菌性疾病，但带来的副作用是肠内细菌产生耐药性和组织残留。

（2）毒性反应。用药剂量过大或应用时间过长，使机体发生严重功能紊乱或病理变化的反应。一般是在超过极量时才发生，其性质和程度都不同于副作用，对水生动物的危害较大。如泼洒药物或浸洗苗种时发生的药害事故。

（3）变态反应。也称为过敏反应。变态反应与用药剂量无关，并不易预知，即使很小剂量也可造成严重的反应。

（4）继发性反应。也称为治疗矛盾。如长期应用广谱抗生素后，敏感细菌被抑制，非敏感细菌大量繁殖，而引起继发性感染。除此之外，有的药物还可引起机体后遗效应，致畸、致突变和致癌。

四、药物作用的机制

药物作用的机制是阐明药物为什么能发挥作用，如何发挥作用及作用部位等问题的有关理论。目前，有些药物作用机制已完全清楚，但还有不少药物的作用机制尚不清楚，研究此项工作仍是重要的一项任务。药物作用机制大致可归纳为以下几种方式：

1. 改变细胞周围环境的理化条件　如碳酸氢钠、氢氧化铝等通过中和作用，使消化液的酸度降低，减轻对消化道的刺激；又如在高浓度盐水中，细胞很快脱水。

2. 参加或干扰细胞物质代谢过程　如磺胺类药物由于基本化学结构（对氨基苯磺酰胺）

与对氨基苯甲酸相似，它们竞争二氧叶酸合成酶，参与细菌的叶酸代谢，使对磺胺类敏感的细菌叶酸合成受到抑制，从而产生抑菌作用。

3. 通过对体内某些酶的抑制或促进而起作用 如敌百虫将寄生虫胆碱酯酶的活性抑制而起杀虫作用。

4. 对细胞膜作用 如新洁尔灭改变细菌细胞膜的通透性而起作用，用于防治鲤白云病等。

5. 改变生理递质的释放或激素的分泌 即通过改变机体内活性物质的释放而产生作用。如碘能氧化病原体原浆蛋白而产生杀菌作用。

五、影响药物作用的因素

在正确诊断疾病和选取理想的药物后，有时治疗的效果却往往不理想。这是由于很多因素会影响药物发挥作用，最终影响疗效，归纳起来主要有以下 4 方面。

1. 药物方面的因素

（1）药物的理化性质与化学结构。药物的作用与其理化性质、化学结构密切相关。如重金属盐类易与机体蛋白质发生化学结合反应，使之沉淀，因而可发生刺激、收敛或腐蚀作用；对氨基苯甲酸（PABA）是某些细菌的生长物质，磺胺类药物由于化学结构上与其相似，能发生竞争性抑制，而表现其结构作用。

（2）药物的剂量。药物的剂量可明显影响药物的作用效果。药物必须达到一定的剂量才能产生效应。在一定范围内，剂量越大，药物作用越强。通常药物的剂量分为最小有效量、常用剂量、极量、中毒量、致死量（图 3-1）。能产生效应的最小剂量，称为最小有效量。机体能忍受而不表现中毒症状的最大剂量为极量。超过极量，引起机体中毒的剂量称为中毒量。超过中毒量，引起机体死亡的剂量称为致死量。剂量的选择范围一般是在最小有效量与极量之间，这个范围称为安全范围。良好的药物一般应有较大的安全范围。药物的剂量范围应灵活掌握，既要发挥药物的有效作用，又要避免其不良反应。如使用硫酸铜杀灭中华鳋时，一般一次全池泼洒的用量最高不能超过 0.7mg/L，高于此浓度则易引起鱼、虾死亡，但低于 0.2mg/L，对寄生虫无效。∞

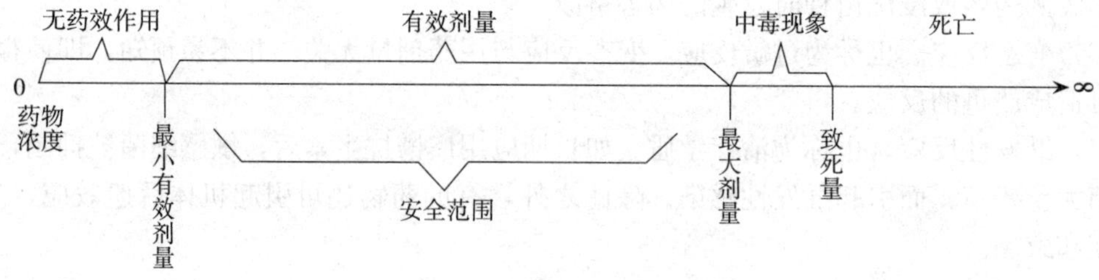

图 3-1　药物量效关系示意

（3）药物的剂型与给药途径。药物的剂型和给药途径对药物作用的影响，是因吸收速率不同导致体内浓度差别而引起的。一般药物的分子越小，越易被吸收，晶体比胶体易吸收，液体比固体易吸收，水溶性比脂溶性易吸收。以内服剂型而言，溶液剂吸收的速度最快，散剂次之，片剂最慢。给药途径以注射法吸收的速度最快，内服法次之，浸洗法或泼洒法最慢。有的仅用体外给药即可，有的疾病需要进行体内给药，有时还需外泼内服相结合才可有理想疗效。

（4）药物的相互作用。各种药物之间存在着相互作用，这种作用会使药物的作用、治疗效果以及不良反应产生质和量的变化。如在使用硫酸铜时，常加入硫酸亚铁，使硫酸铜杀灭原虫的效果有较大的提高；又如磺胺类药物和庆大霉素常与少量甲氧苄啶（TMP）同时使用，药效可提高4～8倍；而敌百虫与生石灰联合使用，产生敌敌畏，不仅会降低敌百虫的药效，而且生成的敌敌畏会使毒性增强100倍，对水生动物产生较大的危害。

（5）药物的储藏与保管。药物的储藏与保管方式会直接影响药效，有的因保管不当会使药效丧失。如漂白粉在二氧化碳、光和热的作用下会迅速失效；硫酸亚铁如果保管不善，与空气接触即会生成碱式硫酸亚铁，失去药效。

2. 机体方面的因素

（1）种类。水生动物对药物的敏感性依其种类而异。如鲑科鱼类比草鱼、鲢对硫酸铜敏感。鲈、真鲷、淡水白鲳、鳜比鲤科鱼类对敌百虫敏感。即便是同一种类，在其不同年龄和生长阶段也存在差异。如四大家鱼鱼苗比其成鱼对漂白粉敏感。

（2）机体的功能状态。机体的功能状态也会明显影响药物的作用。功能活动不同，对药物作用的反应也不同。如鱼、虾等冷血动物，不会发热，因而退热药对水生动物没有作用；若机体肝功能受损，可导致某些药物代谢酶减少；肾功能受损，可造成药物蓄积。

3. 环境方面的因素　对于水生动物来说，环境对药物作用的影响较大，主要影响因素有：

（1）水温。药效一般与水温呈正相关，但有的药物却呈负相关。

（2）有机物。不少药物（如漂白粉、硫酸铜、高锰酸钾等）可与水中的有机物发生反应，因此，肥水池的用药量应适当提高，否则会影响药效。

（3）酸碱度。酸性药物、阴离子表面活性剂以及四环素类等抗菌药物，在碱性水体的中作用会减弱；而碱性药物、磺胺类药物及阳离子表面活性剂等，随pH升高而药效增强。

（4）溶解氧。溶解氧含量较高时，水生动物对药物的耐受性增强；溶解氧含量较低时，则水生动物容易发生中毒现象。

（5）光照和季节。水生动物在夜间比在白天对药物的耐受能力强，在夏季比在冬季对药物敏感。

4. 病原体方面的因素

（1）病原体的耐药性。耐药性是生物与化学药物之间相互作用的结果。凡需要加大药物剂量才能达到原来在较小剂量时即可获得的药理作用的现象，称为耐药性，又称为抗药性。特别是抗生素和磺胺类药物容易使病原菌产生耐药性。耐药性的产生与长期反复地使用同一药物、施药技术不当有关。因此，选择药物时，宜采取几种药物交替使用或混用的方法，来避免病原体产生耐药性。

（2）病原体的类型和数量。病原体的类型和数量都对药物的作用有影响。一般革兰氏阳性菌比革兰氏阴性菌对抗菌消毒剂敏感。同时，病原体数量越多，抗菌消毒剂作用就越弱。

第二节　渔药及其使用技术

一、渔药的定义

渔药是为提高增养殖业产量，用以预防、控制和治疗水产动植物病虫害，促进养殖对象健康生长，增强机体抗病能力，以及改善养殖水体质量所使用的一切物质。

二、渔药的分类

按照渔药使用目的大体可分为以下几类：

1. 环境改良剂 以改良养殖水体环境为目的而使用的药物，包括底质、水质改良剂和生态条件改良剂等，如生石灰、沸石等。

2. 消毒剂 以杀灭水体中的有害微生物为目的所使用的药物，如漂白粉、高锰酸钾、双链季铵盐、有机碘等。

3. 抗微生物药 通过内服、浸浴或注射方式，能够杀灭或抑制体内微生物生长、繁殖的药物，包括抗病毒药、抗细菌药、抗真菌药等，如磺胺类和恩诺沙星等。

4. 杀虫、驱虫药 通过药浴或内服，可驱除体内、外寄生虫以及杀灭水体中敌害生物的药物。包括抗原虫药、抗蠕虫药和抗甲壳动物药等，如硫酸铜、敌百虫等。

5. 代谢改善和强壮药 改善养殖对象的代谢、增强体质、促进生长的药物。通常以饵料添加剂方式使用，如维生素C、磷酸酯、蛋氨酸等。

6. 中药 可防治水生动、植物疾病或增强体质的药用植物。如大黄、穿心莲等。

7. 生物制品 通过物理、化学方法或生物技术制成的药剂，有特异性的作用。包括疫苗、免疫血清、微生态制剂等。

8. 其他 包含抗氧化剂、防霉剂、镇静剂、增效剂、麻醉剂等药物。

三、渔药的制剂与剂型

1. 气体剂型 以气体为分散介质，包装在耐压容器中的液体制剂。渔药中气体制剂的应用非常有限，主要有臭氧和气态氯等。

2. 液体剂型 以液体为分散介质，常用的有溶液剂、注射剂、煎剂、浸剂和乳剂等。

3. 半固体剂型 有软膏剂和糊剂等。

4. 固体剂型 以固体为分散介质，种类多应用广，常见的有散剂、片剂、颗粒剂和微囊剂等。

四、正确使用渔药

1. 渔药的规范使用

（1）严格执行国家兽药法规。严格按照《兽药管理条例》和《无公害食品　渔药使用准则》（NY 5071—2002）等的规定使用渔药。

（2）科学、合理使用药物。严格按照药物使用说明书的要求或在技术人员的指导下科学用药，用药后及时填写并保存水产养殖用药记录。

（3）严格遵守休药期制度。严格按照《无公害食品　渔用药物使用准则》中“渔用药物使用方法”规定的休药期执行，并做好相关记录。

（4）合理利用中药。中药具有无激素、无耐药性、药源广、可就地取材、价格低廉、疗效稳定、毒副作用小等优点，应合理利用。

（5）正确使用渔用生物制品。可广泛用于预防、诊断和治疗水生动物疾病。

2. 渔药选择的原则

（1）有效性。在正确诊断疾病的前提下，对症下药、对因下药。

（2）安全性。药物或多或少都有毒、副作用，应尽量选用低毒、安全的药物。

（3）方便性。用药方法应当操作简单、易于掌握。

（4）廉价性。水产养殖用药量较大，在保证疗效和安全性的原则下应尽量选择廉价易得的药物。

3. 选择正确的治疗方法

（1）根据患病机体的状况选择。患病后的水生动物大多食欲下降，可能会因摄食药饵量太少或根本不摄食，导致药物在水生动物体内不能达到有效浓度，根本达不到治疗的目的。因此，采用拌药饵投喂的给药方式时，一定要考虑患病的水生动物是否还有摄食能力。

（2）根据病原体的特性选择。水生动物的病原体主要有细菌、病毒、真菌和各种寄生虫，要首先确认病原后，再选择合适的药物和用药方法。病毒性疾病，目前尚没有药物能进行有效治疗，用药多为预防或控制细菌性疾病继发感染；细菌性疾病要根据感染部位不同，选择合适的用药方法，或者局部用药，或者全身用药；体外和体内寄生虫也要分别采用药液浸泡法或投喂药饵的方式，才有可能获得比较理想的治疗效果。

（3）根据药物剂型选择。在选择和使用药物时，必须认真了解各种药物的特性和使用方法。渔药的种类和剂型多种多样，有粉剂、针剂、片剂等。能溶于水或经过少量溶媒处理后能溶于水的药物，既可以制成药饵投喂，也可作为药浴使用。对于不能溶于水的各种药物则不能采用药浴法。一般渔药生产商都是根据药物的使用方法和给药途径来生产出不同剂型的药物，使用者要认真阅读产品说明书。

4. 渔药给药方式 常用的给药方法有全池遍洒法、挂袋挂篓法、浸浴法、浸沤法、涂抹法、内服法、注射法等7种。每种方法各有其优缺点，应根据病情特点，趋利避害，准确选择使用。

（1）全池遍洒法。将药物充分溶解并稀释，均匀泼洒全池，使池水达到一定的药物浓度以杀灭动物体外及池水中的病原体。

优点：杀灭病原体较彻底。

缺点：安全性差、用药量大、副作用大、污染水体、对水体浮游生物有影响。

适用范围：预防和治疗疾病均可。

注意事项：精确计算药量，如药物安全范围小，易发生事故；勿使用金属容器盛放药物；用药后应密切观察，发现异常及时采取措施。

（2）浸浴法。将水生动物集中在较小的容器内，在较高浓度的药液中进行短期的强迫药浴，以杀灭动物体外的病原体。

优点：用药量少、疗效好、不污染水体、不影响水中浮游生物的生长。

缺点：专门拉网，易损伤机体；不能杀灭水体中的病原体。

适用范围：一般用于转运前后以预防为目的的消毒。

注意事项：药浴步骤不可颠倒，应先配药液，再放入水生动物；药浴时间灵活掌握；操作细心，避免鱼体受伤。

（3）挂袋、挂篓法。在食场周围悬挂盛药的袋或篓，形成一消毒区，当水生动物来摄食时，达到杀灭机体外病原体的目的。

优点：用药量少、方法简便、无危险、毒副作用小。

缺点：杀灭病原体不彻底。

适用范围：预防疾病和疾病的早期治疗。

注意事项：药物使用浓度应考虑水生动物对药物的回避性；此浓度必须保持 2～3h；一般连续挂 3d；放药前宜停食 1～2d。

（4）浸沤法。将中药扎成捆浸泡在池塘的上风处或进水口处，或均匀分布于池边数堆，让浸泡出的有效成分扩散到池中，以杀灭池水中及动物体外的病原体。

优点：本方法较为安全，毒副作用小。

缺点：本法只适用于中药的使用，药物发挥作用较慢，只适于预防。

（5）涂抹法。在动物体表患病处涂抹较浓的药液或药膏以杀灭病灶的病原体。

优点：用药量少、安全、高效、副作用小。

缺点：适用范围小，只适用于繁殖个体、名贵水生动物的体表疾病。

注意事项：涂抹时将动物的头稍提起，以防止药液流入口腔、鳃等产生危害。

（6）内服法。将药物与动物喜食的饵料拌匀直接投喂。

优点：杀灭动物体内病原体、用药量少、方便、不污染水体。

缺点：控制个体的服药量较难。

注意事项：适用于预防和早期治疗。使用时应注意药饵的适口性；投喂药饵前应停食 1～2d；计算药量时应兼顾混养品种。

（7）注射法。将药液注入水生动物体内的方法。

优点：药量精确、吸收快、疗效好、用药量少、疾病较重时也可使用。

缺点：操作烦琐，易损伤机体。

适用范围：只适用于亲本、名贵水生动物或水生动物疫苗注射。

5. 药物用量计算

（1）外用药物用量的计算。目前，外用渔药的使用较为普遍，准确计算其使用剂量是安全用药的首要保证。因此，要对水体的总量进行测定和计算。若是在某种小型容器中进行浸泡，只需准确向容器内加入一定量水即可；若是在养殖池中进行浸泡或使用全池遍洒法，则需测定养殖池的面积和平均水深，再准确计算出总水量。根据总水量和标准用药量计算药物的使用量，尤其应注意药物的使用浓度及其单位的换算。$1g/m^3=1mg/L=1\mu g/mL$

用药总量（g）＝药物施用浓度（g/m^3）×水体体积（m^3）或

用药总量（mg）＝药物施用浓度（mg/L）×水体体积（L）

（2）内服药物用量的计算。

①内服药量的计算。内服药物的使用量是根据水生动物的体重和标准用药量来计算的。因此首先应大概估算出池塘中吃食性鱼类总重量。可以根据在放养时记录的总数，并依据每天的投饵量和死亡数量等进行校正。

用药总量（g）＝标准用药量（g/kg）×水生动物重量（kg）

标准用药量指每千克体重的水生动物每天所内服药物的剂量（g 或 mg）。每种市售药物均有注明。

水生动物重量（kg）＝平均尾重（kg）×成活尾数

＝日投饵总量（kg）÷投饵率（%）

②内服药物添加。对于每天的投饵率固定的水生动物，可将投喂药物的标准量采用在饲料中的添加率表示。如磺胺类药物的标准用药量按水生动物体重计算，一般是每千克体重内

服 100mg，如果是在饲料中按 0.5%的比例添加药物，再按 2.0%的投饵率投喂水生动物，就正好合适，而如果将这种药饵的投饵率提高到 3.0%的话，按水生动物体重计算就已经达到了每千克 150mg 的用药量。标准用药量、投饵率和添加率的关系见表 3-1。

药物的添加率（%）＝标准用药量÷投饵率（%）

表 3-1　标准用药量、投饵率和添加率之间的关系

投饵率/%	药物在饲料中的添加率/%					
	0.01	0.05	0.1	0.5	1	5
5	5	25	50	250	500	2 500
4	4	20	40	200	400	2 000
3	3	15	30	150	300	1 500
2	2	10	20	100	250	1 000
1	1	5	10	50	100	500

注：按每千克水产养殖动物体重添加药物的质量（每千克体重，mg）。

③药物的剂型与饲料。水生动物的饲料大致可以分为人工配合饲料和鲜活饵料，采用内服法治疗水生动物疾病时，为了避免药物的损失和让水生动物能摄食药饵，应注意药物的剂型和饲料的关系。

a. 脂溶性药物制剂。使用不溶于水的药物制剂时，可以首先采用相当饲料质量 5.0%～10.0%的鱼油与药物充分混合，然后将固形饲料加入其中混合，使油和药物的混合物吸附在饲料的表面，阴干 20min 后投喂，可以获得良好的治疗效果。对于粉状饲料和鱼糜可以将准备好的药物直接混合在其中。

b. 水溶性药物制剂。能溶于水的药物可以直接用水稀释后，将固形饲料放在其中并稍加搅拌，随着水分被吸入饲料内，药物也被吸附在饲料上。但对于微粒饲料，可以将药物用水稀释后，首先加入一定量的淀粉搅拌成稀糊状后，再与微粒饲料混合。对于粉状饲料可以直接加入用水稀释后的药液中搅拌成糊状，制成块状药饵后投喂。在鲜鱼和鱼糜中添加时，需要采用黏附剂等措施，尽量防止药物流失。

6. 药物治疗效果的判定　药物的具体治疗效果通常可以从下几个方面来判定。

（1）死亡数量。如果在用药后 3～5d，水生动物的死亡数量逐渐下降，说明选用的药物适当，否则判定为无效，应重新选择对症的药物。

（2）游泳状态。健康的水生动物往往是集群游动，而患病后大多离群独游。如果选用的药物有效，患病水生动物的游动状态也会逐渐改善。

（3）摄食状态。发病后，水生动物的摄食量一般都会下降，如果使用的药物有效，摄食量应该逐渐恢复到健康时的水平。

（4）症状。各种疾病都有其典型症状，如果用药后其病症得到改善或者消失，即可以判定药物有疗效。

五、常用药物

（一）抗微生物药

抗微生物药是指对细菌、真菌、支原体和病毒等病原微生物具有抑制或杀灭作用的一类化学物质。

1. 抗生素 是细菌、真菌、放线菌等微生物在生长繁殖过程中产生的代谢产物，在很低的浓度下可抑制或杀灭其他微生物。

（1）盐酸多西环素（强力霉素、脱氧土霉素）。

【作用与用途】用于治疗鱼类革兰氏阳性和革兰氏阴性细菌引起的感染。

【用法与用量】内服，剂量为每千克体重20～50mg，每天1次，连用3～5d。

【注意事项】均匀拌饵投喂；长期使用可引起二重感染和肝损害。

【休药期】750度日*。

（2）氟苯尼考。

【作用与用途】可用于各种淡水、海水鱼类的细菌性疾病。

【用法与用量】拌饵投喂，剂量为每千克体重10～15mg，每天1次，连用3～5d。

【注意事项】拌饵后的药饵不宜久放；本品应妥善存放，以免造成人、畜误服。

【休药期】375度日。

2. 磺胺类药物 磺胺类药物抗菌谱广、性质稳定、不易变质、使用方便、可大量生产，但也有抗菌作用较弱、不良反应较多、细菌可产生耐药性、用量大、疗程偏长等缺点。但与甲氧苄啶和二甲氧苄啶等抗菌增效剂联合使用后，可使抗菌活性大大增强。

（1）磺胺间甲氧嘧啶。

【作用与用途】可用于多种淡水、海水鱼细菌性疾病的防治。

【用法与用量】拌饵投喂，剂量为每千克体重50～100mg，分2次投喂，连用4～6d。

【注意事项】应遮光、密封保存；首次使用剂量加倍。

【休药期】500度日。

（2）磺胺二甲嘧啶。

【作用与用途】可用于防治鱼类、鳖、蛙、龟等的细菌性疾病。

【用法与用量】拌饵投喂，剂量为每千克体重100mg，分2次投喂，连用6d。

【注意事项】应遮光密闭保存；首次使用剂量加倍。

【休药期】500度日。

3. 喹诺酮类药 喹诺酮类药物是人工合成的杀菌性抗菌药物，目前在感染性疾病的治疗中发挥着非常重要的作用。

（1）恩诺沙星。

【作用与用途】对绝大多数水生动物致病菌都具有较强的抑菌作用。可用于防治淡水鱼类、海水鱼类、虾、龟、鳖、蛙等的细菌性疾病。

【用法与用量】拌饵投喂。淡水鱼类，剂量为每千克体重10～20mg，分2次投喂，连用3～5d；海水鱼类，剂量为每千克体重20～40mg。浸浴，使水体中药物浓度为4mg/L，每次1～2h，每天1次，连用2～3次。肌内注射，龟、鳖剂量为每千克体重5mg，每天1次，连用2～3次。

【注意事项】不可与利福平合用。与制酸药如氢氧化铝、三硅酸镁等同时服用会影响吸收，应避免同时服用。

---

* 度日即温度乘以停药天数的积。

【休药期】500 度日。

（二）杀虫驱虫药物

杀虫驱虫药是指能杀灭或驱除水生动物体内外寄生虫以及敌害生物的一类药物。根据药物的作用特点，可分为抗原虫药、驱杀蠕虫药、杀寄生甲壳动物药和除害药四大类。

1. 抗原虫药 水生动物的原虫病是由单细胞的原生动物所引起的一类寄生虫病，其种类多，危害严重。原生动物可感染水生动物各器官组织，既可体内寄生，也可体外寄生。根据给药的途径不同，抗原虫药有外用药和内服药两种。

（1）硫酸锌。

【作用与用途】主要用于治疗因纤毛虫寄生而引起的疾病。

【用法与用量】全池遍洒，使水体中浓度达 0.3mg/L。

【注意事项】应在阴凉干燥处密封保存。

【休药期】未规定。

（2）硫酸铜。

【作用与用途】可杀灭有害的藻类（青泥苔、水网藻等）、轮虫和螺蚌类；对寄生于鱼体上的鞭毛虫、纤毛虫及指环虫、三代虫等均有杀灭作用。

【用法与用量】灭藻一般采用本品全池泼洒，使水体中浓度达 0.7mg/L，每天 1 次，连用 2 次；杀虫时，本品可单用(0.7mg/L)，或与硫酸亚铁合用(5∶2)，使水体中浓度达 0.7mg/L。

【注意事项】不可与生石灰等碱性物质同时使用；缺氧时勿用，用药后注意增氧；不可用金属容器盛装，溶解水温勿超过 60℃，特殊品种如鲟、鲂、长吻鮠（江团）等无鳞鱼慎用；瘦水塘、鱼苗塘、低硬度水适当减少用量；准确计算水体体积。

【休药期】未规定。

（3）盐酸氯苯胍。

【作用与用途】可用于防治鱼类肠道孢子虫病。

【用法与用量】拌饵投喂，剂量为每千克体重 40mg，连用 3～5d，苗种使用剂量减半。

【注意事项】搅拌均匀，严格按照推荐剂量使用；斑点叉尾鮰慎用。

【休药期】500 度日。

2. 驱蠕虫药

（1）复方甲苯达唑。

【作用与用途】用于治疗水产养殖动物的指环虫病、三代虫病、线虫病等。

【用法与用量】拌饵投喂，剂量为每千克体重 2.5mg，连用 5d；浸浴，2～5mg/L，20～30min（使用前经过甲酸预溶）。

【注意事项】应避光使用；在使用剂量范围内，一般水温高时宜采用低剂量。

【休药期】150 度日。

（2）盐酸左旋咪唑。

【作用与用途】主要用于预防和治疗水生动物肠道孢子虫、饼形碘泡虫、单极虫等孢子虫病。

【用法与用量】拌饵投喂，剂量为每千克体重 4～8mg，连用 5d。

【休药期】500 度日。

（3）阿苯达唑。

【作用与用途】可驱杀寄生在鱼类肠道中的绦虫、线虫和棘头虫。

【用法与用量】拌饵投喂，剂量为每千克体重 10mg，每天 2 次，连用 3d。

【注意事项】本品应避光密封保存；如果投药量达不到有效给药剂量，只能驱除部分鱼体中的虫体。

【休药期】500 度日。

（4）吡喹酮。

【作用与用途】用于驱除鱼体内的棘头虫、绦虫、线虫等寄生虫。

【用法与用量】拌饵投喂，剂量为每千克体重 10～50mg，每间隔 3～4d 用 1 次，连用 2 次。

【注意事项】应避光密闭保存；用药前停食 1d，团头鲂慎用。

【休药期】500 度日。

（5）敌百虫。

【作用与用途】可用于防治鱼体外寄生的单殖吸虫（指环虫、三代虫）、甲壳动物（锚头鳋、中华鳋、鱼鲺）和肠内寄生的蠕虫（绦虫、棘头虫）引起的鱼病，还可杀死剑水蚤及水蜈蚣等敌害生物。

【用法与用量】体外用药时，全池泼洒 90％晶体敌百虫，使用浓度为 0.2～0.5mg/L；杀灭体内寄生虫时，内服，剂量为每千克体重 0.2～1.0g，每天 1 次，连用 3～6d。

【注意事项】敌百虫的毒性对不同鱼类有所差别，鳜、加州鲈、淡水白鲳对其极度敏感，应慎用或不用；不使用金属容器盛装；本品除与食用碱合用外，不得与其他碱性药物合用；应在密封、避光、干燥处保存。

【休药期】500 度日。

3. 杀寄生甲壳动物药

（1）敌百虫、辛硫磷。

【作用与用途】可杀灭水体中及寄生于鱼体的指环虫、三代虫、中华鳋、锚头鳋、鱼鲺等寄生虫。

【用法与用量】规格：100g 含敌百虫 10g、辛硫磷 4g。全池遍洒，使水体中浓度达 0.12～0.3mg/L。

【注意事项】不与碱性药物并用；虾、蟹、蛙及淡水白鲳不使用本品；不用金属容器盛装；缺氧、浮头前后严禁使用；水质较瘦时、春秋季节、水温低时按低剂量使用，苗种剂量减半；水深超过 1.8m 时，分两次泼洒，间隔 6h。

【休药期】500 度日。

（2）氯氰菊酯。

【作用与用途】用于防治鱼类的中华鳋、锚头鳋、鱼鲺等寄生虫病。

【用法与用量】将药物充分稀释后，再全池均匀泼洒。若使用 4.5％的氯氰菊酯乳油，应使本品水体中浓度达 0.02～0.03mL/m^3。

【注意事项】不与碱性物质混用；有较强的刺激性，用时应注意防护；使用时用量应根据水质情况适当增减。

【休药期】500 度日。

（三）消毒药物

1. 醛类

戊二醛。

【作用与用途】用于水体消毒，防治水产养殖动物由弧菌、嗜水气单胞菌、爱德华氏菌等引起的细菌性疾病。

【用法与用量】用水稀释 300～500 倍后，全地均匀泼洒，剂量为 40mg/m^3（以戊二醛计）。每 2～3d 1 次，连用 2～3 次。

【注意事项】避免与皮肤、黏膜接触，如接触后应及时用水冲洗干净；不接触金属器具。

【休药期】未规定。

2. 卤素类

（1）漂白粉。

【作用与用途】消毒剂、水质净化剂。对细菌、病毒、真菌均有不同程度的杀灭作用。主要用于水生生物细菌性疾病的防治。定期适量遍洒，还可改良水质。

【用法与用量】有效氯含量≥25.0%。

①清塘消毒（一般带水清塘），全池遍洒，使水体中浓度达 20mg/L。

②剂量。全池遍洒剂量为 1～2mg/L；浸浴剂量为 10～20mg/L，10～20min（具体用量和时间应灵活掌握）。

【注意事项】密闭储存于阴凉干燥处。使用时，正确计算用药量，现用现配，宜在阴天或傍晚施药，避免接触眼睛和皮肤；不使用金属器具。

【休药期】未规定。

（2）二氯异氰脲酸钠。

【作用与用途】用于防治鱼、虾等的细菌及病毒病。

【用法与用量】用水稀释 1 000～3 000 倍后全池遍洒。剂量为 0.06～0.1g/m^3（以有效氯计），治疗每天 1 次，连用 2 次；若预防用药，则每 15d 1 次。

【注意事项】勿用金属器具；缺氧、浮头前后严禁使用；苗种池剂量减半；水质较瘦时，剂量酌减；无鳞鱼溃烂、患腐皮病时慎用。

【休药期】未规定。

（3）三氯异氰脲酸。

【作用与用途】用于防治鱼、虾等的细菌及病毒病。

【用法与用量】用水稀释 1 000～3 000 倍后全池遍洒。剂量为 0.09～0.135g/m^3（以有效氯计），治疗 1d 1 次，连用 2 次。

【注意事项】勿用金属器具；缺氧、浮头前后严禁使用；苗种池剂量减半；水质较瘦时，剂量酌减；无鳞鱼溃烂、患腐皮病时慎用。

【休药期】未规定。

（4）高碘酸钠。

【作用与用途】用于养殖水体、养殖器具的消毒杀菌；也可用于鱼、虾、蟹等的细菌性疾病的防治。

【用法与用量】全池遍洒用量为 15～20mg/m^3（以高碘酸钠计），治疗时，每 2～3d 1

次，连用2～3次；预防时，每15d 1次（剂量同治疗量）。

【注意事项】对皮肤有刺激性；不用金属容器盛装；避免与强碱类物质及含汞类药物混用；软体动物、鲑等冷水性鱼类慎用。

【休药期】未规定。

（5）聚维酮碘。

【作用与用途】是广谱消毒剂，对大部分细菌、真菌和病毒等有不同程度的杀灭作用，主要用于鱼卵、水生动物体表的消毒。

【用法与用量】使用时用水稀释或溶解后，全池均匀泼洒。治疗用量4.5～7.5mg/m^3（以有效碘计），隔日1次，连用2～3次；预防时，则7d 1次（剂量同治疗量）。

【注意事项】密闭遮光保存于阴凉干燥处；其杀菌作用随有机物减少而减弱。

【休药期】500度日。

3. 季铵盐类

苯扎溴铵。

【作用与用途】用于养殖水体、养殖器具的消毒灭菌；可防治鱼、虾、蟹、鳖、蛙等的细菌性疾病。

【用法与用量】用水稀释后，全池均匀泼洒。治疗用量为0.10～0.15mg/L（以有效成分计），每隔2～3d用1次；连用2～3次。预防时，则15d 1次（剂量同治疗量）。

【注意事项】不用金属容器盛装；忌与阴离子表面活性剂、碘化物和过氧化物等混用；软体动物、鲑等冷水性鱼类慎用；水质较清的养殖水体慎用；用后注意池塘增氧。

【休药期】未规定。

（四）环境改良剂

1. 腐殖酸钠溶液

【作用与用途】用于养殖池塘的水质改良，可降低养殖水体中的重金属离子、氨氮、亚硝酸盐、硫化物含量，缓解应激反应和轻微浮头。

【用法与用量】全池遍洒，使水体中浓度达10mg/m^3（以腐殖酸钠计）。

【注意事项】瓶底若有沉淀，可摇匀后再用，不影响使用效果。

【休药期】500度日。

2. 过氧化钙

【作用与用途】可作为环境改良剂、杀菌消毒剂等。能增加水中溶解氧，主要用于鱼、虾缺氧浮头的急救，高密度养殖时增氧，鱼苗、鱼种的运输，也可治理赤潮生物。

【用法与用量】

预防：全池均匀施用，剂量为0.4～0.8mg/L。

急救：剂量为0.8～1.6mg/L。首先在鱼、虾集中处施用，剩余部分全池施用。

长途运输：剂量为8～15mg/L。勿搅拌，每5～6h 1次或酌情增加投放次数。

【注意事项】应储存于干燥、阴凉通风处；不与酸、碱混合；对鱼类的安全浓度为50mg/L；鱼池中施放时应远离食场；可与干泥粉拌和撒入；施药后应保持池水静止，停止冲水和搅动。

【休药期】500度日。

3. 氯硝柳胺

【作用与用途】清塘药。对钉螺、椎实螺和野杂鱼等有良好的杀灭作用。

【用法与用量】全池均匀泼洒，用量为1.25mg/L（含量为25%）。

【注意事项】用药清塘7～10d后试水，确定无毒性，才可投放苗种；水温18℃以下或水体偏肥，可适当增大药量；不能与碱性药物混用，用药时要现配现用，不可久放；禁用于养殖贝类、螺类的水体。

【休药期】500度日。

（五）中药

1. 大蒜

【作用与用途】可抑制多数细菌，能杀灭某些原虫，还有健胃、助消化的作用。

【用法与用量】生大蒜捣碎拌饵，剂量为每100千克体重5～10g。

2. 大黄

【作用与用途】对多数致病菌有强抑制作用，还具有抗病毒作用和促凝血作用。

【用量与用法】碾成细粉末拌饵，剂量为每100千克体重3～5g；用水煮沸数分钟，全池泼洒（使用前先将大黄用0.3%氨水按1∶20比例在室温下浸泡12～24h，使蒽醌类衍生物游离出来，以提高疗效），用量为3～5mg/L，每天1次，连用2次。

【注意事项】禁与生石灰合用。

3. 乌桕

【作用与用途】对致病菌有较强的抑制作用。尤其对柱状嗜纤维菌具明显抑菌作用，可有效防治鱼类烂鳃病、白头白嘴病等；叶在体外有抑制吸虫作用；根皮有杀灭肠虫的作用。

【用法与用量】煎汁，浸浴，用量为5～10mg/L。

4. 地锦草

【作用与用途】对致病菌均有较强的抑制作用，还具止血与中和细菌毒素的作用。

【用法与用量】煎汁，拌饵或浸浴。内服，剂量为每100千克体重10～15g；浸浴，用量为10～20mg/L。

5. 苦楝

【作用与用途】有驱肠虫和抑制真菌的作用。

【用法与用量】煎汁，拌饵或浸浴。拌饵，剂量为每100千克体重10～15g；浸浴，用量为10～15mg/L。

6. 穿心莲

【作用与用途】具有抗菌、抗病毒、扩张血管等作用。

【用法与用量】煎汁，拌饵或浸浴。拌饵，剂量为每100千克体重10～15g；浸浴，用量为10～15mg/L。

7. 板蓝根

【作用与用途】具有抗菌、抗病毒和解毒的作用。

【用法与用量】煎汁，拌饵或浸浴。拌饵，剂量为每100千克体重10～15g；浸浴，用量为5～10mg/L。

8. 五倍子

【作用与用途】具抗革兰氏阳性菌和革兰氏阴性菌的作用。对皮肤、黏膜、溃疡等有良好的收敛作用。对表皮真菌有一定的抑制作用。能加速血液凝固，体现止血的作用。

【用法与用量】煮沸 10～15min，去渣取汁，浸浴，用量为 3～5mg/L。

9. 辣蓼

【作用与用途】可抑制革兰氏阴性菌，还有止血的作用。

【用法与用量】煎汁，内服或浸浴。预防草鱼、青鱼肠炎病，拌饵，剂量为每 100 千克体重 120g；浸浴，用量为 70mg/L。

10. 黄柏

【作用与用途】具广谱抗菌和调节机体功能的作用。

【用法与用量】煎汁，拌饵或浸浴。拌饵，剂量为每 100kg 体重 10～15g，浸浴，用量为 5～10mg/L。

11. 黄芩

【作用与用途】具广谱抗菌、抗炎、抗变态反应的作用。

【用法与用量】煎汁，拌饵或浸浴。拌饵，剂量为每 100kg 体重 10～15g；浸浴，用量为 5～10mg/L。

12. 黄连

【作用与用途】具广谱抗菌、抗部分病毒和抗原虫作用。还具有调节机体功能的作用。

【用法与用量】煎汁，拌饵或浸浴。拌饵，剂量为每 100kg 体重 3～5g；浸浴，用量为 5～8mg/L。

13. 马齿苋

【作用与用途】具抗菌和止血的作用。内服可用于防治多种细菌病；外用可治疖疮。

【用法与用量】煎汁，拌饵或浸浴。拌饵，剂量为每 100kg 体重 10～15g；浸浴，用量为 10～20mg/L。

14. 生姜

【作用与用途】对多种病原菌有较强的杀菌作用。

【用法与用量】煎汁，拌饵或浸浴。拌饵，剂量为每 100kg 体重 10～15g；浸浴，用量为 5～10mg/L。

六、渔药的残留

1. 渔药残留及其危害 渔药残留是指水产品的任何可食部分中渔药的母体化合物及其代谢物或二者的混合物，以及与药物有关的杂质在其组织、器官等蓄积、储存或以其他方式保留的现象。一般来说，水产品中的渔药残留大部分不会对人类产生急性毒性作用，但是如果人们经常摄入含有低剂量渔药残留的水产品，残留的药物即可在人体内慢性蓄积而导致体内各器官功能紊乱或病变，严重危害人类的健康。一般来说渔药残留可造成以下危害：

（1）毒性作用。当蓄积在人体内的药物浓度达到一定量时，就会对人体产生慢性、蓄积毒性作用。

（2）变态反应。又称为过敏反应，一些药物会使敏感人群产生过敏反应，严重者可引起休克等严重症状。

（3）产生耐药菌株。药物的残留会使细菌发生基因突变或转移，使部分病原体产生抗药性，增加疾病防治的难度。

（4）“三致”作用。即致癌、致畸、致突变作用。

（5）激素作用。一些激素及其类似物的残留，可产生一系列激素样作用，造成人类生理功能紊乱。

（6）水环境生态毒性。药物以原型或代谢物的形式随粪、尿等排泄物排出或直接在水环境中泼洒药物均会造成水环境中药物的残留，破坏养殖生态平衡。

2. 渔药残留产生的原因及控制　渔药残留产生的原因归纳起来主要有以下几方面：

（1）不严格遵守休药期制度。各种渔药都有不同的休药期，经过休药期的水产品在食用前可基本保证其安全。目前，水产养殖上往往忽视休药期制度，或在上市前使用药物；或将休药期尚未结束的水生动物起捕上市。

（2）不做用药记录，也会导致使用过渔药的水产品未满休药期就上市。

（3）使用未经批准的药物，或使用禁用渔药，或使用无休药期规定的渔药，或使用渔用原料药等。

（4）用药剂量、给药途径等不符合相关规定。

（5）饲料加工、运输或使用过程中受到药物的污染。

要从根本上控制渔药残留，可从规范用药，加强渔药法规、标准体系建设，完善渔药管理工作以及加强无公害渔药研究工作等方面入手。

思考题

1. 什么是渔药残留？渔药残留产生的原因有哪些？渔药残留有哪些危害？
2. 什么是抗生素？常用的抗生素有哪些类型？
3. 药物作用有哪些主要类型？
4. 有哪些因素可影响药物作用？试举例说明。
5. 外用及内服药物如何计算？试举例说明。

第四章 病害的发生与控制

第一节 病害的发生与发展

一、水生动物病害发生的原因

水生动物与所有的生物一样，与环境和谐统一则健康成长，繁衍后代。当环境发生变化或水生动物机体有某些变化而不能适应环境，就会引起水生动物病害。了解和掌握水生动物病害发生和发展的规律，是制订预防病害的合理措施、做出正确诊断和提出有效治疗方法的根据。在水生动物养殖中，影响水生动物健康生活的因素众多，各因素之间还存在相互影响和变化。因此，水生动物病害的发生是一个很复杂的过程。但归纳起来主要有环境因素、生物因素、水生动物自身因素、养殖管理因素等，简称为环境、病原、宿主、管理这“八字”病因。这些病因对养殖动物的致病作用，可以是单独一种病因的作用，也可以是几种病因混合的作用，并且这些病因往往有相互促进的作用（图 4-1）。

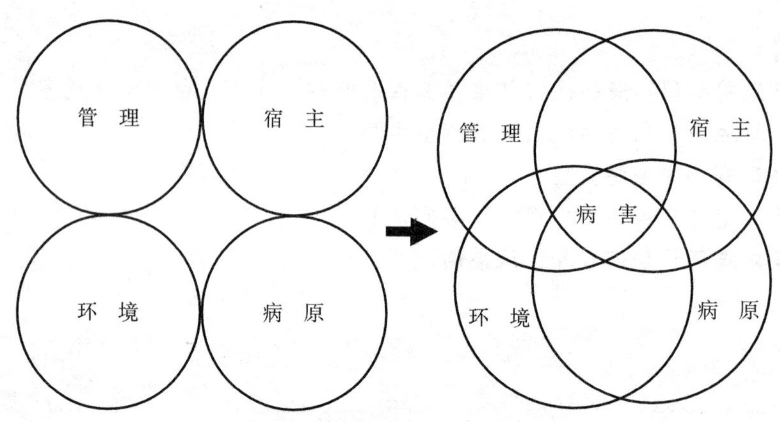

图 4-1 病害发生的原因

（一）环境因素

养殖水域的温度、盐度、溶氧量、酸碱度、pH、光照等理化因素的变动或污染物质等，超越了养殖动物所能忍受的临界限度就能致病。

1. 水温 水生动物是冷血动物，其体温随周围环境温度的变化而变化。同时，水体中几乎所有的环境因子都受到温度的制约，水温的高低直接影响水质的变化。当水温变化幅度过大时，水生动物不易适应，就将导致代谢紊乱而患病。

（1）水体温差。鱼种或成鱼水温变化相差超过 5℃，鱼苗超过 2℃，就会引起强烈的应激反应，发生疾病甚至死亡。

(2) 耐受温度。各种水生动物均有其生长、繁殖的适宜水温和生存的上、下限温度。如罗非鱼为热带鱼类，其生长的适宜温度为16～37℃，最适宜水温为24～32℃，能耐受高温上限为40℃左右，耐受低温下限为8～10℃，高于或低于上下限水温即死亡，若长期生活在13℃的水中，就会引起皮肤冻伤，发生病变，并陆续死亡。虹鳟是冷水性鱼类，其生长的适宜水温为12～18℃，最适水温16～18℃，水温升高到24～25℃时即死亡。我国四大家鱼属温水性鱼类，其生长最适水温为25～28℃。

(3) 骤变降温。在水源条件差的养殖池塘或养殖区内，由于残饵、粪便和其他有机碎屑等由氧化状态转变为还原状态和厌氧分解时，产生氨、硫化氢、甲烷及低分子有机酸等，对底质、水质产生不良影响甚至积累有毒物质，并主要沉积于池塘底部。在气温下降，特别是骤降时，池塘不同温层对流及风力造成的交替流，能引起底层无氧或有毒物质向上层水体扩散，导致水生动物缺氧或中毒，造成大批死亡。

(4) 高温运输。在水温较高条件下，水生动物苗种运输时，容易造成大批死亡。

此外，各种病原生物在适宜水温条件下，生长迅速，繁殖加快，使水生动物严重发病甚至暴发疾病，如病毒性草鱼出血病，在水温27℃以上最为流行，水温25℃以下病情逐渐缓解。

2. 溶解氧（DO） 水体含氧量对水生动物的生存、生长、繁殖及对疾病的抵抗力都有较大的影响。在溶解氧含量充足时，微生物可将一些代谢物转变为危害很小或无害的物质，如硝酸根离子（NO_3^-）、硫酸根离子（SO_4^{2-}）和二氧化碳（CO_2）等。反之，当溶解氧含量低时，可引起物质氧化状态的变化，使其从氧化状态变到还原状态，如氨氮（NH_3）、硫化氢（H_2S）和甲烷（CH_4）等，从而导致环境自身污染，引起养殖动物中毒或削弱其抵抗力。因此，保持养殖水体中溶解氧含量在5.0mg/L以上，不仅是预防养殖动物病害（如浮头、泛池）的需要，同时也是保护养殖环境的需要。当然，水体溶解氧过饱和，养殖动物易患气泡病。

3. 酸碱度（pH） 水体中pH过高、过低或急剧变化，会引起水生动物患病或死亡。绝大多数淡水鱼适宜的pH为7～8.5，喜欢中性偏弱碱性的水质。水质过酸，鱼体生长受阻，体质变差，易患打粉病；过碱，鳃会因刺激而分泌大量黏液，导致呼吸困难。

4. 水体化学成分和有毒物质 水体化学成分和有毒物质会影响到水生动物的生长及生存，当其含量超过一定指标时，会引起水生动物生长不良或发生疾病，甚至会引起死亡。在养殖水体中，由于放养密度大、投饵量多，饵料残渣及粪便等有机质大量沉积在水底，经细菌的分解作用，消耗大量的溶解氧，并在缺氧的情况下出现无氧酵解，产生大量的中间产物，如硫化氢、氨、甲烷等有害物质，造成自身污染，危害养殖动物。除养殖水体自身污染外，外来污染的影响更为严重，来自矿山、工厂和农田等的排水含有重金属离子（如汞、铅、镉、锌、镍等）和其他有毒物质（如氰化物、硫化物、酚类、多氯联苯等），这些有毒物质均能使水产养殖动物慢性或急性中毒，严重时引起大批死亡。

（二）生物因素

水生动物的多发病、常见病大多是由于病原生物侵袭造成，主要有病毒、细菌、藻类、真菌、原生动物、吸虫、绦虫、线虫、棘头虫、甲壳动物等。病原生物能否侵入机体并引起疾病发生，与病原体的毒力、数量以及机体免疫力有关。数量上，病原体越多，疾病越容易发生，也越严重，症状越明显；毒力较弱的病原体只有在大量侵入时才会引起疾病；而毒力较强的病原体侵入少量即可发病。

除此以外，生物因素中还有一类动物敌害生物，如青蛙可直接吞食观赏水生动物的卵或幼体；凶猛鱼类会掠食观赏水生动物；鼠、蛇、鸟、水生昆虫、水蛭等都能对水生动物造成直接危害。

（三）水生动物自身因素

引起水生动物病害发生的自身因素主要有机体生理状态和自身免疫力。

1. 机体生理状况 水生动物对疾病的敏感性和抵抗能力与其种类、健康状况、营养状况及年龄有关。各种疾病都有一定的敏感对象或敏感阶段，如车轮虫病常在苗种阶段流行且危害较大，对成体危害甚小；鱼体受伤的情况下，病原生物更容易乘虚而入引起发病，如打印病、水霉病等都是在鱼体损伤的情况下发生的。

2. 机体自身免疫能力 病原对寄主具一定选择性，如果有大量病原的存在，但缺乏易感养殖动物，养殖动物也不会发病。

（四）养殖管理因素

俗话说："三分种，七分管"。这说明养殖管理工作是整个水生动物养殖生产的核心基础。水质过瘦，草鱼苗易患白头白嘴病；水肥而不爽，养殖鱼类易患细菌性烂鳃、肠炎病；操作不细心、鱼体受伤后，养殖鱼类易受细菌和寄生虫侵袭。因此，加强饲养管理，做好"四定"投喂，注意水质变化，定期使用水质改良剂，细心操作，达到资源节约、环境友好、保证养殖水产品的质量与食用安全的目的。

1. 机械损伤 在养殖水生动物时，经常要进行换水、捕捞、运输、人工授精等操作。在上述过程中，操作不慎或动作过大就会造成水生动物的鳞片脱落、鳍条开裂、皮肤及黏液损伤、应激反应强烈，甚至直接造成水生动物死亡。另外，这些机械损伤还会诱使病原生物从伤口侵入、感染致病。

2. 放养密度不合理 放养密度过大会造成缺氧或饵料不足，营养不良，体质变弱，抵抗力下降；甚至导致水生动物之间争食打斗造成损伤。

3. 投喂不合理 养殖水生动物时，应遵循"定质、定量、定时、定位"的四定原则。投喂变质、不清洁的饵料、营养搭配不合理、时饥时饱等都会使养殖对象体质衰弱、患病。

4. 用药不规范 当水生动物发生疾病时，若用药不规范，或没有对症下药，或使用违禁违规药物，会使病原生物产生很强的抗药性和耐药性，致使疾病越来越严重。

二、病害的种类

（一）按病因分类

按病因分类可将水生动物疾病分为生物因素引起的疾病与非生物引起的疾病两大类。

1. 生物因素引起的疾病

（1）由微生物引起的疾病。包括病毒、细菌、真菌和单细胞藻类等病原体引起的疾病。

（2）由寄生虫引起的疾病。包括原生动物、单殖吸虫、复殖吸虫、线虫、棘头虫和甲壳动物等病原体引的疾病。

（3）有害生物引起的中毒。包括微囊藻、三毛金藻和赤潮等引起的中毒。

（4）生物敌害。包括水生昆虫、水螅、水蛇、水鸟、水鼠和凶猛鱼类等造成的危害。

2. 非生物因素引起的疾病

（1）机械损伤。如擦伤、碰伤等。

（2）物理刺激。如感冒、冻伤等。

（3）化学刺激。如农药、泛池、气泡病、畸形、重金属盐中毒等。

（4）由营养不良引起的疾病。如跑马病、萎瘪病、营养缺乏症等。

（二）按养殖水域分类

按养殖水域不同，可分为海水动物疾病和淡水动物疾病。

（三）按养殖动物分类

按养殖动物不同，可分为鱼类疾病、虾蟹类疾病、贝类疾病、两栖类疾病、爬行类疾病、棘皮动物疾病。

（四）按感染的情况分类

1. 单纯感染 由一种病原体感染所引起的疾病。如草鱼病毒性出血病，其感染的病原体往往只有一种草鱼呼肠孤病毒。

2. 混合感染 由两种或两种以上的病原体混合感染所引起的疾病。如草鱼烂鳃病、赤皮病、肠炎并发症，是由柱状屈挠杆菌、肠型点状产气单胞杆菌和荧光假单胞杆菌3种病菌同时感染而引起的疾病。

3. 原发性感染 即病原体感染健康机体使之发病。如健康草鱼感染呼肠孤病毒而患病毒性出血病。

4. 继发性感染 已发病的机体，因抵抗力降低而再被另一种病原体感染发病。继发性感染是在原发性感染的基础上发生的，如水霉感染已受伤的机体。

5. 再感染 机体第一次患病痊愈后，被同一种病原体第二次感染患同样的疾病。如鱼苗患车轮虫病治好后，又被车轮虫感染而发病。

6. 重复感染 机体第一次病愈后，体内仍留有该病原体，仅是机体与病原体之间保持暂时的平衡，当新的同种病原体又感染机体达到一定的数量时，则又再次发病。

（五）按病程性质分类

1. 急性型 急性型的特征是病程短，来势凶猛，一般数天或者1～2周，功能调节从生理性很快转入病理性，甚至疾病症状还未表现出来，机体就死亡。如患急性鳃霉病的病鱼1～3d即死亡。

2. 亚急性型 病程稍长，一般2～6周出现主要症状。如亚急性型鳃霉病的典型症状即鳃坏死崩解，并呈大理石样病变。

3. 慢性型 病程长，可达数月甚至数年，症状维持时间长，但病情不剧烈，无明显的死亡高峰。如患慢性型鳃霉病的病鱼，仅出现小部分鳃坏死、苍白，发病时间从5月一直持续到 10 月。

上述 3 种类型之间无严格的界线，它们之间不存在过渡类型，当外界或内在条件发生变化时，会发生相互转化。

三、疾病的发展与结果

（一）疾病发展

病原侵袭机体发生疾病，但其症状并非立即表现出来，因为疾病有一个发展过程。根据疾病发展中典型症状的有或无，或明显与否，可将疾病的发展过程分为潜伏期、前驱期和发展期 3 个时期。

1. 潜伏期 病原作用于机体到出现症状前的这一段时间称为潜伏期。潜伏期或长或短，有的疾病没有潜伏期，这与病原的侵袭力、侵入途径、侵入数量及环境条件和机体的抵抗力等因素有关。当病原毒力强、数量大、机体抵抗力差、环境条件恶化时，潜伏期就短；否则，潜伏期就长。如剧烈中毒潜伏期很短，机械损伤就没有潜伏期。

2. 前驱期 疾病出现最初症状到出现典型症状前的阶段称为前驱期。前驱期一般很短，所出现的症状并非某种疾病所特有的症状。

3. 发展期 疾病出现典型症状，形态、功能、代谢等出现明显的变化，这一阶段称为发展期。

同一种疾病受环境条件、机体状况、病原侵袭力和病原数量等因素的影响，3 个时期的发展变化也不尽相同。

（二）疾病的结果

疾病发生后，在机体自身抵抗力和免疫力作用或人工治疗的情况下，其发展有完全康复、不完全康复和死亡 3 种结果。

1. 完全康复 病原彻底消除，症状消失，功能、代谢和形态结构完全恢复。

2. 不完全康复 主要症状消失，功能、代谢还有一定障碍，形态结构还有一定后遗症，机体的正常活动还受到一定限制。

3. 死亡 疾病严重恶化，最终死亡。

第二节 病害的控制

随着养殖种类的迅速增加，养殖面积、规模的不断扩大以及集约化程度的大大提高，养殖病害呈逐年加重之势，随之而来的是药物滥用现象较为普遍，以至于水域环境遭到不同程度的破坏，水产品质量安全得不到有效保障，养殖业可持续发展受到严重影响，研究解决水生动物养殖病害防治难题已经成为养殖业持续健康发展的重要课题。

水产养殖动物生活在水中，它们的一切行为和活动在通常情况下都不易被观察到，一旦患病，及时正确地诊断和防治有一定的困难，往往被发现时，病情已较重，药物很难进入体内，给治疗带来很大困难。水生动物疾病的治疗基本上是进行群体治疗，内服药一般只能由水生动物主动摄入，但当病情较严重，水生动物已失去食欲时，即使有特效的药物，也不能达到治疗效果；尚能吃食的病体，由于抢食能力差，往往也由于没有吃到足够的药量而影响疗效。对养殖水体用药，如全池泼洒只适用于小面积水体，不适用于大池塘、湖泊、水库、河流及养殖海区。有些病害目前还没有好的治疗方法。水生动物一旦发生传染性疾病，难以隔离，给疾病的传播带来便利。治病药物多数具有一定的毒性：一方面，或多或少地直接影响养殖动物的生理和生活，使动物呈现消化不良、食欲减退、生长发育迟缓、游泳反常等，甚至有急性中毒现象；另一方面，可能杀灭水体有益微生物或浮游生物，引起水质突然恶化，破坏水体的生态平衡，并且有些药物长期反复使用会在池水中或养殖动物体内留有残毒。实践证明，只有贯彻“全面预防，积极治疗”的方针，采取“无病先防，有病早治”的原则，才能减少或避免病害的发生。

做好水生动物病害的控制工作具有十分重要的意义，不但可以提高水生动物的产量和经济效益，而且还可以提高社会效益，使水生动物的生存环境得到保护，使人、环境、水生动物得到协调统一，使水生养殖动物的可持续发展前景广阔。病害的控制要围绕水生动物病害发生的原因展开，要在“优化环境、增强体质、消灭病原、加强管理”等几方面进行综合预防（图 4-2）。

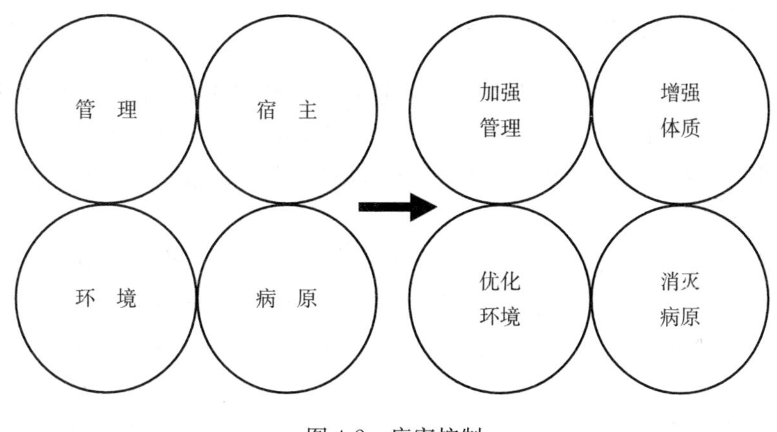

图 4-2　病害控制

一、改善和优化养殖环境

（一）设计和建筑养殖场时应符合防病要求

在建场前首先要对场址的地质、水文、水质、气象、生物及社会条件进行综合调查，在各方面都符合养殖要求时才能建场。一般水源条件要求水源稳定、充足、清洁、卫生，水温适宜，水质良好，无任何污染，同时要求每个池塘有独立的进、排水口。水源进入养殖池前要在蓄水池中过滤和消毒，以杀灭水源中的病原体和敌害生物。

（二）采用理化方法改善生态环境

1. 清除池底过多的淤泥，或排干池水后将池底进行翻晒、冰冻　淤泥不仅是病原体的滋生和储存场所，而且淤泥在分解时要消耗大量氧，在夏季容易引起泛池；在缺氧情况下产生大量还原物质（如氨、硫化氢等），使 pH 下降（氨和硫化氢对水生动物危害最大）。

2. 定期遍洒生石灰（pH 偏低时）**或碳酸氢钠**（pH 偏高时），**调节水的 pH**　可以每

10～15d 按 20mg/L 全池泼洒生石灰一次以改善水质。

3. 定期加注清水及换水，保持水质肥、活、爽、嫩及高溶氧量 一般 7～10d 加水或换水 1 次，每次换水不超过 25cm，保持水位在 1.5～2m。加注新水时，要避免将底泥冲起。

4. 合理使用增氧机 晴天中午开，阴天时翌日清晨开，阴雨连绵或由于水肥鱼多而有严重浮头危险时，要在浮头前开，一般是下半夜前后开机。在一般情况下，傍晚不开机，阴雨天的白昼也不开机。开机一般 2～3h。目的是充分利用氧盈，降低氧债，保持水体中溶氧量均衡，减少浮头，促进生长。

5. 控制蓝藻 加强池塘水体的循环可有效抑制蓝藻暴发，按 0.5mg/L 全池泼洒硫酸铜，可有效杀灭蓝藻。在泼洒硫酸铜的当天要加强增氧，避免泛塘，在泼洒硫酸铜后 3～4d，可全池泼洒一次生石灰，可改善水质与底质。

6. 适时适量使用环境保护剂 能够改善和优化养殖水环境，并且有促进养殖动物正常生长和发育的一些物质，称为环境保护剂。通常是在产业化养殖的中、后期根据养殖池塘底质、水质情况每月使用 1～2 次。常用的有：①生石灰，20mg/L；②沸石，30～50mg/L，粒度 60～80 目；③过氧化钙，10～20mg/L。

（三）采用生物方法改善生态环境

采用生物方法改善生态环境主要是指在养殖水体中和饲料中添加有益的微生物制剂，调节水生养殖动物体内、外的生态结构，改善养殖生态环境和养殖动物胃、肠道内微生物群落的组成，增强机体的抗病能力和促进水生养殖动物的生长。既能达到防病、防害的目的，又不污染水环境、价格低廉、使用方便。

1. 微生态制剂的种类 微生态制剂又称为微生态调节剂，是一类根据微生态学原理制成的含有大量有益菌及其代谢产物的活菌剂。微生态制剂按用途可分为两大类：一是体内微生态改良剂，即通过添加到饲料中以改良养殖对象体内微生物群落的组成，应用较多的有乳酸菌、芽孢杆菌、酵母菌、EM 菌等；二是水质微生态改良剂，即通过投放到养殖水环境中以改良底质或水质，主要有光合细菌、芽孢杆菌、硝化细菌、反硝化细菌、EM 菌等。目前，在我国应用的微生态制剂菌种主要有以下几种：

（1）光合细菌。光合细菌主要利用小分子有机物而非二氧化碳合成自身生长繁殖所需要的各种养分。光合细菌能吸收水体中的氨氮、亚硝基氮、硫化氢和有机酸等有害物质，抑制病原菌生长，同时使水质得以净化。但光合细菌不能氧化大分子物质，对有机物污染严重的底泥作用则不明显。

（2）芽孢杆菌。芽孢杆菌是一类需氧的非致病性革兰氏阳性菌，具有耐酸、耐盐、耐高温和耐高压的特点，是一类较为稳定的有益微生物。芽孢杆菌具有芽孢，以内孢子的形式存在于水生动物肠道内，并分泌活性很强的蛋白酶、脂肪酶、淀粉酶，有效提高饲料转化率，促进水生动物生长；分解、吸收水体及底泥中的蛋白质、淀粉、脂肪等有机物改善水质和底质。

（3）硝化细菌。硝化细菌是一种好氧细菌，属于绝对自营性微生物，包括两个完全不同的代谢群：一个是亚硝酸菌属，在水中将氨氧化成亚硝酸，通常被称为“氨的氧化者”，其所维持生命的食物来源是氨；另一个是硝酸菌属，将亚硝酸分子氧化成硝酸分子。硝化细菌在中性、弱碱性、含氧量高的情况下发挥效果最佳，可以将对水生养殖动物有毒害作用的氨

和亚硝酸转化为无毒害作用的硝酸分子，成为浮游植物的营养盐。

（4）酵母菌。酵母菌是喜生长于偏酸环境的需氧菌，在肠道内大量繁殖。它是维生素和蛋白质的来源，可以增加消化酶的活性，并能增加非特异性免疫系统的活性。酵母菌的致死温度为50～60℃，配合饲料制粒时的温度可以将其杀死。

此外，还有反硝化细菌、硫化细菌等一系列菌种，需要指出的是，目前市场上销售的微生态制剂除光合细菌、芽孢杆菌外，大多为复合菌剂，即采用上述菌种中的几种混合而成。也有一些厂家生产的微生态制剂采用的是经过基因改造的工程菌。目前，在水产养殖上作为环境修复剂应用较多的是光合细菌和芽孢杆菌。

2. 使用微生态制剂的注意事项

（1）要降低外界因子的不良影响。水质微生态改良剂的作用易受环境因子的影响，如水温、pH、溶氧量、光照、有机物含量等。如阴雨天使用光合细菌效果不明显；亚硝酸盐和pH偏高的水体使用芽孢杆菌制剂的效果不明显；水体中加入抗生素等物质会降低微生态制剂的作用效果。体内微生态改良剂在产品加工和储运过程中易受干燥、高温、高压、氧化等因素的影响。因此，使用微生态制剂时应从实际出发选择相应的产品，并通过改进措施，尽量减少外界因子的不良影响。

（2）要尽早、长期使用。微生态制剂在养殖对象的整个生长过程都可以使用，但在幼体期养殖对象体内外微生态平衡尚未完全建立、抵抗疾病的能力较弱时使用，易形成优势菌群，效果最佳。另外，由于有益菌的数量均有一个递增到高峰再递减的生长周期，且微生态制剂的预防作用优于治疗效果，因此要定期补投微生态制剂，才能长期稳定其种群优势，维持微生态平衡。

（3）要注重微生态制剂的质量。使用微生态制剂时一定要注意有益菌的数量和活力。微生态制剂的作用是通过益生菌的生理活动来体现的。数量不够或活力不强，不能形成优势菌群，难以起到作用。同时，试验证明微生态制剂随着保存期的延长，活菌数量会逐渐减少，即其作用效果也会明显减弱，故保存期不宜过长。

二、增强养殖群体抗病力

（一）培育和放养健壮苗种

放养健壮和不带病原的苗种是养殖生产成功的基础，是减少病害的有效措施。要想获得养殖的优质高产、高效，就必须投放优质苗种：规格整齐、大小均匀；体表光泽鲜明、无污物附着；行动活泼，集群游动抢食积极；身体肥壮，头小，背部肌肉厚，鳞片、鳍条完整无损优质苗种。切忌投放七拼八凑、经鱼筛反复筛过最后留下的弱苗。

（二）培育抗病力强的品种

1. 选育自然免疫的品种　在鱼、虾、贝类等养殖过程中，常可遇到一些发病的网箱、池塘中大多数养殖个体和某一种类患病死亡，而存活下来的个体或种类，生长却很健康，没有感染疾病或感染极其轻微，而后又恢复健康。这些现象表明，养殖动物的抗病能力因个体或不同种类而有很大差异。因此，要想达到预防或减少养殖动物疾病的发生，利用个体和种类的差异，挑选和培育抗病力强的养殖品种，是预防疾病的途径之一。

2. 杂交培育抗病力强的新品种 利用获得免疫力的机体可以遗传给子代的特点，通过水生动物的种间或种内杂交，培育抗病力强的品种。这种方法在鱼类养殖研究中应用多一些，其他动物的养殖应用较少。

此外，还可以通过理化方法诱变培育抗病力强的品种，也可采用细胞融合和基因重组技术培育抗病力强的品种。这些方法，目前生产上应用较少，有待进一步的研究开发，以推动水生动物养殖业的发展。

（三）人工免疫

免疫是机体对侵入体内的微生物、异物以及体内发生异常变化的组织细胞，进行识别、排除的一种复杂和重要的生理防卫功能。当病原体侵入机体，机体动员自身的防御力量进行一系列的生理反应，包括阻止病原体的入侵；阻止入侵者的生长繁殖；控制其传播，解除病原体的毒害作用；修复机体的损伤。这整个过程称为免疫，是动物体的一种保护性反应。水生动物对病原体感染的抵抗能力即免疫力。免疫和感染是相对的，处于动态平衡中，一旦病原体与机体的平衡遭到破坏，机体就受到病原体的袭击，出现症状，由免疫转变为感染。

1. 水生动物的免疫机制 水生动物与其他动物一样，也存在着两种免疫类型，一种是先天性免疫，也称为非特异性免疫。它是生物体在长期进化过程中形成的一种遗传特性，这种免疫对所有的病原体都有一定程度的抵抗力，没有特殊的选择性，受性别、年龄等的影响较小。如黏液、皮肤、吞噬细胞、溶菌酶等。另一类是获得性免疫，也称为特异性免疫。它是生物体在生长发育过程中，由于自然感染或预防接种以后产生的，对某一种类的病原体有特异性免疫力。获得性免疫是在自然情况下获得的，机体由于患传染病或隐性传染后而获得的免疫称为自然主动免疫；机体通过母体而获得的免疫称为自然被动免疫。人工免疫是通过人工的方式获得的，人工给机体注射某种抗原（疫苗），使机体获得特异性免疫力称为人工主动免疫；人工给机体注射含有抗体的免疫血清称为人工被动免疫。

（1）免疫类别（图 4-3）。

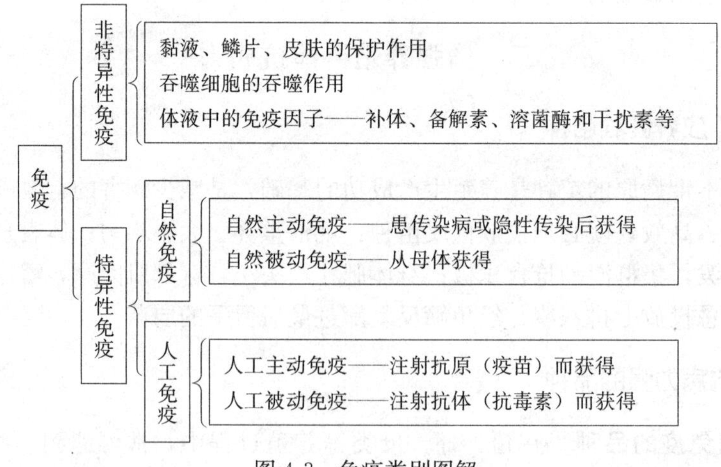

图 4-3 免疫类别图解

（2）主动免疫与被动免疫的区别。主动免疫产生较慢，一般在患病或注射抗原后 1～4 周才产生，但经主动免疫的个体体内可以继续形成抗体，并且当以后再接受该抗原刺激时，可以表现出再次反应或增强反应，主动免疫可维持半年以上，自然主动免疫甚至可以保持终身。被动免疫可以使机体立即获得免疫力，但体内所含抗体量永远不会比所接受的多，而且维持时间较短，人工被动免疫只能维持 2～3 周，此后再接触相应的抗原时，也不会引起强烈反应。根据这些特性，人工主动免疫一般用来作为疾病预防措施，而人工被动免疫用以治疗某些传染病或进行应急预防。

2. 水生动物疫苗的种类 用微生物制成的预防传染性疾病的抗原性生物制品称为疫苗。疫苗又分为活疫苗和灭活（死）疫苗两种。也将用细菌制成的生物制品称为菌苗。用肿瘤组织制成的抗原制剂称为瘤苗。细菌的外毒素经 0.3%～0.4%福尔马林处理后，毒性消失而免疫原性仍然保留，即为类毒素。细胞免疫制剂有干扰素和转移因子等。

（1）活疫苗。是指通过人工方法诱导或从自然环境中直接获得的毒力高度减弱或基本无毒的微生物制成的生物制品，也称为弱毒疫苗。常用于鱼类疾病预防的活疫苗有草鱼出血病疫苗、斑点叉尾鮰病毒病疫苗、病毒性出血症疫苗等。活疫苗接种于机体后，在体内生长繁殖，但也可引起类似隐性感染或轻症感染。活疫苗的优点在于只需接种一次、用量小、免疫效果好、维持时间长，一般可达 3～5 年。其缺点在于不易保存、有效期短、使用安全性差。

（2）灭活疫苗。是指用物理化学方法将病原微生物杀死后制成的、用于预防传染性疾病的生物制品。水产上使用的疫苗绝大多数是灭活疫苗，如弧菌疫苗、气单胞菌疫苗、疖疮病疫苗、红嘴病疫苗、柱状屈挠杆菌病疫苗、类结节症疫苗等。灭活疫苗的优点在于使用安全性好、易于保存；其缺点在于接种量大、接种次数多、免疫效果比活疫苗差。

3. 水生动物疫苗的制备和应用

（1）草鱼出血病灭活疫苗的制备和使用。

①灭活疫苗的制备。取具有典型症状病鱼的肝、脾、肾、肌肉、肠等病变组织，称重，剪碎，加 10 倍量无菌生理盐水制成匀浆，置于离心机中，以 3 000～3 500r/min 的转速，低温离心 30min，取上清液，每毫升加入青霉素 1 000IU、链霉素 1 000μg，混匀后在 4℃下过夜除菌，即制成病毒悬液。再加入福尔马林至最终浓度为 0.1%，摇匀后，置 32℃恒温水浴锅灭活 72h，封口，置 4℃冰箱保存。做安全及效力试验后方可使用。

②疫苗的应用。取上述灭活疫苗对健康的当年草鱼种进行腹腔或肌内注射。注射疫苗量视鱼体大小而定，每尾注射用量 0.3～0.5mL。注射工具可采用金属连续注射器，便于控制疫苗量，针头可选用 6～7 号禽用针头，为了控制好进针深度，可在针头上套上一定长度的塑料胶圈，使注射时不伤及鱼的内脏。为了便于操作，注射前可用 0.2%～0.25%的晶体敌百虫溶液浸泡鱼体 3～5min，使鱼处于麻痹状态后再注射，同时也可杀灭鱼体表的部分寄生虫。

（2）细菌性鱼病的疫苗制备和应用。用于预防草鱼细菌性烂鳃病、赤皮病和肠炎病的疫苗，也称为土法疫苗，其制作和应用方法如下：

①制作方法。取患有典型症状病鱼的肝、脾、肾等病变组织，用清水冲洗后称重，用研钵磨碎，加 5～10 倍的生理盐水，成匀浆后用两层纱布过滤，取滤液。将滤液经 60～65℃恒温水浴灭活 2h 后，加入福尔马林使其最终浓度为 0.5%，封口后，置 4℃冰箱中保存。做安全及效力试验后即可使用。

②应用方法。注射剂量为：0.25kg 草鱼 0.1mL，0.5kg 草鱼 0.2mL，0.75kg 草鱼 0.3～0.5mL。其余应用方法同病毒性灭活疫苗的使用方法。病毒性灭活疫苗和细菌性灭活疫苗可同时混合使用，使用方法可按照生产厂家的产品使用说明来操作。疫苗应用除采用注射方

法外，还可采用内服法、浸泡法、喷雾法等，应用效果有待进一步研究。

三、控制和消灭病原体

（一）彻底清塘

池塘是养殖动物栖息生活的场所，同时也是各种病原生物潜藏和繁殖的地方。池塘环境清洁与否，直接影响到养殖动物的生长和健康，所以一定要彻底清塘。通过清塘，改良底质和水质，增加水体容量，加固塘堤，减少渗漏，杀灭病原体和敌害生物。彻底清塘通常包括清整池塘和药物清塘两项内容。

1. 清整池塘 通常是在冬春季或每次水生动物收捕后进行，排干池水，根据不同的养殖对象，挖去过多的淤泥，翻耕塘泥土，封闸晒池，维修池堤、闸门，清除池边杂草，疏通加固进排水渠。

2. 药物清塘 在放养水生动物之前，先用药物进行清塘，清除池中的病原体及敌害生物。最为有效和常用的清塘药物是生石灰及漂白粉，水泥池也可用高锰酸钾消毒。

（1）生石灰清塘。生石灰清塘能杀灭池中各种病原体及敌害生物，使池水呈微碱性，保持pH稳定，增加池水的缓冲能力，水中钙离子浓度增加，起到直接施肥的作用。生石灰还可降低池水浑浊度，有利于浮游植物光合作用。清塘方法有干塘清塘和带水清塘两种。

①干塘清塘。先将池水排干或留水5～10cm，在池底四周挖几个小潭，将生石灰放入小潭中，用水溶解后，不待冷却立即均匀遍洒全池，包括池堤内侧也要均匀泼洒。有条件的最好翌日再用钉耙将泼有生石灰的底泥翻耙一遍，使泥土和石灰混合，这样不仅可以杀灭病原体和中间寄主，还可起到改良底质的作用。用量为每667m^2 50～70kg。

②带水清塘。就是在一些排水困难或水源不足的地方，在池水不排出的情况下用生石灰清塘。操作时将生石灰溶解后趁热全池均匀泼洒。生石灰的用量：鱼池为200～250mg/L；虾塘为350～400mg/L。清塘7～10d后，药性消失即可放入水生动物。溶解生石灰时，不能用塑料容器，以免生石灰在溶解时产生的高温损坏塑料容器。

（2）漂白粉清塘。漂白粉的有效成分为次氯酸钙，遇水后生成次氯酸和碱性氯化钙，次氯酸又立即分解释放出新生态氧。新生态氧具有强烈杀菌和消灭敌害生物的作用。漂白粉的清塘效果与生石灰相似，有用药量少、毒性消失快等优点，对急于使用池塘清塘更为适用。但没有使池塘增肥及调节pH的作用，而且容易挥发和潮解，使含氯量降低，影响清塘效果。清塘方法也有干池清塘和带水清塘两种。

①干池清塘。将池水排干，把漂白粉充分溶解后全池均匀泼洒。用量为每667m^2 3～5kg。

②带水清塘。将漂白粉充分溶解后全池均匀泼洒。漂白粉的用量为20mg/L。清塘后4～6d药性消失，即可放入水生动物。

漂白粉在使用前应测定有效氯是否在30%左右，可根据测定结果，按有效氯多少，按比例增减使之达到30%。漂白粉应密封保存于阴凉干燥处，使用时不能用金属工具。操作者应戴口罩、帽子，着长袖上衣，在上风头处洒泼，以免中毒和腐蚀人体。

（二）机体消毒

从预防为主的角度出发，切断疾病传播途径，避免将病原体带入养殖水域，在分塘换池及苗种、亲本放养时，对养殖动物进行消毒是必要的。消毒一般采用药液浸洗法，在机体消毒前，应认真做好病原体的检查工作，根据病原体种类的不同，选择适当的药物进行消毒处理，才能取得预期的效果。浸洗时间与鱼体大小、体质强弱、药物浓度、水温高低等因素有关。常用药物的浸洗浓度、时间及作用见表4-1。

表4-1 药物浸洗消毒用药、时间参考表

药物名称	浓度	水温/℃	浸洗时间/min	可防治的疾病
硫酸铜	8mg/L 8～10mg/L（海水）	10～20	15～30	鳃隐鞭虫、鱼波豆虫、车轮虫、斜管虫等感染
漂白粉	10mg/L	10～20	15～30	细菌性皮肤病和鳃病
漂白粉、硫酸铜合用	10mg/L（漂白粉） 8mg/L（硫酸铜）	10～15	20～30	同时具有两种药物单独使用时的功效
高锰酸钾	10～20mg/L	10～25	15～30	三代虫、指环虫、车轮虫、斜管虫、锚头鳋等感染
晶体敌百虫、面碱合用	5mg/L（晶体敌百虫） 3mg/L（面碱）	10～15	20～30	三代虫、指环虫感染
食盐	1%～3%		5～20	水霉病、车轮虫及部分黏细菌感染
二氧化氯	20～40mg/L	10～20	5～10	用于防治细菌性皮肤病、烂鳃病、出血病
甲醛	25～40mg/L	20～25	10～30	体外原虫感染（食用鱼勿用）

注：表中漂白粉、硫酸铜等药物在使用时，浸洗时间还应视水生动物的耐受程度而定。

药物浸洗消毒的注意事项：①每次浸洗消毒的水生动物数量不宜过多，以免缺氧；②药物浸洗的时间长短与浓度、水温、水质及水生动物的种类、体质等有关，要灵活掌握，第一次使用时，最好先小批量试验，既要达到杀灭病原体的目的，又要保证机体的安全；③药物浸洗后最好连药水一同轻轻倒入池中，不再用抄网捞，以防擦伤机体；④药液配制后只能浸洗一批动物，否则药液稀释，影响效果；⑤药液要现配现用，避免用隔夜药液，以防失效；⑥禁用金属容器盛放。

（三）养殖水体的消毒

在水生动物养殖过程中，尤其是疾病流行季节，要定期向养殖池施放药物，以杀死水中及养殖动物体表的病原体。根据不同的药物、不同的养殖方式和不同的养殖对象，可采用全池遍洒法、悬挂法或浸沤法进行水体消毒。如预防细菌性疾病可全池遍洒漂白粉溶液，使池水的含药量达到1mg/L；还可在食场周围悬挂漂白粉，用竹篓或刺有孔的塑料瓶装漂白粉，每只装150g，每个食场通常挂3～6只，具体用量应视食场大小及水深而定；也可将乌柏等中药扎成小捆，均匀散放在池中沤水等措施。预防寄生虫病可选择硫酸铜、敌百虫等药物，使用时可以采用遍洒法。

（四）定期内服药饵

定期让养殖动物内服一定的药物，可以有效地预防疾病的发生。由于水生动物生活于水中，不能强迫其服药，所以只能将药物拌入饲料中制成药饵投喂。用药的种类根据养殖对象、疾病的种类和流行规律的不同而不同，尽量多用中药和维生素，以免产生抗药性和影响养殖水环境。在疾病流行季节一般每半个月内服一个疗程，每个疗程连用3～5d。内服药饵应注意：①必须选择水生动物喜吃、营养全面、能碾成粉末的饲料来拌制药饵。②颗粒药饵在水中的稳定性要好，一般应在水中30min以内不散开，而水生动物吃入后又能很快消化吸收。③根据不同的水生动物既可做成沉性药饵，也可做成浮性药饵，药饵的大小必须适口。④药量计算时应把吃该种颗粒药饵的水生动物体重都算入，而不能只计算一种水生动物的体重。⑤投喂药饵的量比平时减少20%～30%，以保证水生动物天天能来吃药饵。

（五）饲料及肥料消毒

投喂的饲料应清洁、新鲜、不带病原体，一般不用进行消毒。水草等必要时可用6mg/L漂白粉溶液浸泡20～30min；水蚯蚓等用15mg/L高锰酸钾溶液浸泡20～30min；卤虫卵用300mg/L漂白粉浸泡消毒，淘洗至无氯味时（也可用30mg/L硫代硫酸钠去氯后再洗净）再孵化。其他鲜活饲料要选用新鲜的，洗净后再投喂。肥料，如粪肥每500kg加120g漂白粉或5kg生石灰，拌匀消毒后投入养殖池。水生动物养殖中施用的粪肥，要求为充分发酵后的粪肥。

（六）工具消毒

养殖的各种工具，往往成为传播疾病的媒介，因此发病池用过的工具，应与其他养殖池使用的工具分开，避免将病原体从一个养殖池带入另一个养殖池。发病池用过的工具应进行消毒处理后再使用。一般网具、抄网等可用10mg/L硫酸铜溶液浸泡20min，晒干后再使用；木制或塑料工具，可用5%漂白粉药液消毒，在洁净水中洗净后再使用。

（七）食场食台消毒

食场食台内常有残余饲料，腐败后为病原体的繁殖提供有利条件。这种情况在水温较高、疾病流行季节最易发生，人工控温养殖场更易出现，所以要注意投饲量要适当，每天捞除剩余饲料，清洗食场食台，并定期在食场周围及食台上遍洒漂白粉或硫酸铜、敌百虫等进行杀菌、杀虫，用量要根据食场食台的大小、水深、水质及水温而定，一般每个食场可用250～500g。

（八）强化疾病检疫

对水生养殖动物的疾病检疫，是指对其疾病病原体的检查，目的是掌握养殖动物疾病病原的种类和区系，了解病原体对养殖动物感染、侵害的地区性、季节性以及危害程度，以便及时采取相应的控制措施，杜绝病原的传播和流行。随着水生动物养殖业迅速发展，国际、地区间苗种及亲本的交流日益频繁，如果不经过严格的疫病检测，就可能造成病原体的传播和扩散，从而引起病害的流行。为了防止水生养殖动物传染性疾病的传播，保护渔业生产和人民身体健康，对新引进养殖品种的利弊要正确、科学、客观地评价，必须做好对养殖动物输入和输出的病害检疫工作。

四、加强养殖管理

1. 合理放养 根据当地水源、养殖环境、水池的结构、养殖设施、生产技术、管理经验、不同养殖对象及规格、饲料质量、防病能力等条件而进行合理的混养或密养。合理放养包含两方面的内容：一是放养的某一种类密度要合理；二是混养的不同种类的搭配要合理。合理放养是对养殖环境的一种优化。大量的经验证明，这种养殖方式具有提高单位养殖水体效益，促进生态平衡，保持养殖水体中正常菌群，预防传染性流行病暴发的作用。因为不同养殖种类发病的病原体不尽相同，特别是具有特异性的危害极大的某些病毒病等。合理的放养密度或混养，实际上是在有限的空间内使某一种养殖种类的密度减少，这样便减少了同一种类接触传染的机会。

2. 实行"四定"投饵技术 "四定"是指定质、定量、定时、定位。"四定"不能机械地理解为固定不变，而是根据季节、气候、水温、生长情况、养殖对象及其发育阶段、水环境的变化而改变，保证水生动物能吃饱、吃好，而又不浪费以致污染水质。"定质"是指既要营养全面，又要新鲜、不变质、不含有毒成分，营养物质的组成要符合养殖水生动物的要求，且要在水中稳定性好，适口性好。"定量"是指每天投喂饵料的数量要均匀适当，如要根据鱼类生长需要适当增加。一般来讲，投饵后以 4h 左右吃完为宜。颗粒饲料和无饵料台的其他饵料，以投喂后 1～2h 吃完为好。晴天多投，阴雨天少投或不投；天气凉爽多投，闷热天少投；鱼群无浮头现象多投，有浮头现象少投或不投；即将进行操作拉网的塘少投；夏秋季酷热天气上午多投，下午少投。如有吃剩的残饵（残草），应及时捞取干净，不要让其在水中腐烂败坏水质。"定位"是指要有固定的食场。食场、饵料台要固定在一定的位置，不要随意挪动。食场最好设在投饵方便、向阳的塘边，这样可使鱼群养成到时就游到食场等候吃食饵料的习惯，便于观察鱼类动态和做好防治鱼病的工作。"定时"是指每天投饵要有一定的时间，在池塘、水库网箱养鱼中，如一天投喂 2 次，一般在 8:00—9:00、15:00—16:00 投饵为好，以养成鱼类定时吃食的习惯，提高饵料利用率。但这个时间也不是一成不变的，应随着季节、气候的变化做出合理的调整。

3. 强化日常管理

（1）日常管理工作要坚持勤巡塘、勤除污、勤除害、勤检查。

（2）注意观察水质变化，观察水生动物的吃食情况及动态，发现问题，及时解决，并做好记录，详细记录放养、水质、投饵、施肥、用药、捕捞及销售等情况，以便总结提高，为制订下一年养殖生产计划提供参考依据。

（3）在捕捉、运输、投放苗种等环节要细心操作，尽量避免水生动物受伤，提高抗病力，减少疾病的发生。

（4）对养殖场的电网、增氧机械、车辆交通道路等也要经常检查修补，使其处于良好的状态中。

（5）梅雨季节或汛期来临，要检查防逃设施和进出水口的栅栏，以防水生动物逃逸。

（6）在高温或持续高温天气，不要采用全池拉网的方式捕鱼，建议在高温季节采用在食台附近设置抬网捕鱼，捕大放小，不仅减少了养殖容量，提高了资金流动效率，又降低了对鱼体、水质、池塘生态的影响。在抬网捕鱼后，有条件的地方可以适当补充小规格的鱼种，确保水体的利用率与养殖产量。

(7) 注意浮头泛塘。高温时期，水生动物的耗氧量达到最大值，如果控制不当或管理不善，极有可能造成大面积的浮头甚至泛塘，给养殖生产带来不必要的损失。盛夏季节，闷热、雷雨天气较多，稍不注意，池鱼常因天气闷热、水质过肥而造成浮头或泛塘，发生死鱼现象。鱼浮头有轻重之分，一般早晨开始发生的为轻浮头，半夜开始发生的则为重浮头；在池塘中间发生的为轻浮头，发展到池边的则为重浮头；听到行人脚步声就下沉的为轻浮头，不下沉的则为重浮头。发现鱼严重浮头时，应立即开启增氧设备进行增氧，无增氧设备的应及时采取加注新水或使用增氧剂等增氧措施。

4. 不滥用药物 药物具有防病治病的作用，但有些药物，如抗生素，如果经常使用就可能使病原菌产生抗药性和污染环境。因此不能有病就用抗生素，应在正确诊断的基础上对症下药，并按规定的剂量和疗程，选用疗效好、毒副作用小的药物。药物和毒物没有严格的界限，只有量的差别。用药量过大，超过了安全浓度就可能导致养殖动物中毒甚至死亡；有的还会污染环境，使生态平衡失调。

5. 降低应激反应 在水生动物养殖系统中，由于人为（如水污染、投饲的技术与方法）或自然（如暴雨、高温、缺氧、捕捞骚扰、噪声干扰、施药不当等）因素的影响，常引起养殖动物的应激反应。凡是偏离养殖动物正常生活范围的异常因素，通称为应激源，而养殖动物对应激源的反应则称为应激反应。通常养殖动物在比较缓和的应激源作用下，可通过调节机体的代谢和生理功能而逐步适应，达到一个新的平衡状态。但是，如果应激源过于强烈，或持续的时间较长，养殖动物就会因为能量消耗过大，机体抵抗力下降，为水中某些病原生物对宿主的侵袭创造有利条件，最终引起疾病的感染甚至暴发。因此，在养殖过程或养殖系统中，创造条件降低应激，是维护和提高机体抗病力的措施。

6. 消灭中间寄主或终末寄主 有些病原体的生活史较为复杂，一生要更换几个寄主，水生动物仅是几个寄主中的一个，鸟类及其他陆生动物是某些病原体的终末寄主，而一些螺类及其他水生生物是一些病原体的中间寄主。消灭带有病原体的终寄主和中间寄主，切断其生活史，同样能够达到消灭病原体的目的，如驱赶水鸟，通过清塘或用水草诱捕，以杀灭池中的螺类等。

7. 建立隔离制度和信息预报体系 养殖动物疾病一旦发生，不论是哪种疾病，特别是传染性疾病，首先要通报，并采取严格的隔离措施，以防止疫病传播、蔓延，殃及四邻。实施隔离，即对已发病的池塘或地区首先进行封锁，池内的养殖动物不向其他池塘和地区转移，不排放池水，工具未经消毒不在他池使用。与此同时，专业人员要勤清除发病死亡的动物尸体，及时掩埋、销毁。对发病池塘及其周围包括进、排水渠道，也应消毒处理，并对发病动物及时做出诊断，确定防治对策。现在，我国已建立和组成水生动物养殖病害网络，应充分发挥其作用。

思考题

1. 水生动物病害发生的主要病因有哪些？
2. 如何控制水生动物疾病的发生？
3. 如何进行机体消毒？机体消毒应注意什么问题？

第五章　由微生物引起的疾病

由微生物引起的水生动物疾病也称为传染性水生动物疾病。按病原体的不同，可将它们分成病毒性水生动物疾病、细菌性水生动物疾病、真菌性水生动物疾病和寄生藻类引起的水生动物疾病四大类。

第一节　病毒性疾病

病毒颗粒很小，大多数比细菌小得多，能通过细菌滤器。大型病毒可达 300～450nm，普通光学显微镜即可看到。但大多数病毒在 100nm 左右，小型病毒仅 20～40nm，必须用电子显微镜才能观察到。病毒颗粒的形状有球形、杆状、弹状、二十面体等。病毒颗粒主要由核酸和蛋白质组成。由于病毒缺乏完整的代谢酶系统，只能在活细胞内复制，是严格细胞内寄生物。当病毒在细胞内生长繁殖时，可引起细胞形成一种特殊的斑块结构，称为包含体，经特殊染色后，可在普通显微镜下看到。病毒的传播方式包括水平传播和垂直传播。水平传播是指病毒在群体的个体之间的传播方式，通过口腔、消化道或皮肤黏膜等途径进入机体；垂直传播是指通过繁殖、直接由亲代传给子代的传播方式。

由病毒感染而引起的疾病，称为病毒性疾病。主要分为鱼类病毒性疾病、虾蟹类病毒性疾病和贝类病毒性疾病。由于大多数病毒对抗生素不敏感，至今尚无理想的治疗方法，主要进行预防。

一、鱼类病毒性疾病

（一）草鱼出血病

【病原】草鱼呼肠孤病毒，又称为草鱼出血病病毒。

【症状和病理变化】患病初期，病鱼游动缓慢，食欲减退，体色发黑。主要症状是病鱼各器官组织有不同程度的充血、出血。根据病鱼所表现的症状及病理变化，大致可分为 3 种类型：

1. “红肌肉”型　病鱼以肌肉出血为主而外表无明显的出血症状或仅表现轻微出血，一般在较小（7～10cm）的草鱼鱼种中出现（彩图 5-1）。

2. “红鳍红鳃盖”型　病鱼以体表出血为主，口腔、下颌、鳃盖、眼眶四周以及鳍条基部明显充血和出血，一般在较大的（13cm 以上）的鱼种中出现（彩图 5-2）。

3. “肠炎”型　病鱼以肠道充血、出血为主。这种类型在各种规格的草鱼鱼种中都可见到（彩图 5-3）。

这 3 种类型可以混合发生，有时一条病鱼体上可同时出现两种，甚至 3 种类型。

【流行情况】该病主要危害 2.5～15cm 的草鱼，青鱼、麦穗鱼也可感染。流行季节一般在 6 月下旬到 9 月底，8 月为流行高峰季节。一般发病水温在 20～33℃，最适流行水温为 27～30℃。本病发病率高，死亡率也高，达 70%～80%，往往造成大批草鱼鱼种死亡。主要流行于长江流域和珠江流域，尤以长江中、下游地区为甚。

【诊断方法】

1. 初步诊断 根据临诊症状、病理变化及流行情况进行初步诊断。注意以肠出血为主的草鱼出血病和细菌性肠炎病的区别：活检时前者的肠壁弹性较好，肠腔内黏液较少，严重时肠腔内有大量红细胞及成片脱落的上皮细胞；而后者的肠壁弹性较差，肠腔内黏液较多，严重时肠腔内有大量渗出液和坏死脱落的上皮细胞，红细胞较少。

2. 血清学确诊 目前用于草鱼出血病诊断的血清学方法有酶联免疫吸附试验、葡萄球菌 A 蛋白协同凝集试验和葡萄球菌 A 蛋白的酶联染色技术。

【防治方法】疾病一旦发生，彻底治疗通常比较困难，故应做好预防。

（1）清塘消毒。

（2）严格执行检疫制度，不从疫区引进鱼种。

（3）人工免疫预防。注射法：6cm 以下的鱼种，腹腔注射 1%浓度疫苗 0.2mL；8～20cm 者注射 0.3～0.5mL；20cm 以上者，每尾注射疫苗 1mL 左右。浸浴法：0.5%浓度的草鱼出血病灭活疫苗，加浓度为 10mg/L 的莨菪碱，尼龙袋充氧浸泡 3h。

（4）内服植物凝血素（PHA），每千克鱼每天用 4mg，隔天喂 1 次，连续 2 次，或用浓度为 5～6mg/L 的 PHA 溶液浸洗鱼种 30min。此外，还可用注射法，每千克鱼注射 PHA 4～8mg。

（5）每 667m^2 水体（水深 1m），用金银花 500g、菊花 75g、大黄 375g，加水适量，蒸煮 15～20min，加食盐 1 500g，混合后再加水适量，连液带渣全池泼洒。

（二）传染性胰腺坏死病

【病原】传染性胰腺坏死病毒。

【症状和病理变化】病鱼体色变黑，游动失衡，在水中旋转狂奔。眼球突出，腹部膨胀，鳍基部和腹部发红、充血，肛门多数拖着线状粪便。剖腹后观察，消化道内通常无食物，充满乳白色或淡黄色黏液。幽门部出血，肝、脾、肾、心脏苍白。该病典型的病理变化是胰腺坏死。

【流行情况】该病主要危害虹鳟、大鳞大麻哈鱼、红大麻哈鱼、马苏大麻哈鱼、海鲈、大菱鲆、河鳟等鲑科鱼类的鱼苗和鱼种，尤其以刚孵出的鱼苗到摄食 4 周龄的鱼种发病率最高。发病水温一般为 10～15℃。2～10 周龄的虹鳟鱼苗，在水温 10～12℃时，感染率和死亡率可高达 80%～100%。20 周龄以后的鱼种一般不发病，但可成为终身带毒者。本病可经养殖水体水平传播和经鱼卵垂直传播。

【诊断方法】根据外观症状进行初步诊断。确诊用直接荧光抗体法或酶联免疫吸附试验。

【防治方法】

（1）鱼池进行彻底清塘。

（2）严格检疫，不从疫区购买鱼卵和苗种。

（3）不用带毒亲鱼采精、采卵；苗种生产期的水源应进行消毒处理。

（4）鱼卵用 50mg/L 聚维酮碘（含有效碘 10%）消毒 15min。

(5) 有条件的地方，可以通过降低水温（10℃以下）或提高水温（15℃以上）来控制病情发展。

(6) 疾病早期用聚维酮碘拌饲投喂，每千克鱼每天用有效碘1.64～1.91g，连续投喂15d，有一定效果。

(三) 虹彩病毒病

1. 淋巴囊肿病

【病原】淋巴囊肿病毒。

【症状和病理变化】病鱼的头部、躯干、鳍、尾部及鳃上长出单个或成群的珠状肿物（彩图5-4），肿物大多沿血管分布，颜色呈白色、淡灰色至黑色，成熟的肿物可轻微出血，甚至形成溃疡。肿囊大小不一，小的1～2mm，大的10mm以上，并常紧密相连。有时淋巴囊肿还可见于肌肉、腹膜、肠壁、肝、脾及心脏的膜上。

【流行情况】淋巴囊肿病是世界性鱼病，主要危害鲈形目、鲽形目和鲀形目。我国养殖的石斑鱼、鲈、牙鲆、大菱鲆、东方鲀、真鲷、鲈鲷、红斑笛鲷及平鲷也有发生。10月至翌年5月，水温10～20℃时为本病流行高峰期，主要危害当年鱼种，对2龄以上的鱼一般不引起死亡，但鱼体较瘦，外表难看，失去商品价值。网箱养殖的感染率可达90%以上，池塘养殖的感染率为20%～30%。本病可通过接触感染、消化道感染。

【诊断与检测】从外观症状肉眼可基本做出初诊。确诊可通过电镜观察到病毒粒子。

【防治方法】

(1) 鱼池进行彻底清塘。

(2) 引进亲本、苗种应严格检疫，发现携带病原者，应彻底销毁。

(3) 聚维酮碘（10%），30～50mg/L，浸浴5～10min。

(4) 市售过氧化氢（30%）稀释至3%，以此为母液，配成50mg/L的浓度，浸洗20min，然后将鱼放入25℃水温饲养一段时间后，淋巴囊肿会自行脱落。

2. 真鲷虹彩病毒病

【病原】真鲷虹彩病毒。

【症状和病理变化】病鱼体色变黑，严重贫血。体表和鳍出血，鳃上有淤斑。解剖病鱼可明显地观察到脾肥大，肾和头肾也往往肥大。

【流行情况】该病主要危害真鲷幼鱼，发病后死亡率高达37.9%。1周龄以上的鱼发病较轻，死亡率4.1%左右。发病期在7—10月，水温22.6～25.5℃为发病最高峰期。水温降至18℃以下可自然停止发病。真鲷虹彩病毒病的主要传播方式是水平传播。

【诊断方法】根据病鱼体表、鳃的外观症状和脾肥大可做出初步诊断。另可采用电镜检查脾组织超薄切片，观察到病毒粒子。

【防治方法】对该病以预防为主，加强饲养管理。

3. 鳜虹彩病毒病

【病原】该病的病原暂称为传染性脾肾坏死病毒。

【症状和病理变化】病鱼口腔周围、鳃盖、鳍条基部、尾柄处充血。有的病鱼眼球突出，有蛀鳍现象。剖检可见肝、脾和肾肿大，并有出血点，肝上还可见坏死灶，肠壁充血或出血。

【流行情况】该病主要危害鳜和大口黑鲈。流行季节为5—10月，7—9月为发病高峰期。水温25～34℃时发病最多，而28～30℃是其最适流行水温。20℃以下时，鳜一般不发病。该病在25～34℃时，受感染鳜在7～12d内死亡率为100%。传播路径可为水平感染或垂直感染两种方式。

【诊断方法】根据临床症状及流行情况进行初步诊断，确诊采用常规的组织学方法（苏木精-伊红染色）进行病理组织学诊断、外源核酸分析（酶切技术除去内源性核酸）和PCR检测。

【防治方法】

（1）严格检疫，对检测病毒呈阳性的鱼要及时淘汰。

（2）加强饲养管理，改良水质，对饵料鱼在投喂前进行消毒处理，保证鳜的良好生活环境。

4. 流行性造血器官坏死病

【病原】该病由3种相似的病毒引起：流行性造血器官坏死病病毒、欧洲鲇病毒和欧洲鮰病毒。

【症状和病理变化】濒死的虹鳟体色发黑，食欲不振，有时运动失调；腹部因腹腔积水而膨胀；肾、脾肿胀，肝上偶有苍白色坏死灶。

【流行情况】该病主要危害河鲈、欧洲鲇和鮰，并可引起全身性疾病。

【诊断方法】根据症状和流行情况进行初步诊断；确诊用间接荧光抗体试验或酶联免疫吸附试验或PCR扩增。

【防治方法】

（1）加强综合预防措施，严格执行检疫制度。

（2）培育无病害鱼种，保持好水质等。

（3）发现疫情要进行彻底消毒。

（四）疱疹病毒病

1. 鲤痘疮病

【病原】疱疹病毒。

【症状和病理变化】发病初期，病鱼体表出现薄而透明的灰白色小斑状增生物，以后小斑逐渐扩大，连成片并增厚，形成不规则的玻璃样或石蜡样增生物，状似痘疮（彩图5-5）。

【流行情况】该病主要危害鲤、鲫及圆腹雅罗鱼等。流行于冬季及早春低温（10～16℃）时。目前在我国上海、湖北、云南、四川等地均有发生。当水温升高或水质改善后，痘疮会自行脱落，条件恶化后又可复发。

【诊断方法】

（1）根据“石蜡样增生物”等症状及流行情况做出初步诊断。

（2）确诊需进行电子显微镜观察，见到疱疹病毒或分离培养到疱疹病毒。

【防治方法】

（1）严格执行检疫制度，不从患有痘疮病的渔场进鱼种，不用患过病的亲鱼繁殖。

（2）流行地区改养对本病不敏感的鱼类。

（3）发病池塘应及时灌注新水或转池饲养，体表增生物会自行脱落。

2. 斑点叉尾鮰病毒病

【病原】斑点叉尾鮰病毒。

【症状与病理变化】病鱼在水中打旋或垂直悬挂状，然后沉入水下死亡。病鱼眼球突出，鳃发白，鳍条和肌肉出血，腹部膨大，部分病鱼可见肛门红肿外突。解剖后可见到体内有黄色渗出物，肝、脾、肾出血或肿大。胃肠道空虚，无食物（彩图5-6、彩图5-7）。

【流行情况】该病主要危害小于1龄、体长小于15cm的苗种。流行适温为28～30℃。在1周内出现症状，死亡率可达90%以上。传播途径为水平传播或垂直传播。

【诊断方法】

（1）根据流行病学及症状进行初步诊断。

（2）确诊采用血清中和试验、免疫荧光抗体技术、PCR等技术。

【防治方法】

（1）严格消毒与检疫是控制该病最有效的方法。

（2）选用健康无病的亲鱼产卵繁殖，避免垂直传播。

（3）降低水温到20℃以下，可降低感染率和死亡率。

3. 鲑疱疹病毒病

【病原】鲑疱疹病毒。

【症状和病理变化】病鱼不活泼，呈间隙性狂奔。体色发黑，眼球突出，严重时眼四周出血。鳃呈苍白色，体表及鳍出血。腹腔积水，腹部膨胀，肠内没有食物。有些鱼的肝呈花肝状，或出血易碎，肾苍白或呈灰白色，但不肿大。

【流行情况】该病主要危害虹鳟的鱼苗、鱼种，大麻哈鱼的鱼种也易感染。流行于水温10℃及10℃以下。死亡率可达30%～50%。该病在北美流行。

【诊断方法】根据症状、流行情况和病理变化进行初步诊断，确诊需采用血清中和试验和荧光抗体法。

【防治方法】

（1）严格执行检疫制度，进行综合预防。

（2）提高鱼卵孵化和鱼苗饲养的水温，维持在16～20℃，可控制疾病的发生和发展。

（3）鱼苗在浓度为60～100mg/L聚维酮碘（含有效碘10%）溶液中每天药浴30min有一定效果。

（4）发病后用9-（2-羟乙基甲基）鸟嘌呤25 mg/L药浴鱼苗，每天1次，每次30min，有一定疗效。

4. 大菱鲆疱疹病毒病

【病原】大菱鲆疱疹病毒。

【症状和病理变化】外观无明显症状。病鱼出现摄食减弱，游动缓慢，静卧在水底，头、尾翘起。严重感染的鱼，皮肤和鳃上皮细胞因病毒侵染而肥大形成巨大细胞，严重的有可能造成血管阻塞，形成血栓，使鱼呼吸困难。病鱼对温度、盐度波动敏感。

【流行情况】大菱鲆疱疹病毒通常具有宿主专一性，目前仅知养殖和野生的大菱鲆幼鱼可以感染此病毒。主要传播方式是水平传播。

【诊断方法】取可疑患鱼体表皮肤或鳃组织切片，在光镜下可观察到上皮细胞肥大成巨大细胞；在鳃上的巨细胞可引起周围组织增生和鳃小片融合，则基本可诊断。确诊必须用电镜观察到疱疹病毒。

【防治方法】保持温度、盐度恒定，避免捉拿和人为惊扰，保证养殖水体溶解氧含量在5mg/L以上，投喂优质饲料等。

（五）弹状病毒病

1. 牙鲆弹状病毒病

【病原】牙鲆弹状病毒。

【症状和病理变化】病鱼体表和鳍充血或出血，腹部膨胀，内有腹水。解剖鱼体，可见肌肉、肠黏膜的固有层出血，生殖腺的结缔组织充血或出血。

【流行情况】该病主要危害牙鲆，从幼鱼到成鱼均可被感染。发病季节为冬季和早春，水温10℃时为发病高峰期，死亡率可高达60%。此病主要分布于日本，近年来我国山东沿海有类似病症。

【诊断方法】根据症状可做出初步诊断。确诊用电镜观察到病毒粒子。

【防治方法】

（1）孵化用水经紫外线消毒处理后再使用。

（2）受精卵用25mg/L浓度的聚维酮碘（含有效碘10%）浸浴15min。

（3）将养殖水温保持在15℃以上，可有效防止此病发生。

2. 传染性造血器官坏死病

【病原】传染性造血器官坏死病病毒。

【症状和病理变化】发病初期，病鱼呈昏睡状，摇晃摆动状游动，时而出现痉挛，继而突然狂游，随即死亡，是本病特征之一。其次是病鱼体色发黑，眼球突出，鳍条基部充血，腹部因腹腔积水而膨大，肛门处拖着不透明或棕褐色的假管型黏液粪便，但并非该病所独有。病后残存的鱼脊椎弯曲，肾及脾的造血组织严重坏死。

【流行情况】该病主要危害虹鳟、大鳞大麻哈鱼、红大麻哈鱼、马苏大麻哈鱼和河鳟等鲑科鱼类的鱼苗和鱼种，尤其以刚孵出的鱼苗到摄食4周龄的鱼种发病率最高。水温对该病的发病率及死亡率影响很大。水温在10℃时，死亡率最高；水温低于10℃时，潜伏期延长，病情呈慢性；水温高于10℃时病情较急，显示低死亡率；当水温超过15℃后，一般不出现自然发病。传播途径为水平传播或垂直传播。

【诊断方法】

（1）根据症状做出初诊。与传染性胰腺坏死病相比，该病的病鱼肛门后面拖的一条黏液便比较粗长、结构粗糙。

（2）确诊可用免疫学方法或分子生物学方法等来鉴定病毒。

【防治方法】

（1）加强综合预防措施，严格检疫制度，发现病鱼及时隔离销毁。

（2）受精卵彻底消毒，用25mg/L的聚维酮碘（含有效碘10%）药浴15min。

（3）鱼卵在无病毒的水中孵化。孵化及苗种培育阶段将水温提高到17～20℃，可预防此病发生。

3. 病毒性出血性败血症

【病原】弹状病毒科中的艾特韦病毒，或称为艾格特维德病毒。

【症状和病理变化】主要特征是出血，外部观察可见鳃发白，鳍条基部充血。剖检可见肝、脾、肾、胰出现纤维状血纹坏死。此病可分为急性型、慢性型和神经型。

急性型：发病迅速，死亡率高，主要表现为突发性大量死亡，皮肤、肌肉、眼眶周围及口腔出血，鳃颜色变淡、苍白或花斑状出血，常见于流行初期。

慢性型：病鱼病程长，中等程度死亡率。病鱼发生贫血，体色发黑，由于眼球后的脉络膜出血致眼球严重突出，贫血更加严重，鳃苍白，甚至水肿，鱼体很少出血或不出血，腹部膨胀，并常伴有腹水，常见于流行中期。

神经型：发病较慢，死亡率很低。主要表现为病鱼运动失常，做旋转运动，时而沉于水底，时而狂游跳出水面，或侧游。体表出血症状不明显，但内脏有严重出血，常见于流行末期。

【流行情况】该病主要危害在低温季节淡水中养殖的虹鳟和溪鳟，全长 5cm 至体重 200～300g 的商品鱼受害最严重。该病流行始于冬末春初，在水温 6～12℃时多发，在 8～10℃死亡率最高，而在 15℃以上时却很少发生。带毒鱼是重要的传染源。

【诊断方法】

（1）根据流行情况、症状和病理变化进行初步诊断。

（2）确诊需用直接荧光抗体法、间接荧光抗体法或抗血清中和试验。

【防治方法】

（1）加强综合预防措施，严格执行检疫制度。

（2）发眼卵用 25mg/L 的聚维酮碘（含有效碘 10%）浸浴 15min。

（3）在疾病流行地区养殖大鳞大麻哈鱼、银大麻哈鱼或虹鳟与银大麻哈鱼杂交的三倍杂交种。

4. 鲤春病毒血症

【病原】鲤弹状病毒，也可称为鲤春病毒血症病毒。

【症状和病理变化】病鱼呼吸缓慢，失去平衡而侧游，体色发黑，腹部膨大，眼球突出，肛门红肿，鳃丝颜色变淡并有出血点；剖检以全身出血、水肿及腹水为（彩图 5-8、彩图 5-9）特征。腹腔内有积液，肠壁发炎，内脏有出血斑点，肝、脾、肾肿大，颜色变淡。

【流行情况】该病主要危害鲤，但也可感染草鱼、鲢、鳙、黑鲫、鲫和欧洲鲇等。流行于春季，水温在 13～20℃时流行，最适温度为 16～17℃，水温超过 22℃时一般不再发病。该病在鲤苗种的发病率可达 100%，死亡率可达 50%～70%。病鱼、死鱼及带病毒鱼是传染源。

【诊断方法】

（1）根据流行情况及症状和病理变化做出初步诊断。

（2）确诊需用直接荧光抗体法、间接荧光抗体法或抗血清中和试验。

【防治方法】

（1）加强综合预防措施，严格执行检疫制度。

（2）控制水温，将水温提高到 22℃以上可控制此病发生。

（3）用疫苗或弱毒株免疫预防。

（六）红鳍东方鲀白口病

【病原】一种类似于小核糖核酸病毒。

【症状和病理变化】病鱼开始时口唇变黑，表现异常狂躁，并互相撕咬，随后口吻部发生严重的溃烂并变白，故称为白口病。病情严重的个体由于吻唇溃烂，上下颚的齿槽外露，行为狂躁，有攻击他鱼互相撕咬的特异敌对行为，故称“互相残杀病”。随着病情发展，上下颚的齿槽外露。解剖病鱼，可观察到肝几乎全部呈线状出血。

【流行情况】该病主要危害红鳍东方鲀幼鱼及1龄鱼，在高水温期发病率高，特别在水温25℃以上时，可出现发病高峰和较高的死亡率。感染途径为接触感染和经水传播。1981年在日本发生。我国山东、浙江等地区养殖的东方鲀曾发现有此病症。

【诊断方法】由病鱼口吻部溃烂变白和互相撕咬的异常行为可以初步诊断。确诊可用电镜观察神经细胞坏死部位（用口吻部组织），可发现病毒粒子。

【防治方法】

（1）防止将病鱼和带病毒鱼带入渔场及鱼池。

（2）放养密度要适宜，投饵定时，并要有足够的数量，以避免缺饵而互相撕咬。

（3）养殖群体中发现有行为异常和互相撕咬的个体，及时捞出隔离。

（七）鳗狂游病

【病原】冠状病毒样病毒。

【症状和病理变化】发病前病鳗出现异常抢食行为，接着停止摄食，离群独游，之后在水面呈挣扎状急游，片刻后沉入水中，再上浮做挣扎状游动，张口呼吸，并无力地聚集在排污口，直至死亡。病鳗肌肉痉挛，躯体扭曲，肝区肿大，鳍和胸部充血。解剖可见肝肿大，肝、肾和心脏严重充血、出血。

【流行情况】该病主要危害各种规格的鳗，当年鳗和2龄鳗最易发病死亡。池塘病鳗死亡率为60%～70%，严重者可达100%。流行季节为5—10月，7—8月为发病高峰，呈暴发性流行。在同一池中往往大个体鳗先死，最后能够存活下来的都是个体最小的鳗。该病病程短，死亡率高，从开始发病到发病高峰约7d，发病到死亡约15d。

【诊断方法】根据临床症状及流行情况进行初步诊断。确诊需将病鳗的肝、肾、心脏裂解后，经负染电镜检查，看到有大量冠状病毒样病毒。

【防治方法】目前尚无有效的治疗方法，主要进行预防。

（1）在鳗池上设置遮阳棚，避免阳光直射。

（2）注意保持池水环境清洁和相对稳定，防止水质、水温变化过大。

（3）通过添加改良内脏功能的药物，如板蓝根、山莨菪碱、维生素C和维生素E等提高鱼体抗病能力。

（八）鰤幼鱼病毒性腹水病

【病原】鰤腹水病毒。

【症状和病理变化】幼鱼体色变黑，腹部膨胀，眼球突出，鳃褪色呈贫血状；解剖病鱼，可见腹腔内有积水，肝和幽门垂周围有点状出血。在牙鲆稚鱼则表现为头部发红、出血。

【流行情况】该病主要危害体重小于10g的幼鱼。流行季节为5—7月，水温为18～22℃。

【诊断方法】初诊可依据其症状。进一步诊断取幽门垂周围的胰置于解剖镜下观察，可看到其组织坏死。

【防治方法】同淋巴囊肿病。

（九）病毒性神经坏死病

【病原】罗达病毒。

【症状和病理变化】病鱼不摄食，腹部朝上，出现在水面作水平旋转或上下翻转等不同的神经症状。解剖病鱼，可见鳔明显膨胀，脑充血发红。

【流行情况】病毒性神经坏死病又称为病毒性脑病和视网膜病。主要危害牙鲆、大菱鲆、尖吻鲈、齿舌鲈、石斑鱼等鱼类的仔、稚鱼。流行季节为夏秋季，水温 25～28℃时为发病高峰期，并引起仔、稚鱼大量死亡。该病毒可经亲鱼产卵垂直感染仔稚鱼。

【诊断方法】初诊可用光学显微镜观察脑、脊索或视网膜是否出现空泡。进一步诊断，采用免疫组织化学方法和间接荧光抗体技术检测病毒。

【防治方法】

（1）加强综合预防措施，严格执行检疫制度。

（2）放养经检测无病毒侵染的健康苗种。

（3）受精卵用含 0.2～0.4mg/L 臭氧过滤海水冲洗。

（4）控制育苗水温在 25℃以下。

二、虾蟹类病毒性疾病

（一）对虾白斑症病毒病

【病原】白斑症病毒。

【症状和病理变化】病虾首先停止摄食，反应迟钝，游泳不规则，时而在池边慢游或伏卧于水底。典型的病虾在甲壳内表面有白色或淡黄色斑点，肉眼可见。

【流行情况】该病主要危害中国对虾、日本对虾、斑节对虾、长毛对虾、墨吉对虾、南美白对虾、南美蓝对虾。18℃以下为隐性感染，水温 20～26℃时为急性暴发期。流行于我国沿海及东南亚各国。一般虾池发病后 2～3d，最多 1 周时间便可使全池虾死亡。环境条件是诱发本病暴发的因素。该病主要是水平传播。

【诊断方法】根据外观症状与病理变化做出初步诊断；确诊需取胃部、淋巴样器官、造血组织或皮下组织等，做超薄切片，用透射电镜可观察到杆状病毒粒子。

【防治方法】对虾病毒病目前尚无有效的防治药物，主要是加强健康管理，切断病原传播途径和进行综合预防。

（1）虾池放养前彻底清塘消毒，清除过多淤泥，用生石灰或漂白粉清池消毒，杀死池水中及淤泥中的病原体。

（2）使用无污染和不带病毒的水源，传染性流行病发生时，养殖池不应大量交换水。

（3）如发现虾苗带病毒但未发病，应采取增氧措施，保证溶解氧含量不低于 5mg/L。在饲料中添加 0.1%～0.2%稳定性好的维生素 C 及能增强免疫能力的药物。

（二）斑节对虾杆状病毒病

【病原】斑节对虾杆状病毒。

【症状和病理变化】病虾食欲下降，活动呆滞，鳃、附肢和体表常带有大量的附生生物。主要的病理变化是肝、胰的上皮细胞的细胞核肥大，核内有明显的圆形包含体。

【流行情况】该病主要侵害斑节对虾、墨吉对虾、短沟对虾以及新对虾的一些种类。在斑节对虾生活史中的各个阶段都可受感染，但以幼虾和成虾受害最严重，死亡率最高。流行于我国台湾省、东南亚国家、美洲等地区。该病主要为水平传播。

【诊断方法】

1. 电镜诊断　取肝、胰或其他病变组织用透射电镜观察到病毒粒子。

2. 病理组织切片　在显微镜下观察组织病理变化和病毒包含体。

【防治方法】此病目前没有治疗方法，预防措施是对引进的亲虾及幼体要严格检疫。已受感染的对虾要销毁。已发过病的虾池应彻底消毒。参照对虾白斑症病毒病的预防措施。

（三）黄头病

【病原】黄头病毒，目前黄头病毒的分类地位还未确定。

【症状及病理变化】病虾发病初期摄食量增加，然后突然停止吃食，在2～4d会出现临床症状并死亡。许多濒死的虾聚集在池塘角落的水面附近，其头胸甲因里面的肝胰腺发黄而变成黄色，对虾体色发白，鳃呈棕色或变白。濒死的虾其外胚层和中胚层发源的器官会出现全身性坏死，并形成强嗜碱性细胞质包含体。

【流行情况】黄头病主要感染斑节对虾。根据泰国的研究报道，黄头病对养殖50～70d的对虾影响最为严重，感染后3～5d，对虾累积发病率高达100%，死亡率达80%～90%。该病流行于泰国、印度、中国、马来西亚、印度尼西亚等地。黄头病主要是水平传播，另外鸟类也是传播媒介之一。

【诊断方法】根据外观症状与病理变化进行初步诊断；确诊可采用组织学方法或分子生物学方法。

【防治方法】到目前为止，尚未有任何药物或化学物质能够控制这种病毒。只有用良好的管理和正确的操作来阻止这种疾病的发生和蔓延。

（四）桃拉综合征病毒病

【病原体】桃拉综合征病毒。

【症状及病理变化】急性者表现为虾体消瘦，甲壳变软，不摄食、消化道无食物，在附足上有红色素沉着，红须、红尾，有时整个虾体全变成红色，也称为“红体病”。发病初期，病虾在水面缓慢游动，反应迟钝，且靠边死亡，头胸甲出现明显的斑点，患病的虾大都死于蜕壳期。病虾肝、胰肿大变白。

【流行情况】该病主要危害南美白对虾幼虾，一般虾池发病后10d左右大部分对虾死亡，死亡率达40%～60%。发病对虾规格多数在5～9cm，养殖时间在30～60d。环境剧变时更易发生此病。成虾感染时多呈慢性。桃拉综合征病毒病主要传播途径是水平传播。

【诊断方法】根据临床症状可做出初步诊断；确诊采用组织学方法或分子生物学方法。

【防治方法】

（1）选择无感染病毒的亲虾和虾苗，切断传染源。

（2）放养前要彻底清整池塘，池塘和水体应严格消毒。

（3）在养殖过程中定期使用水质及底质改良剂，如使用光合细菌和硝化细菌等。

（4）按饲料的0.1%～0.2%添加复合免疫多糖，可增强对虾的免疫能力及抗病力。

（5）投喂中药复合制剂，可以控制病情。用法是每100kg饲料添加板蓝根50g、三黄粉200g，连用7d。

（五）罗氏沼虾肌肉白浊病

【病原】诺达病毒。

【症状和病理变化】罗氏沼虾肌肉白浊病一般从溞状幼体变态成仔虾3d后开始出现症状，仔虾身体呈现白点、白斑，严重时全身肌肉发白而混浊，最后死亡。所有发白之处，肌肉均坏死，甲壳变软，死亡前头胸部与腹部分离。

【流行情况】该病主要危害体长0.8cm左右的仔虾到3cm左右的幼虾。刚淡化后的仔虾时期，发病死亡率很高，累积死亡率一般为30%～70%，严重的虾池累积死亡率达90%以上。发病时间一般在3—8月。

【诊断方法】可依据肌肉白浊症状做出初步诊断，确诊需进行病毒的分离鉴定。

【防治方法】对有发病征兆的幼体孵化池，全池遍洒聚乙烯吡咯烷酮碘（PVP-Ⅰ，含有效碘5%），每立方米水体0.5mg。

（六）传染性皮下和造血组织坏死病

【病原】传染性皮下和造血组织坏死病病毒。

【症状及病理变化】急性期的病虾，常上浮及悬浮于水体表面，游动迟缓，厌食，虾体翻转，体表甲壳出现白色或褐色斑块，肌肉变为不透明，多数蜕在壳或蜕壳后死亡。慢性期的病虾额剑变形弯曲，体表、鳃上附有污物，生长慢。

【流行情况】传染性皮下和造血组织坏死病主要危害蓝对虾，此病在蓝对虾的仔虾期和幼虾期有较高的死亡率。这种病毒在世界上广泛分布，已报道的流行地区有美国、南美洲、新加坡、菲律宾、我国台湾省。

【诊断方法】可根据上述症状和高死亡率做出初步诊断；但确诊必须用组织学方法检查。

【防治方法】

（1）选用无病害虾苗，切断病原传播途径。

（2）投苗前肥水，保持高溶氧量，改善生态环境，保证适当的营养以加强对虾的抗病能力。

（七）对虾杆状病毒病

【病原】对虾杆状病毒。

【症状与病理变化】病虾的摄食和生长率降低，体表和鳃上有外部共栖生物和污物附着。病理组织切片，在肝、胰和中肠上皮细胞中可观察到角锥形的包含体。

【流行情况】该病主要危害桃红对虾、褐对虾、万氏对虾和缘沟对虾的幼体，通常表现为急性死亡。随着日龄的增长，感染率和死亡率逐渐降低。该病主要分布在中美洲和南美洲沿太平洋地区。

【诊断方法】取患病对虾的肝、胰和中肠压片，在相差或明视野显微镜下看到角锥形包含体基本就可诊断。确诊需用电子显微镜观察棒状的病毒粒子。

【防治方法】目前尚无有效的治疗方法，主要是预防。加强检查，发现携带病毒的对虾，要及时销毁，池塘要彻底消毒。

（八）肝胰细小病毒状病毒病

【病原】肝胰细小病毒状病毒。

【症状和病理变化】病虾外观无特别症状，幼体活动力降低，生长发育停止，死亡率高，养成期体表经常附着大量固着类纤毛虫，有的甲壳变软色暗，体躯弯曲，透明度降低。该病毒主要侵袭肝胰腺上皮细胞和前中肠上皮细胞，使其萎缩和坏死。病变细胞的细胞核内有圆形或卵圆形的包含体。

【流行情况】该病流行于亚洲沿海地区，主要危害中国对虾，其次是墨吉对虾、斑节对虾和短沟对虾。根据调查，该病对中国对虾的育苗和养成危害很大，大量幼体往往在3～5d死亡，在养成期，死亡率可高达90%以上。该病毒主要是垂直传播。

【诊断方法】根据症状及流行情况做出初步诊断；确诊必须用透射电镜观察核内包含体中的病毒粒子。

【防治方法】除一般的预防措施外，目前没有有效治疗方法。

（九）日本对虾中肠腺坏死杆状病毒病

【病原】中肠腺坏死杆状病毒。

【症状和病理变化】该病的主要靶器官是肝胰腺。幼体和仔虾患病后，可看到白浊的肝胰腺呈雾状，并随着病程的发展，白浊化越来越明显。感染的上皮细胞有明显肥大的细胞核，但无包含体。

【流行情况】该病只侵害日本对虾的仔虾。在日本南部的孵化场中，每年5—9月常发生，并造成大批死亡。流行水温为19～29.5℃，该病在日本、韩国、菲律宾、澳大利亚和印度尼西亚流行。

【诊断方法】根据症状及流行情况做出初步诊断；确诊需用电镜观察病毒粒子。

【防治方法】不从疫区引进对虾，养虾设施在养虾以前应彻底消毒。

（十）河蟹颤抖病

【病原】小RNA病毒科病毒。

【症状和病理变化】病蟹体瘦、壳软、活力差，呈昏迷状，附肢呈痉挛状颤抖、抽搐或僵直，活动缓慢，反应迟钝，上岸不回。病蟹环爪、倒立，拒食。伴有“黑鳃”“灰鳃”“白鳃”等鳃部症状；肝胰腺脓肿呈灰白色，肝组织糜烂并发出臭味。

【流行情况】此病从幼蟹（5～10g）到成蟹（200～250g）皆有发生。发病时间为5—10月，而在8—9月夏秋高温季节发病严重，死亡率高，流行水温为23～33℃。放养密度越高、规格越大、养殖期越长，患病越严重、死亡率越高。主要感染途径是接触传染或食用了带有病毒的病虾蟹尸体所致。

【诊断方法】根据症状可诊断；确诊必须经电子显微镜观察到病毒粒子。

【防治方法】以预防为主，目前尚无有效治疗方法。

（1）清整池塘。利用秋冬空闲季节进行蟹池清淤，并用生石灰或漂白粉等消毒。

（2）放种时选择硬壳体健、活力好的蟹种，不放附肢僵直、中空、软壳、活力差的带病蟹种。蟹种下塘时最好逐只检查，剔除病蟹。

（3）做好水质调控和饲料投喂等工作，做到勤换水、多换水，保持水质清新。

（4）饲料中添加免疫增效剂（中药、多糖类）增强蟹体免疫力。

三、贝类病毒性疾病

（一）三角帆蚌瘟病

【病原】三角帆蚌瘟病病毒。

【症状及病理变化】患病蚌进水孔和排水孔的纤毛收缩，排粪减少或停止，喷水无力，滤食及对水的净化能力显著减弱，贝壳不能紧闭，斧足紧缩，爬行运动消失，最后张壳死亡。剖检可见体液清亮，消化腺肿胀，肠道轻度水肿。

【流行情况】该病是我国迄今为止流行最广、危害最大的一种病毒性蚌病，且具有专一性，只感染三角帆蚌。主要危害1足龄以上的三角帆蚌，当年繁殖的稚、幼蚌不发病。流行于夏秋两季，死亡率可达80%以上。

【诊断方法】根据症状及流行情况进行初步诊断；确诊必须分离鉴定病毒。

【防治方法】目前尚无有效的治疗方法，重在预防。

（1）严格执行检疫制度，不从疫区引进母蚌和幼蚌。

（2）注射蚌瘟灭活疫苗进行预防。

（3）发病期间，定期泼洒生石灰或含氯消毒剂。

（二）牡蛎面盘病毒病

【病原】牡蛎幼虫面盘病毒。

【症状和病理变化】患病幼虫活性减退，内脏团缩入壳内，面盘活动不正常，面盘上皮组织细胞失掉鞭毛，并且有些细胞分离脱落，幼虫沉于养殖容器的底部不活动。

【流行情况】该病流行季节为3—8月，受害幼体的壳高大于150mm。此病发生在美国华盛顿的太平洋巨蛎。

【诊断方法】在面盘、口部和食道的上皮细胞中有浓密的圆球形细胞质包含体。受感染的细胞扩大、分离脱落的细胞中含有完整的病毒颗粒。

【防治方法】

（1）将感染病毒的牡蛎幼虫及牡蛎亲体及时销毁。

（2）用含氯消毒剂彻底消毒养殖设施。

（3）使用经检疫无携带病毒的牡蛎作为亲体并保存作为长期的繁殖种群。

（三）鲍“裂壳”病

【病原】球状病毒。

【症状和病理变化】病鲍的足部变瘦、色泽变黄并失去韧性，表面常带有大量黏液状物，贝壳变薄、壳外缘外翻、壳孔间常因贝壳的腐蚀成为相互连通状。同时，鲍活力下降，对光反应不敏感，摄食量减少，生长缓慢，软体部消瘦，继而逐渐死亡。

【流行情况】该病传播途径为水平传播，最大可能是经口进入体内。据王斌等（1997）报道，人工感染大小为 1.5cm 皱纹盘鲍的幼鲍，死亡率为 50%。

【诊断方法】用血清学方法进行诊断。

【防治方法】目前尚无有效治疗方法，只能采取预防为主；少量发病则应迅速隔离，以防相互感染。

（四）栉孔扇贝病毒病

【病原】王崇明等（2002）认为栉孔扇贝大规模死亡是由一种球形病毒引起。

【症状和病理变化】患病扇贝的贝壳开闭缓慢无力，对外界刺激反应迟钝。外套腔中有大量黏液，并积有少量淤泥，消化腺轻微肿胀，肾易剥离，外套膜向壳顶部收缩，外套膜失去光泽。患病严重的扇贝鳃丝轻度糜烂，肠道空或半空，足丝脱落，失去固着作用。

【流行情况】此病在青岛地区发病高峰在 7 月底至 8 月初，发病水温在 25℃以上，病贝大小为 4.5～6.0cm，扇贝出现上述症状 2～3d 后很快死亡，死亡率在 90%以上，呈暴发性。

【诊断方法】根据症状可做出初步诊断；确诊必须用电镜进行观察。

【防治方法】目前尚无有效的治疗方法，只能采取预防措施。

第二节　细菌性疾病

由细菌感染引起的疾病，称为细菌性疾病。与病毒性疾病不同，病原可以进行人工培养，在光学显微镜下一般都看得见。细菌种类繁多，从形态上可分为球菌、杆菌和螺旋菌三大类。细菌的个体很小，表示其大小的单位为微米（μm）。细菌属于单细胞的原核生物，具有细胞壁，细胞核没有核膜和核仁，没有固定的形态。有些种类细菌有鞭毛、荚膜或芽孢。鞭毛是运动胞器，荚膜和芽孢有抵抗不良环境的作用。所有细菌可分为革兰氏染色阴性（红色）和阳性（紫色）两大类。

有些细菌是条件致病菌，即平时生活于水中、底泥中或健康的鱼体上，但在鱼体受伤或环境条件对水生动物不利时，就可能侵入水生动物并引起疾病。

细菌性疾病的种类虽不多，但其分布广，危害大，死亡率高，可引起水生动物大批死亡，给养殖生产造成较大的损失。但细菌性疾病可以进行早期预防和治疗，在使用内服药物时，有条件的最好做药敏试验指导用药。

一、鱼类细菌性疾病

（一）细菌性烂鳃病

【病原】柱状嗜纤维菌。

【症状及病理变】病鱼体色发黑，尤以头部为甚，游动缓慢，反应迟钝，常离群独游。病鱼鳃盖骨的内表皮往往充血，严重时中间部分的表皮常腐蚀成一个圆形不规则的透明小区，俗称“开天窗”（彩图 5-10）。鳃上黏液增多，鳃丝肿胀，严重时鳃丝腐烂及末端缺损（彩图 5-11），软骨外露。

【流行情况】该病主要危害草鱼、青鱼、鲤、鲫、团头鲂、金鱼等鱼类，从鱼种至成鱼均可受害；流行季节为 4—10 月，水温为 15—30℃，水温趋高易暴发流行。全国各地养鱼区都有此病流行。本病常和细菌性肠炎病、赤皮病并发。

细菌性烂鳃病症状

【诊断方法】根据症状及流行情况可做出初步诊断。镜检鳃上没有大量寄生虫及真菌寄生，并有大量细长、滑动的杆菌，可做出进一步诊断。

【防治方法】应在做好预防工作的基础上，采取药物外用与内服结合治疗。

（1）彻底清塘，鱼池施肥时应施用经过充分发酵后的粪肥。

（2）鱼种下塘前用浓度为 10mg/L 的漂白粉水溶液或 15～20mg/L 高锰酸钾水溶液药浴 15～30min，或用 2%～3%氯化钠溶液药浴 5～10min。

（3）在发病季节，每 15d 全池遍洒生石灰浆 1 次，浓度为 15～20mg/L。

（4）发病池塘外用氯制剂、碘制剂或溴制剂等，按照使用说明使用；内服磺胺二甲氧嘧啶、氟苯尼考等，按照说明书的剂量添加，连续投喂 5～7d。

（二）赤皮病

【病原】荧光假单胞菌。

【症状和病理变化】病鱼行动缓慢，反应迟钝，衰弱地独游于水面。病鱼体表局部或大部出血、发炎，鳞片脱落，鱼体两侧及腹部较为明显（彩图 5-12、彩图 5-13）。鳍的基部或整个鳍充血，鳍的末端腐烂，常烂去一段，鳍条间的组织也被破坏，使鳍条呈扫帚状，形成“蛀鳍”。疾病的后期常常伴有水霉感染。

赤皮病症状

【流行情况】该病主要危害草鱼、青鱼等鱼类的鱼种和成鱼。春末夏初较为流行，常与烂鳃病、肠炎病并发。在我国各养鱼地区，一年四季都有流行。该菌是条件致病菌，当体表受损伤时，病原菌才能乘虚而入，引起发病。

【诊断方法】根据外表症状即可诊断。病鱼是否有受伤史，对诊断有重要意义。注意与疖疮病相区别。疖疮病的初期体表也充血发炎，鳞片脱落，但局限在小范围内，且红肿部位高出体表。

【防治方法】

（1）在捕捞、运输、放养等操作过程中，尽量避免鱼体受伤。鱼种放养前用浓度为 2%～3%的氯化钠溶液浸 5～15min 或用 5～8mg/L 的漂白粉溶液浸洗 20～30min。

（2）发病池塘外用氯制剂、碘制剂或溴制剂等，按照使用说明使用；内服四环素、磺胺嘧啶等药物，按照说明书的剂量添加，连续投喂 5～7d。

（三）细菌性肠炎病

【病原】肠型点状气单胞菌。

【症状和病理变化】病鱼离群独游，游动缓慢，体色发黑，食欲减退。腹部膨大，肛门常红肿外突，呈紫红色，轻压腹部，有黄色黏液或血脓从肛门处流出。剖开鱼腹，可见肠壁充血发炎、弹性差，肠黏膜坏死脱落，轻者仅前肠或后肠呈现红色，无食或少食，严重时全肠呈紫红色，腔内积有大量淡黄色黏液（彩图 5-14）。

【流行情况】该病主要危害草鱼、青鱼、鲫、鲤、斑点叉尾鮰、鳗鲡等鱼类的鱼种和成鱼。流行季节为 4—10 月，水温在 18℃以上开始流行，流行高峰为水温 25～30℃时，一般死亡率在 50%左右，严重时可达 90%以上。我国各养殖地区均有发生。此病常和细菌性烂鳃病、赤皮病并发。

【诊断方法】根据症状与病理变化做出初步诊断；确诊必须从肝、肾或血中检出该菌。

【防治方法】

（1）彻底清塘消毒，保持水质清洁。严格执行“四消四定”措施。投喂新鲜饲料，不喂变质饲料，是预防此病的关键。

（2）鱼种放养前用 8～10mg/L 的漂白粉溶液浸洗 15～30min。

（3）发病季节，每隔 15d 用 1mg/L 的漂白粉溶液或 20～30mg/L 生石灰浆全池泼洒。

（4）发病池塘外用氯制剂、碘制剂或溴制剂等，按照使用说明使用；内服硫酸新霉素、氟苯尼考、三黄粉、大蒜素，按照说明书的剂量添加，连续投喂 5～7d。

（四）细菌性败血症

【病原】该病病原菌有嗜水气单胞菌、温和气单胞菌、鲁克氏耶尔森菌等菌。

【症状和病理变化】病鱼体表充血或出血，眼球突出，肛门红肿，腹部膨大，腹腔内积有淡黄色透明或红色混浊腹水。肝、脾、肾、胆囊肿大，肠内无食物，有的肠腔内积有多量液体或有气体（彩图 5-15、彩图 5-16）。

【流行情况】该病主要危害白鲫、普通鲫、异育银鲫、团头鲂、鲢、鳙、鲤、鲮等鱼类。流行季节为 3—11 月，高峰期常为 5—9 月，水温 9～36℃均有流行，尤以水温持续在 28℃以上及高温季节后水温仍保持在 25℃以上时较严重。发病严重的养鱼场发病率高达 100%，死亡率高达 95%以上。不仅是精养池塘发病，网箱、水库养鱼等也都可发生。本病是我国养鱼史上危害鱼的种类最多、危害鱼的年龄范围最大、流行地区最广、流行季节最长、危害养鱼水域类别最多、造成的损失最严重的一种急性传染病。

【诊断方法】根据症状和病理变化可做出初步诊断；确诊必须在病鱼腹水或内脏检出致病菌。

【防治方法】应在做好预防工作的基础上，采取药物外用与内服结合治疗。

（1）清除过多的淤泥，用生石灰或漂白粉彻底消毒。

（2）鱼种下塘前用浓度为 10mg/L 的漂白粉水溶液或 15～20mg/L 高锰酸钾水溶液药浴 15～30min，或用 2%～3%氯化钠水溶液药浴 5～10min。

（3）在发病季节，每 15d 全池遍洒生石灰浆 1 次，浓度为 15～20mg/L，使池水的 pH 保持在 8 左右。食场定期用漂白粉等进行消毒。

（4）发病池塘外用氯制剂、碘制剂或溴制剂等，按照使用说明使用；内服磺胺二甲氧嘧啶、氟苯尼考、复方新诺明等，按照说明书的剂量添加，连续投喂 5～7d。

（五）斑点叉尾鮰传染性套肠症

【病原】该病主要是由嗜麦芽寡养单胞菌引起，有时气单胞菌属的个别菌株和鲁氏耶尔森菌也可感染。

【症状和病理变化】发病初期病鱼表现为游动缓慢，靠边或离群独游，食欲减退或丧失。病鱼体表充血、出血，有的出现大小不等的褪色斑；腹部膨大，肛门红肿、外突，剖开体腔，腹腔内充满大量清亮或淡黄色或含血的腹水，胃肠道内无食物，后肠出现1～2个肠套叠。肝、肾、脾、肿大（彩图5-17、彩图5-18）。

【流行情况】该病主要危害斑点叉尾鮰，其他鮰科鱼类也可感染。流行季节为3～5月。水温在16℃上，并随水温的升高病程缩短。该病是近年来在我国发生的一种斑点叉尾鮰的新型细菌性传染病，危害极大。

【诊断方法】根据症状与病理变化做出初步诊断，确诊必须从靶组织内分离到嗜麦芽寡养单胞菌。

【防治方法】

（1）加强饲养管理，选育健壮抗病力强的优良斑点叉尾鮰苗种。

（2）鱼苗、鱼种下塘前用浓度为15～20mg/L高锰酸钾水溶液药浴15～30min。

（3）发病池塘外用氯制剂或碘制剂或溴制剂等，按照使用说明使用；内服多西环素、氟苯尼考、复方新诺明等，按照说明书的剂量添加，连续投喂5～7d。

（六）斑点叉尾鮰肠型败血症

【病原】鮰爱德华氏菌。

【症状和病理变化】根据病原菌感染途径不同，斑点叉尾鮰肠型败血症可分为急性型和慢性型两种类型。

急性型：发病急，死亡高。病鱼离群独游，反应迟钝，摄食减少。病鱼头朝上尾朝下，悬垂在水中，有时呈痉挛式的螺旋状游动。体表可见到细小的充血、出血斑，有的病鱼头部皮肤和躯体皮肤发生腐烂，一侧或两侧眼球突出。剖开腹腔，内有腹水，且肝、肾、脾肿大（彩图5-19、彩图5-20）。

慢性型：皮肤溃烂，在头部形成一个空洞性的病灶，呈外突的或开放性的溃疡，因而，不需要切除脑颅骨即能看到脑，形成“头穿孔”。

【流行情况】本菌主要危害斑点叉尾鮰、白叉尾鮰、短棘鮰、云斑鮰等鱼类。流行季节为5—6月和9—10月，流行水温为24～28℃。饲养管理不良、水质差、放养密度高、水中有机质过多等都可能诱发该病的发生。鮰爱德华氏菌被认为是真正的病原菌而非条件致病菌。

【诊断方法】根据临床症状和病理变化进行综合诊断。用病鱼肾组织或其他脏器组织的涂片进行荧光抗体技术或通过酶联免疫吸附试验来进行快速诊断。

【防治方法】

（1）加强饲养管理，改善水体环境条件，科学饲喂。

（2）做好免疫预防，在许多试验和生产实践中已证实，使用疫苗能有效地预防该病。

（3）发病池塘外用氯制剂、碘制剂或溴制剂等，按照使用说明使用；根据药敏试验结果选择抗生素内服，按照说明书的剂量添加，连续投喂5～7d。

（七）黄颡鱼红头病

【病原】目前认为，该病病原主要是鮰爱德华氏菌，也有资料报道为迟缓爱德华氏菌。

【症状和病理变化】该病有两种类型：急性败血症型及慢性“红头病”型。

急性型：发病急，死亡率高。发病初期病鱼离群独游、反应迟钝，食欲减退。病鱼体表充血、出血，腹部膨大，肛门外突。腹腔内有大量含血的或清亮的液体，肝、肾、脾肿大。肠道内充满气体和淡黄色液体。

慢性型：病程较长，可达一个月或更长。病鱼头顶部充血、出血、发红，在颅骨正上方形成一条带状凸起或出血性溃疡带。严重时头顶穿孔，头盖骨裂开，甚至露出脑组织，因此，称该病为“红头病”或“裂头病”。

【流行情况】该病主要危害黄颡鱼的鱼种和成鱼，流行水温20～28℃。病程长短不一，可从几天到1个月以上，发病率在50%以上，发病后死亡率可达100%。由于发病时鱼体头部正中常有一块颜色鲜红的病灶，因此养殖户称该病为“黄颡鱼一点红”。该病在我国黄颡鱼养殖区广泛流行，如辽宁、天津、湖北、江苏、四川、重庆等地都有该病的发生。

【诊断方法】根据临床症状与病理变化可进行初步诊断；确诊采用荧光抗体技术、酶联免疫吸附试验和PCR等方法。

【防治方法】

（1）加强饲养管理，保持优良而稳定的水质环境与合理的养殖密度为首要任务。

（2）发病池塘外用氯制剂、碘制剂或溴制剂等，按照使用说明使用；根据药敏试验结果选择抗生素内服，按照说明书的剂量添加，连续投喂5～7d。

（八）体表溃疡病

【病原】主要有嗜水气单胞菌、温和气单胞菌和豚鼠气单胞菌等。

【症状和病理变化】疾病初期，病鱼体表部分区域颜色变淡，呈近圆形或不规则形褪色。随着病程的发展，病灶处周围充血和出血，鳞片脱落，表皮坏死，露出皮下肌肉，形成深浅不一的溃疡，部分病例溃疡极深，露出骨骼和内脏，病鱼最终衰竭而死亡（彩图5-21）。

【流行情况】该病可危害多种养殖品种，如鲤、南方大口鲇、斑点叉尾鮰、乌鳢、加州鲈等。水温在15℃以上开始流行，发病高峰是5—6月。外伤是该病发生的一个重要诱因。

【诊断方法】根据症状和病理变化做出初步诊断；采用病原的分离鉴定与荧光抗体技术、免疫对流电泳等可确诊。

【防治方法】发病池塘外用氯制剂、碘制剂或溴制剂等，按照使用说明使用；根据药敏试验结果选择抗生素内服，按照说明书的剂量添加，连续投喂5～7d。

（九）白头白嘴病

【病原】尚未完全查明，是一种与细菌性烂鳃病的病原体很相似的黏球菌。

【症状和病理变化】病鱼自吻端至眼球处的一段皮肤色素消退，变成乳白色，唇部肿胀，张闭失灵，因而造成呼吸困难。口周围的皮肤糜烂，有絮状物黏附其上，故在池边观察水面游动的病鱼，可见“白头白嘴”。有时病鱼的颅顶和眼球周围充血，呈现“红头白嘴”现象（彩图5-22）。

【流行情况】该病主要危害草鱼、青鱼、鲢、鳙、鲤等夏花鱼种，尤其对草鱼危害最大。

流行季节为5—7月。它是鱼苗培育阶段的一种暴发性疾病，发病快，来势猛，危害大，发病2～3d即可大批死亡。全国各地均有发生，当水质恶化、分塘不及时、缺乏适口饵料时容易发生。

【诊断方法】根据症状和病理做出初步诊断，并通过镜检注意与车轮虫病和钩介幼虫病的区别。

【防治方法】

（1）加强饲养管理，保证鱼苗有充足的饲料和良好的环境，并应及时分塘。

（2）发病池塘外用氯制剂、碘制剂或溴制剂等，按照使用说明使用。

（十）烂尾病

【病原】嗜水气单胞菌、温和气单胞菌或豚鼠气单胞菌。

【症状和病理变化】在发病初期，病鱼游动缓慢，食欲减退，严重时停止摄食。病鱼尾柄处皮肤变白，尾鳍及尾柄处充血、发炎，鳍条末端蛀蚀，鳍间组织被破坏，鳍条散开，形成蛀鳍；最后，尾鳍大部或全部断裂，其皮肤肌肉溃烂，只剩下支撑的骨骼，呈刷把样，常继发水霉感染（彩图5-23）。

【流行情况】该病主要危害草鱼、斑点叉尾鮰、罗非鱼、鲤、鲫等多种淡水鱼。该病流行季节为春季，水温25℃以上，全国各地均有发生。机体受伤是一重要诱因，在鱼体抵抗力下降、水质污浊、养殖密度高、水中病原菌较多时，就容易暴发流行。

【诊断方法】根据外观症状可做出初步诊断；确诊必须做进一步细菌分离、培养与鉴定。

【防治方法】

（1）生产中应保持养殖水体清洁，控制放养密度。

（2）发病池塘外用氯制剂、碘制剂或溴制剂等，按照使用说明使用；内服氟苯尼考或根据药敏试验结果选择抗生素内服，按照说明书的剂量添加，连续投喂5～7d。

（十一）白皮病

【病原】鱼害黏球菌或白皮极毛杆菌。

【症状和病理变化】发病初期，尾柄处发白（彩图5-24），随着病情发展迅速扩展蔓延，以至自背鳍基部以后的体表全部发白。严重的病鱼，尾鳍烂掉或残缺不全。病鱼的头部向下，尾部向上，与水面垂直，时而做挣扎状游动，时而悬挂于水中，不久病鱼即死亡。

白皮病症状

【流行情况】该病主要危害鲢、鳙，草鱼、青鱼也有发生。此病主要发生在饲养20～30d的鲢、鳙鱼苗及夏花。每年6—8月为流行季节，病程较短，病势凶猛，死亡率很高，发病后2～3d就会造成大批死亡。

【诊断方法】根据外观症状可做出初步诊断；确诊必须做进一步细菌分离、培养与鉴定。

【防治方法】

（1）夏花苗应及时分塘，捕捞、运输、放养过程中遵守养鱼操作技术规程，应尽量避免鱼体受伤；发现体表有寄生虫时，应及时杀灭；保持鱼池水质清洁。

（2）鱼种下塘前用浓度为10mg/L的漂白粉水溶液药浴15～30min，或用2%～3%氯化钠水溶液药浴5～10min。

（3）发病池塘外用氯制剂或溴制剂等药物，按照使用说明使用。

（十二）鲤白云病

【病原】荧光假单胞菌、恶臭假单胞菌或洋葱假单胞菌。

【症状和病理变化】患病早期，病鱼体表附有白色点状黏液物，随着病情的发展，白色点状黏液物逐渐蔓延，好似全身布满一层白云。其中，有部分病鱼鳞片脱落或竖起，体表和鳍充血、出血等。少数病鱼还出现眼球混浊发白。病鱼靠近网箱溜边，不吃食，游动缓慢，不久即死。剖开鱼腹，可见肝、肾充血。

【流行情况】该病主要危害网箱养鲤，江团和鲟中也发现此病。流行于辽宁省及四川省，季节为每年的5—6月，流行水温6～18℃。死亡率可高达60%以上。当水温上升到20℃以上时，此病可不治而愈。

【诊断方法】根据症状及流行情况进行初步诊断；确诊必须进行病原分离与鉴定。

【防治方法】

（1）进箱前鱼种用浓度为10mg/L的漂白粉水溶液或15～20mg/L高锰酸钾水溶液药浴15～30min，或用2%～3%氯化钠水溶液药浴5～10min。

（2）发病网箱外用福尔马林、新洁尔灭、双季铵盐类等，按照使用说明使用；内服氟苯尼考或根据药敏试验结果选择抗生素，按照说明书的剂量添加，连续投喂5～7d。

（十三）竖鳞病

【病原】水型点状假单胞菌。

【症状和病理变化】病鱼离群独游水面，游动缓慢，反应迟钝，呼吸困难。疾病早期，鱼体体表粗糙，鳞囊积水，部分鳞片竖起，严重时全身鳞片竖起似张开的松球。鳞囊内积有半透明的液体，用手轻压鳞片，鳞囊中的液状物即喷射而出。有时伴有鳍基充血、腹部膨大、腹腔积水和眼球突出等症状。病鱼贫血，鳃、肝、脾、肾的颜色均变淡。

【流行情况】该病主要危害鲤、鲫、金鱼、草鱼等鱼类。一般发生在越冬后的春季，水温17～22℃。死亡率一般在50%以上。我国东北、华东、华中地区较常见。

【诊断方法】根据其症状及病理变化可初步判断。确诊必须进行病原分离与鉴定。

【防治方法】

（1）用3%氯化钠溶液浸洗病鱼10～15min或用2%氯化钠和3%碳酸氢钠混合液浸洗10min。

（2）发病池塘外用氯制剂、碘制剂或溴制剂等，按照使用说明使用；内服磺胺二甲氧嘧啶或根据药敏试验结果选择抗生素，按照说明书的剂量添加，连续投喂5～7d。

（3）亲鲤腹腔注射，每千克鱼用硫酸链霉素15～20mg。

（十四）打印病

【病原】点状气单胞菌点状亚种。

【症状和病理变化】病鱼患病的部位通常在肛门附近的两侧或尾鳍基部，极少数在身体前部。初期症状是皮肤及其下层肌肉出现红斑，随着病情的发展，鳞片脱落，肌肉腐烂，病灶的直径逐渐扩大和深度加深，形成溃疡，严重时甚至露出骨骼或内脏。病灶呈圆形或椭圆

形，周缘充血发红，状似打上了一个红色印记，因此称为打印病。

【流行情况】该病主要危害鲢、鳙，从鱼种到成鱼均受其害，其他鱼类（如胡子鲇、泥鳅、黄鳝和加州鲈）也有发生。一般不会出现大批死亡，但可陆续死亡，影响其生长和性腺发育，降低商品鱼的价值。本病终年可见，但以夏、秋季较易发病，28～32℃为其流行高峰期。

【诊断方法】根据症状、病理变化及流行情况做出初步诊断；确诊必须进行病原分离与鉴定。

【防治方法】

（1）发病池塘外用氯制剂、碘制剂或溴制剂等，按照使用说明使用。

（2）肌内或腹腔注射，每千克鱼用硫酸链霉素 20mg 或金霉素 5 000U。

（3）患处可用 1%高锰酸钾溶液清洗，后用金霉素或四环素药膏涂抹。

（十五）鲤科鱼类疖疮病

【病原】疖疮型点状产气单胞菌。

【症状和病理变化】病鱼背部一处或数处形成隆起，隆起处的鳞片覆盖完好，该处的皮肤有些充血，用手轻按隆起处，肌肉失去弹性、软化；用刀切开患处，可见肌肉溶解，呈混浊、灰黄色凝乳状，有的鳍基充血（彩图 5-25、彩图 5-26）。

鲤科鱼类疖疮病

【流行情况】该病主要危害青鱼、草鱼、鲤、团头鲂等鱼类的鱼种及成鱼。在我国养鱼地区都有此病发生，但不多见，无明显的流行季节，一年四季都可发生，一般为散发性。

【诊断方法】根据症状、病理变化及流行情况，即可做出诊断，镜检区别黏孢子虫病（肌肉体表隆起）；确诊必须进行病原分离与鉴定。

【防治方法】

（1）在捕捞、运输、放养等操作过程中，尽量避免鱼体受伤。鱼种放养前用浓度为 2%～3%的氯化钠溶液浸洗 5～15min 或用 5～8mg/L 漂白粉溶液浸洗 20～30min。

（2）发病池塘外用氯制剂、碘制剂或溴制剂等，按照使用说明使用；内服氟苯尼考或根据药敏试验结果选择抗生素，按照说明书的剂量添加，连续投喂 5～7d。

（十六）弧菌病

【病原】弧菌属的一些种类，常见的有鳗弧菌、副溶血弧菌、溶藻胶弧菌、哈维氏弧菌、创伤弧菌等。

【症状和病理变化】病鱼体表褪色，鳍基部和鳍膜随后出血，鳞片脱落，形成溃疡，肛门红肿，眼球突出，眼内出血，眼球变白，混浊，肠道白浊，腹部膨胀，解剖鱼体可见肝、肾、脾、肠出血发炎。

【流行情况】该病的流行季节，各种鱼虽有差别，但在水温 15～25℃时的 5 月末至 7 月初和 9—10 月是发病高峰期。鰤的发病高峰期是 5 月末至 7 月上旬的初夏和 9—10 月的初秋，水温为 19～24℃；真鲷的发病季节为 6—9 月 25℃左右的高水温期和 11 至翌年 3 月 15℃左右的低水温期；鲑鳟类和大菱鲆为 10～16℃；鲆科、鲽科和鳗科鱼类为 15～16℃。

【诊断方法】从有关症状可进行初步诊断；快速诊断采用间接荧光抗体技术或 PCR 技术检测；确诊必须进行病原分离与鉴定。

【防治方法】

（1）接种鳗弧菌疫苗，保持优良的水质和养殖环境，不投喂腐败变质的饲料。

（2）避免饲养过密，细心操作，避免鱼体受伤。

（3）发病池塘外用氯制剂、碘制剂或溴制剂等，按照使用说明使用；内服土霉素、磺胺甲基嘧啶或根据药敏试验结果选择抗生素，按照说明书的剂量添加，连续投喂 5～7d。

（十七）爱德华氏菌病

【病原】迟钝爱德华氏菌。

【症状和病理变化】在不同种类的鱼，该病的症状及病理变化有所不同。鳗鲡患病后体色发黑，腹部皮肤及臀鳍因充血或出血发红，严重时鳃贫血。主要有以侵袭肾为主的肾型和以侵袭肝为主的肝型两种类型。肝型病鱼，肛门严重充血发红，以肛门为中心，躯干部膨胀成丘状，附近皮肤充血、出血，随后软化变色甚至溃烂；肝型病鱼，前腹部显著肿胀膨大，腹部皮肤出血，并出现软化变色区，严重时腹壁穿孔。养殖牙鲆稚鱼的症状是腹胀，腹腔内有腹水，肝、脾、肾肿大、褪色，肠道发炎、眼球白浊等；幼鱼表现为肾肿大，并出现许多白点，腹水呈胶水状。鲻患病时，腹部及两侧发生大面积溃疡，溃疡的边缘出血，病灶因组织腐烂发出强烈的恶臭味，腹腔内充满气体使腹部膨胀。锄齿鲷发生此病的症状是皮肤发生出血性溃烂，脾和肾上有许多小白点。

【流行情况】该病主要危害海水养殖的牙鲆幼鱼、真鲷、锄齿鲷、鲻和淡水养殖的鳗鲡、罗非鱼、金鱼、斑点叉尾鮰等鱼类。主要流行于夏、秋季。

【诊断方法】根据症状、病理变化及流行情况进行初步诊断；快速诊断采用间接荧光抗体技术或 PCR 技术检测；确诊必须进行病原分离与鉴定。

【防治方法】发病池塘外用氯制剂、碘制剂或溴制剂等，按照使用说明使用；内服四环素或根据药敏试验结果选择抗生素，按照说明书的剂量添加，连续投喂 5～7d。

（十八）链球菌病

【病原】海豚链球菌，为革兰氏阳性菌。

【症状和病理变化】病鱼失去食欲，静止于水底或漫游水面，反应迟钝。病鱼外观主要症状是眼球突出，其周围充血，鳃盖内侧发红、充血或出血。各鳍均发红、充血或溃烂，体表局部特别是尾柄往往溃烂或带有脓血的疖疮。

【流行情况】该病主要危害鲕，其他海水鱼类也有发生。另外，淡水中养殖的香鱼、虹鳟、鳗鲡和罗非鱼等也可感染。流行季节为 7—9 月，水温降至 20℃以下时则较少。

【诊断方法】根据症状、病理变化及流行情况进行初步诊断；快速诊断采用间接荧光抗体技术或 PCR 技术检测；确诊必须进行病原分离与鉴定。

【防治方法】

（1）放养密度适宜，饵料新鲜，投喂适量。

（2）长期投喂一种鲜活饵料（如沙丁鱼）时应添加 0.3%的复合维生素，并勿过量投饲。

（3）内服盐酸多西环素、四环素或根据药敏试验结果选择抗生素，按照说明书的剂量添加，连续投喂 5～7d。

（十九）鳗赤鳍病

【病原体】嗜水气单胞菌。

【症状及病理变化】病鱼多游于水面或静止在池边。病鳗臀鳍、胸鳍发红，躯干部和头部的腹侧皮肤具有出血点和出血斑，严重时全面发红，甚至躯干背部和背鳍也呈红色。剖检可见肠壁局部或全部充血变红，肠内无食物。肝、肾、脾肿大，充血或有淤血呈暗红色。

【流行情况】该病是鳗的常见病，全年都有，危害严重。主要流行于春夏和夏秋交替季节，各种养殖鳗鲡均可发生。

【诊断方法】快速诊断可采用直接荧光抗体法和间接荧光抗体法。

【防治方法】

（1）保持养殖池的池底及池壁清洁，保持水质清新和水环境的相对稳定。

（2）发病池塘外用氯制剂、碘制剂或溴制剂等，按照使用说明使用；内服复方新诺明或根据药敏试验结果选择抗生素，按照说明书的剂量添加，连续投喂 5～7d。

（二十）鳗红点病

【病原体】鳗败血假单胞菌。

【症状及病理变化】病鳗在水面缓游或在池边聚集，体色变浅，不摄食。病鱼体表各处点状出血，尤以下颌、鳃盖、胸鳍基部及躯干部为严重，病鱼开始出现上述症状后，一般在 1～2d 死亡。肝、肾淤血呈暗红色，脾褪色、萎缩，肠胃黏膜点状出血，外观呈红色，肠内无食物。

【流行情况】该病主要危害鳗鲡，香鱼也可发生。流行季节一般为水温低于 25℃的春、秋季和冬季，水温高于 25℃时较少发病。另外，在半咸水养殖池中的发病率比淡水养殖池中的发病率高。

【诊断方法】根据症状、病理变化及流行情况进行初步诊断；确诊必须进行病原分离与鉴定。

【防治方法】

（1）避免鱼体受伤，投饵适量，保持水质清新。

（2）提高水温至 27℃，并保持 1 周以上。

（3）内服氟苯尼考或根据药敏试验结果选择抗生素，按照说明书的剂量添加，连续投喂 5～7d。

（二十一）巴斯德氏菌病

【病原】杀鱼巴斯德氏菌。

【症状和病理变化】患病鱼反应迟钝，体色变黑，食欲减退，体表、鳍基、尾柄等处有不同程度充血，严重者全身肌肉充血。离群独游或静止于网箱或池塘的底部，继而不摄食，不久即死亡。剖检病鱼，可见肾、脾、肝、胰、心脏、鳔和肠系膜等组织器官上有许多小白点。

【流行情况】该病主要危害养殖鰤的幼鱼。流行季节从春末到夏季，发病最适水温是

20～25℃。黑鲷幼鱼患此病时死亡率高达90%；牙鲆幼鱼（2～22g）水温17～22℃时，日死亡率可达养殖幼鱼的0.6%～4.8%。

【诊断方法】从肾、脾等内脏组织中观察到小白点，基本可以诊断；制备病灶处压印片，如发现有大量杆菌可做出进一步诊断。

【防治方法】

（1）保证水源清洁，养殖期间应经常换用新水或保持流水，避免养殖水体富营养化，勿过量投饵或投喂腐败变质的生饵。

（2）内服四环素或根据药敏试验结果选择抗生素，按照说明书的剂量添加，连续投喂5～7d。

（二十二）诺卡氏菌病

【病原】卡姆帕其诺卡氏菌。

【症状和病理变化】该病的类型有两种：一种是躯干部的皮下脂肪组织和肌肉产生脓肿结节，称躯干结节型；另一种是在鳃上形成许多结节，称为鳃结节型。内脏各器官也出现结节。

【流行情况】此病主要危害养殖鰤、加州鲈、海鲈、小黄鱼、乌鳢（生鱼）等品种。当年鱼和2龄鱼均可受感染。流行季节从7月开始（鰤），持续到翌年2月，流行高峰期为9—10月。日本养殖鰤地区广泛流行，我国福建、广东沿海养鰤地区可能成为疫区。

【诊断方法】从病鱼结节处取少许脓汁制成涂片，进行革兰氏染色，镜检发现有阳性的丝状菌，基本可以确诊。

【防治方法】

（1）投饵勿过量，避免养殖水体富营养化或残饵堆积。

（2）发病池塘外用氯制剂、碘制剂或溴制剂等，按照使用说明使用；内服土霉素、四环素或根据药敏试验结果选择抗生素，按照说明书的剂量添加，连续投喂5～7d。

二、虾蟹类细菌性疾病

（一）红腿病

【病原】已见报道的有副溶血弧菌、鳗弧菌、溶藻弧菌、气单胞菌和假单胞菌。

【症状和病理变化】病虾活动力减弱，食欲减退或停止吃食，在池边水面缓慢游动；主要症状是附肢变红色，特别是游泳足最为明显；剖检可见肠空，肝呈浅黄色或深褐色，肌肉无弹性，头胸甲的鳃区呈淡黄色或浅红色。

【流行情况】该病在全国各养虾地区都有流行，常呈急性型，发病率和死亡率可达90%以上，是对虾养成期危害较大的一种病。流行季节为6—10月，8—9月最常发生，可持续到11月。此病的流行与池底污染和水质不良有密切关系。

【诊断方法】一般靠外观症状就可初步诊断；确诊需镜检血淋巴中是否有细菌存在。

【防治方法】

（1）秋冬季清除池底淤泥，用生石灰或漂白精、漂白粉或其他含氯消毒剂消毒；夏秋高温季节，定期泼洒生石灰浆。

（2）发病池塘外用氯制剂、碘制剂或溴制剂等，按照使用说明使用；内服磺胺甲基嘧啶或根据药敏试验结果选择抗生素，按照说明书的剂量添加，连续投喂5～7d。

（二）甲壳溃疡病

【病原】弧菌、假单胞菌、气单胞菌、螺菌、黄杆菌等多种细菌。

【症状和病理变化】病虾的体表甲壳和附肢上有黑褐色或黑色的斑点状溃疡，形成褐色的凹陷。病情严重者，溃疡达到甲壳下的软组织中，有的病虾甚至额剑、附肢、尾扇烂断，断面呈黑色。虾的溃疡处四周沉淀黑色素以抑制溃疡的迅速扩大，形成黑斑。

【流行情况】甲壳溃疡病在我国的越冬亲虾中最为流行，危害性也较大，其诱发原因主要是在亲虾捕捞、运输、选择等过程中操作不慎，使虾体受伤，病菌乘机侵入引起溃疡。发病季节一般在越冬的中后期，即1—3月。

【诊断方法】一般肉眼可诊断，但要与镰刀菌病区分。镰刀菌病症状主要表现在头胸甲鳃区，而甲壳溃疡病病变位置较分散；其次镰刀菌病在镜检观察可见到菌丝体及分生孢子，而甲壳溃疡病多为运动性杆菌。

【防治方法】

（1）投喂优质饲料，定期泼洒消毒剂和水质改良剂，保持稳定的环境，严防越冬亲虾在操作过程中受伤。

（2）发病池塘外用福尔马林全池泼洒，按照使用说明使用；内服土霉素、磺胺甲基嘧啶或根据药敏试验结果选择抗生素，按照说明书的剂量添加，连续投喂5～7d。

（三）幼体肠道细菌病

【病原】病原为一种革兰氏阳性杆菌。

【症状和病理变化】患病幼体游动缓慢，趋光性差，严重者下沉水底。镜检，低倍镜下可见幼体胃部有成团的淡黄色菌落，高倍镜下可见细菌排列整齐、不动，菌落外有薄膜包围。在疾病的后期可看到幼体的体表有污物附着，中肠内或组织中有时有细菌游动，这些游动的细菌可能是继发感染的其他细菌。

【流行情况】该病发病率和死亡率都很高，一个育苗池的幼体在发病后2～3d的死亡率可高达95%以上。一般从溞状幼体Ⅲ期开始发病，到糠虾幼体Ⅲ期时，大部分幼体死亡。

【诊断方法】根据症状、病理变化及流行情况进行初步诊断；确诊必须进行病原分离与鉴定。

【防治方法】

（1）育苗池及一切育苗设施和工具均应用漂粉精彻底消毒。

（2）青霉素和链霉素合剂，各占50%，加水溶解后，全池泼洒，使池水成合剂的浓度为2～3mg/L，每12h泼1次，连泼3～5d。

（四）烂鳃病

【病原】已见报道的病原有弧菌、假单胞菌、气单胞菌等。

【症状和病理变化】病虾浮于水面，游动缓慢，反应迟钝，厌食，最后死亡。鳃丝呈灰色、肿胀、变脆，严重时鳃尖端溃烂，溃烂坏死的部分发生皱缩或脱落。有的鳃丝在溃烂组织与尚未溃烂组织的交界处形成一条黑褐色的分界线。

【流行情况】该病可发生在各种养殖对虾，高温季节易发病，可引起对虾死亡。烂鳃病发病率较低，但已烂鳃的虾很少成活。

【诊断方法】剪取少量鳃丝，用镊子分散后做成水浸片，在低倍显微镜下观察溃烂情况，再用高倍镜观察鳃丝内的细菌。

【防治方法】同红腿病。

（五）烂眼病

【病原】养成期烂眼病是由非01群霍乱弧菌引起。

【症状和病理变化】病虾行动呆滞或狂游，肌肉逐渐变为白色不透明；眼球肿胀，由黑色变为褐色，进而溃烂，只剩下眼柄，细菌侵入血淋巴后，变为菌血症而死亡。

【流行情况】该病发生季节为7—10月，但以8月最多，感染率一般为30%～50%，死亡率不高，但严重影响生长。越冬亲虾的烂眼病同样发生在全国各越冬点，感染率达90%以上，死亡率为40%～50%。

【诊断方法】肉眼观察眼球的颜色和溃烂情形，就可做出初步诊断。确诊必须刮取眼睛的溃烂组织和液体，直接在显微镜下检查，以确定病原是细菌还是真菌。

【防治方法】

（1）养成池在放养虾前要彻底清淤和消毒，养成期保持水质清洁。亲虾越冬池放养虾前要彻底洗刷消毒，越冬期经常吸除池底污物，并加强换水，控制暗光以减少亲虾游动。

（2）发病池塘外用氯制剂、碘制剂或溴制剂等，按照使用说明使用；内服土霉素、磺胺甲基嘧啶或根据药敏试验结果选择抗生素，按照说明书的剂量添加，连续投喂5～7d。

（六）幼体弧菌病

【病原】鳗弧菌、海弧菌、溶藻酸弧菌、副溶血弧菌、假单胞菌和气单胞菌。

【症状和病理变化】患病幼体游动不活泼，趋光性差，易沉于池底。有些病情进展缓慢的幼体，在体表和附肢上往往黏附许多单细胞藻类、原生动物和有机碎屑等污物。

【流行情况】以溞状幼体Ⅱ期以后发病率最高。对虾幼体的弧菌病一般是急性型的，发现疾病后1～2d就可使几百万的幼体死亡，甚至使全池幼体死亡，造成重大经济损失。

【诊断方法】根据症状、病理变化及流行情况进行初步诊断；确诊必须进行病原分离与鉴定。

【防治方法】

（1）严格选择和处理产前亲虾，缩短产卵和孵化时间，改善孵化环境。

（2）育苗池必须洗刷干净并用高锰酸钾溶液或漂白粉溶液彻底消毒。

（3）土霉素按每千克鸡蛋0.5～1g，混合均匀，蒸成蛋糕投喂，连喂3d。也可用复方新诺明按0.1%～0.2%的比例混入饲料中投喂。

（七）荧光病

【病原】弧菌。

【症状和病理变化】发病初期幼体活动能力下降，游于水的中下层，糠虾及仔虾弹跳无力，趋光性差，摄食减少或不摄食；身体发白，尤其是头胸部呈乳白色；濒死或死亡的幼体在夜间或黑暗处会发荧光，成体发病先是在鳃头胸部、腹部的腹面发出荧光，严重时全身均发出荧光。

【流行情况】幼体发病多在5—7月，尤以5—6月雨季为发病高峰期。自1986年以来，我国南方沿海的许多对虾育苗场几乎年年发生。几天内能使池虾死亡80%～90%，甚至全部死亡。该病发病急，传播快，致死率极高，防治十分困难。

【诊断方法】间接酶联免疫吸附测定法检测。

【防治方法】同对虾幼体弧菌病。

（八）丝状细菌病

【病原】毛霉亮发菌和发硫菌。

【症状和病理变化】丝状细菌附着在对虾的卵、各期幼体、成虾的鳃和体表各处，但并不侵入宿主组织，不会从虾体上吸取营养成分，因此不属于寄生物。但是有人认为亮发菌对于虾体有毒害作用。附着在对虾鳃上时，成丛的菌丝布满鳃丝表面，菌丝之间还往往黏附着许多原生动物、单细胞藻类、有机物碎屑或其他污物，因而使鳃的外观呈黑色。

【流行情况】丝状细菌不仅着生在各种对虾及其各个生活时期，而且着生在海水鱼类的卵上，其他虾、蟹等多种海产甲壳类的各个生活阶段以及海藻上都可发现。丝状细菌的发生没有明显的季节性，但主要发生在8—9月的高温季节。分布的地区几乎是世界性的。

【诊断方法】育苗池中，发现水中有大量鼻涕状的黏附物，即可做出判断。但要确诊必须在高倍显微镜下仔细观察菌丝的构造。

【防治方法】

（1）在放养以前彻底清除池底淤泥并用生石灰或漂白粉消毒。

（2）发病时，最好的方法是加大换水量。用0.5mg/L漂粉精溶液或0.5～0.7mg/L高锰酸钾溶液全池泼洒，有一定疗效。

三、贝类细菌性疾病

（一）牡蛎幼体细菌性溃疡病

【病原】鳗弧菌和溶藻酸弧菌，可能还有气单胞菌属和假单胞菌属的种类。

【症状和病理变化】牡蛎活动能力明显降低，突然大批死亡。镜检发现体内有大量病菌，面盘不正常，组织溃疡、崩解。

【流行情况】牡蛎幼体受细菌的感染，疾病的发生和发展都很迅速。弧菌是机会致病菌。各地育苗场在培育各种牡蛎苗时，都可能发生此病。

【诊断方法】诊断方法除用显微镜检查病菌外，还可用荧光抗体法鉴定病原的种类。

【防治方法】

（1）保持水质清洁卫生，加强水体和沉积物的细菌学检查。

（2）单独或联合使用过滤、臭氧和紫外光线消毒育苗用水。

（3）用10mg/L复合链霉素全池泼洒。但一旦幼体出现症状，泼洒抗生素也无效。

（二）幼牡蛎弧菌病

【病原】弧菌。

【症状和病理变化】患病的幼牡蛎壳畸形，右壳比左壳大，呈杯形，壳沉淀钙化不均匀，壳周边具有大而清晰的未钙化的几丁质区，常常与壳瓣分离。细菌深入到韧带中，镜检可在韧带中发现细菌。消化管内无食物，肠腔中有脱落的细胞。

【流行情况】此病发生在美国的美洲巨蛎和欧洲牡蛎幼体，死亡率可达 20%～70%。传染途径可能是附着基物上有细菌繁殖，幼牡蛎附着后壳先受到感染，再进入韧带、外套膜和鳃，最后全身感染而死亡。

【诊断方法】根据壳的外观形态和韧带的病理组织学检查就可确诊。

【防治方法】

（1）养殖设施应刷洗和药物消毒。

（2）将已感染的种群用浓度为 10mg/L 次氯酸钠溶液浸洗 1min 后，立即用海水冲洗干净。

（三）海湾扇贝幼体弧菌病

【病原】鳗弧菌和溶藻酸弧菌等。

【症状和病理变化】幼体下沉，活动力降低，突然大批死亡。镜检患病幼体可见有细菌游动。

【流行情况】幼体与病原接触 4～5h 后就出现疾病症状。8h 开始死亡，幼体组织坏死和消散，一般在 18h 内幼体 100%死亡。此病报告自美国东北岸海湾扇贝。

【诊断方法】从濒死的或已死的幼体中分离出弧菌。

【防治方法】

（1）保持水质优良，对水质和沉淀物做常规的细菌学检查。

（2）用链霉素或复合链霉素治疗，但一旦出现症状和幼体开始死亡时，抗生素已无效，而且抗生素可使幼体停止吃食，并且使用过量时可引起死亡。

（四）鲍弧菌病

【病原】溶藻酸弧菌。

【症状和病理变化】患病个体活力降低，足上皮组织脱落，濒死的个体对机械刺激无反应，身体褪色，触手软弱无力，内脏团萎缩，足缩回。在血液中可发现活动的细菌。

【流行情况】蓄养的鲍因为在捕捞时受伤，伤口感染细菌后化脓。从幼体变态后到 10mm 大小的红鲍发生持久性死亡，有时出现死亡高峰，25～27℃时为发病高峰期。病变一般从上皮组织开始，引起细胞脱落，再侵入足、上足和外套膜。细菌往往聚集在组织的血窦中和神经纤维鞘内。

【诊断方法】从池底发现已死幼鲍的空壳和濒死个体，根据上述症状即可确诊。

【防治方法】

（1）培育幼鲍要保持适宜的环境条件，防止充氧过多或高温。

（2）蓄养的鲍在捕捞时尽量小心，防止受伤。

（3）用1%复方新诺明海水溶液浸洗5min，或用5%海水溶液涂洗伤口，处理后，将鲍置于空气中10～15min，使药液充分渗入病灶后，再放回海水中饲养，必要时翌日重复1次。

（五）文蛤弧菌病

【病原】溶藻弧菌、副溶血弧菌等多种弧菌感染引起的细菌性贝病。

【症状和病理变化】患病文蛤退潮后不能潜入沙中，闭壳肌松弛无力，壳缘有许多黏液；软体部十分消瘦，肉色变红，外套膜发黏，紧贴于贝壳上。

【流行情况】该病发病迅速，可造成文蛤急性大批死亡。流行季节8—11月，尤其是9—10月，不分潮位高低及文蛤大小，都会发生死亡，死亡高峰大多在海水较差的小潮期，11月水温下降后，死亡即停止。

【诊断方法】根据症状、病理变化进行初步诊断，确诊必须进行病原菌分离、鉴定。

【防治方法】

（1）选择好暂养场地。要选择大潮流畅通、滩涂平坦的中潮区中部，而又无藤壶及绿藻繁生的海区。

（2）缩短采捕、移养的间隔时间，尽量做到当天采捕当天放养。

（3）不从疫区移养苗种和成贝，最好进行浸浴消毒。

（六）鲍脓疱病

【病原】河流弧菌Ⅱ。

【症状和病理变化】病鲍可见足肌上有多处微微隆起的白色脓疱，随着病情加重，脓疱破裂后形成2～5mm深的孔状创面，并有脓液溢出，继而创面周围的肌肉溃烂坏死。发病后期，病鲍基本停止摄食，此时的鲍附着能力下降，食欲下降，直至从波纹板上脱落水中，饥饿而死。

【流行情况】该病主要感染3～5cm的稚幼鲍，夏季连续高温季节发病频繁，持续时间长，死亡率高，造成的经济损失极其严重。

【诊断方法】根据症状可做出诊断；确诊必须对病原菌进行分离鉴定。

【防治方法】

（1）选用健康亲鲍育苗，避免亲鲍携带病原菌。

（2）在脓疱病暴发期间，使用6mg/L复方新诺明药浴3h，每天1次，连用3d为一疗程，隔3～5d再进行下一疗程。

（七）三角帆蚌气单胞菌病

【病原】嗜水气单胞菌嗜水亚种。

【症状和病理变化】刚发病时，蚌体内大量黏液排出体外，出水孔喷水无力，排粪减少，两壳微开，斧足有时残缺或糜烂。重症时，蚌体消瘦，闭壳肌失去功能，两壳开张，胃中无食，晶杆体缩小或消失，斧足突出外露，用手触及病蚌腹缘，仅有轻微的闭壳反应，且随即松弛，不久死亡。外套膜边缘变形肿大，以至褶纹消失。

【流行情况】该病主要危害2～4龄的三角帆蚌。流行于4—10月，5—7月为发病高峰。

流行面广，遍及我国华东各省、市。具有发病快、病程长、发病率及死亡率高可达 65%～90%的特点，危害极为严重。

【诊断方法】根据症状、病理变化进行初步诊断；确诊必须从肝分离病原，进行鉴定。

【防治方法】

（1）清除池塘中过多的淤泥，用生石灰 200mg/L 或漂白粉溶液 20mg/L 消毒。

（2）选择健壮的蚌做手术蚌，提高插片技术，注意无菌操作。插片后，将手术蚌在抗生素溶液中药浴 10min。

（3）发病池泼洒三氯异氰尿酸，浓度为 0.3mg/L，每天 1 次，连用 2～3d。1 周后，全池泼洒生石灰浆，浓度为 30mg/L。

第三节　真菌性疾病和寄生藻类疾病

真菌是具有细胞壁、真核的单细胞或多细胞体。危害水生动物的主要是藻菌纲的一些种类，如水霉、绵霉、鳃霉、鱼醉菌、链壶菌、离壶菌、海壶菌等，同时还有半知菌类的镰刀菌，以及丝囊霉菌等。真菌病危害水生动物的卵、幼体及成体。目前对真菌病尚无理想的治疗方法，主要是进行预防及早期治疗，有些种类还是口岸检疫对象。

一、真菌性疾病

（一）鱼类真菌性疾病

1. 水霉病

【病原】在我国淡水水生动物的体表及卵上发现的水霉共有 10 余种，其中最常见的是水霉和绵霉两个属的种类。菌体为没有横隔，有分支、多核透明的丝状体。菌丝体的一部分菌丝纤细，分支较多，如树根一样从宿主的损伤组织处深入到皮肤和肌肉内，称为内菌丝，有固着和吸收营养物质的作用。另一部分菌丝伸出宿主体外，称为外菌丝，菌丝较粗，分支少，长度可达 3cm 左右，形成肉眼可见的灰白色的絮状物。

水霉和绵霉的繁殖方式有无性繁殖和有性繁殖两种（图 5-1），都是以产生孢子的方式进行繁殖。无性繁殖产生的孢子为厚垣孢子和动孢子，有性繁殖产生的孢子为卵孢子。

水霉属无性繁殖时，外菌丝末端膨大成棒状，原生质聚集其中，并产生横隔与下部菌丝分开，形成动孢子囊。囊中稠密的原生质不久分裂成很多单核的动孢子。水霉属的动孢子成熟后从动孢子囊顶端开口逸出，呈梨形，有 2 根鞭毛，位于孢子的顶端。在水中作短暂的游动后，附着在基物上，静止不动，分泌一层孢子壁形成孢孢子（静孢子）。孢孢子静止一段时间后，原生质从孢子壁内钻出成为第二动孢子，第二动孢子呈肾形，在侧面凹陷处有 2 根鞭毛，在水中游动。当遇到宿主并附着在其伤口组织处时，分泌细胞壁形成第二孢孢子（第二静孢子）。第二孢孢子休眠一段时间后，萌发形成新的菌丝。新形成的动孢子囊可以从原来的孢子囊壁内生出，为内生孢子囊。

绵霉属与水霉属的菌丝基本相同，但其动孢子的发育与水霉属不同，绵霉的动孢子形成后排出在孢子囊顶端的开口处，没有鞭毛，聚集成团，即不形成第一动孢子。另外，绵霉的再生动孢子囊一般从原来孢子囊壁的侧面生出，为侧生孢子囊。

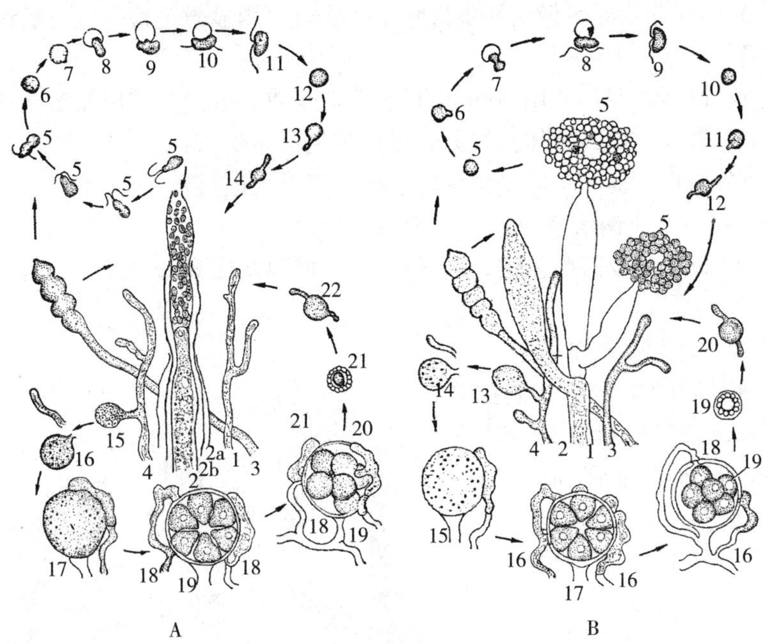

A. 水霉属生活史：1. 外菌丝　2. 动孢子囊　3. 厚垣孢子及其菌丝　4. 产生雌雄性器官的菌丝　5. 第一动孢子　6. 第一孢孢子（静止）　7～10. 第二游动孢子萌发　11. 第二游动孢子　12. 第二孢孢子　13、14. 第二孢孢子萌发　15、16. 未成熟的藏卵器和雄器　17. 藏卵器中多数的核退化，存留的核分布在周缘　18. 成熟的雄器　19. 藏卵器中未成熟的卵球　20. 藏卵器中卵球已受精和卵孢子形成　21. 卵孢子　22. 卵孢子萌发

B. 绵霉属生活史：1. 外菌丝　2. 孢子囊　3. 厚垣孢子　4. 产生雌雄性器官的菌丝　5. 第一孢孢子（静止）　6～8. 第二游动孢子萌发　9. 第二动孢子　10. 第二孢孢子　11、12. 第二孢孢子萌发　13、14. 未成熟的藏卵器和雄器　15. 藏卵器中多数的核退化，存留的核分布在周缘　16. 成熟的雄器　17. 藏卵器中未成熟的卵球　18. 藏卵器中卵球已受精和卵孢子形成　19. 卵孢子　20. 卵孢子萌发

图 5-1　水霉生活史

（湖北省水生物研究所，1973. 湖北省鱼病病原区系图志）

水霉属和绵霉属的外菌丝，在经过一个时期的动孢子形成以后，或由于外界环境条件不适合时，会在菌丝梢端或中部生出横隔，形成抵抗不良环境的厚垣孢子，呈念珠状或分节状，当环境条件转好时，这些厚垣孢子又直接发育成动孢子囊。

有性繁殖时，在外菌丝形成藏卵器和雄器后，藏卵器中的原生质分裂，每个核周围包一层细胞质，形成卵球，雄器中的核也进行了分裂。雄器黏附或缠绕在藏卵器上，并长出芽管穿通藏卵器，将雄核注入藏卵器中并与卵球结合，形成卵孢子，并分泌双层卵壁包围，经3～4 个月的休眠期后，萌发成具有短柄的动孢子囊或菌丝。

【症状和病理变化】疾病早期，肉眼看不出症状，当发展到肉眼能看出症状时，菌丝不仅在伤口侵入，且已向外长出外菌丝，似灰白色棉毛状，故俗称生毛或白毛病。病鱼焦躁不安，与其他固体物发生摩擦，游动迟缓，食欲减退，最后衰竭而死。鱼卵在孵化时被感染后，外菌丝呈放射状向外伸出，鱼卵呈灰白色绒球状（彩图 5-27 至彩图 5-29）。

【流行情况】此类霉菌属腐生性，分布很广，我国各养鱼地区水体中都有，水温在 5～26℃均可繁殖，适宜繁殖水温为 13～18℃，一年四季都有此病出现，对寄主也无严格的选择性，各种饲养鱼类、虾、蟹以及鳖等，从卵到各龄鱼都可感染，活的受精卵和未受伤的鱼一般不被感染。

【诊断方法】根据症状即可做出初步诊断，必要时可用显微镜检查进行确诊。

【防治方法】

（1）除去池底过多淤泥，并用200mg/L生石灰浆或20mg/L漂白粉溶液消毒。

（2）加强饲养管理，提高鱼体抵抗力，尽量避免鱼体受伤。

（3）加强亲鱼培育，提高鱼卵受精率，选择晴朗天气进行繁殖。

（4）用2%～3%氯化钠溶液浸洗病鱼5min。

（5）全池遍洒氯化钠及碳酸氢钠合剂（1∶1），使池水成8mg/L的浓度。

2. 鳃霉病

【病原】该病病原为鳃霉（图5-2）。我国有两种不同的类型：寄生在草鱼鳃上的鳃霉，菌丝较粗直而少弯曲，分支很少，不进入血管和软骨，仅在鳃小片的组织生长；寄生在青鱼、鳙、鲮、黄颡鱼鳃上的鳃霉，菌丝较细，常弯曲成网状，分支特别多，分支沿鳃丝血管或穿入软骨生长，纵横交错，充满鳃丝和鳃小片。

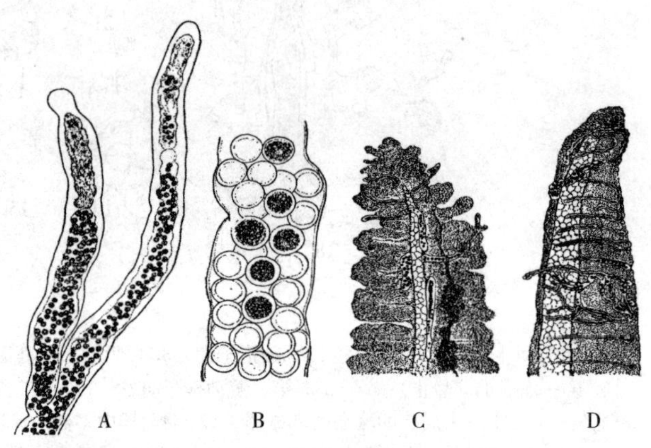

A. 形成动孢子囊和动孢子的菌丝　B. 动孢子囊一段
C、D. 寄生在鳃组织内的菌丝分布情形

图5-2　鳃霉

（湖北省水生物研究所，1973. 湖北省鱼病病原区系图志）

【症状和病理变化】初期无明显症状，病鱼失去食欲，呼吸困难，游动缓慢，鳃上黏液增多。当附着于鳃的孢子发育成为菌丝，菌丝向内不断伸展，一再分支后，破坏组织，堵塞血管，引起血液循环障碍，鳃瓣失去正常的鲜红色，呈粉红色或苍白色或花鳃，鳃小片肿大，充血、出血，随着病情的发展，整个鳃呈青灰色。

【流行情况】该病主要危害鲮、草鱼、青鱼、鳙、黄颡鱼等鱼类的鱼苗、鱼种。广东有些地区鲮鱼苗的发病率达70%～80%，死亡率高达90%以上；主要流行于5—10月，尤以5—7月为甚；当水质恶化，特别是水中有机质含量高时，容易暴发此病，在几天内可引起病鱼大批死亡。我国的广东、广西、湖北、浙江、江苏、辽宁等地均有该病流行。

【诊断方法】用显微镜检查病鱼鳃，当发现鳃上有大量鳃霉寄生时，即可做出诊断。

【防治方法】目前尚无有效治疗方法，主要是采取预防措施。

（1）清除池中过多淤泥，用浓度为200mg/L生石灰浆或20mg/L漂白粉溶液消毒。

（2）加强饲养管理，定期注入清水，保持水质清新，发病时加大换水量，改善水质。

3. 虹鳟内脏真菌病

【病原】蛙粪霉、异枝水霉、半知菌类等真菌。

【症状和病理变化】发病初期无明显变化，随着病情的发展，病鱼体色发黑，反应迟钝，腹部膨大。剖开鱼腹，用显微镜检查，可见消化管、肝、脾、肾、鳔、腹腔、体壁内有大量真菌寄生，并在消化道内大量繁殖后，菌丝穿过肠壁进入腹腔及内脏器官，严重时菌丝穿过腹腔壁向外生长。

【流行情况】该病主要危害体长为3cm左右的虹鳟稚鱼，体长4.5cm以上者几乎不发病。流行水温为7～11℃。该病常与病毒病并发，死亡率可达100%。单独发病时死亡率一般为15%～20%。

【诊断方法】根据症状及流行情况做出初步诊断，再用显微镜检查患处，如发现有大量真菌寄生，即可确诊。

【防治方法】目前尚无有效治疗方法，主要是进行预防，预防措施同鳃霉病。

4. 鱼醉菌病

【病原】霍氏鱼醉菌。在鱼组织内看到的主要有两种形态，一般为球形合胞体；另一种是胞囊破裂后，形成的内生孢子。

【症状和病理变化】病鱼一般表现为体色发黑，腹部膨大，眼球突出，脊椎弯曲，大多内脏及肌肉都有白色的结节。皮肤被大量寄生时，密布白点；寄生于卵巢时，鱼体丧失繁殖能力；寄生于神经系统时，导致鱼失去平衡，在水中作翻滚运动。病灶处随着菌体的发育发生炎症或坏死，形成疖疮或溃疡。

【流行情况】该病已在80余种海、淡水鱼类中发现，周年发病，一般不会引起急性批量死亡，稚鱼及成鱼均能感染，流行于春夏季节，发病水温为10～15℃。感染方法，一种是通过摄食病鱼或病鱼的内脏而引起；另一种为由鱼直接摄取球形合胞体或摄入某种媒介（如蜇水蚤等）被鱼而引起。

【诊断方法】根据外部症状及内脏组织发现多核球状体做出初诊；在病鱼病灶处发现菌丝体可确诊。

【防治方法】目前尚无有效治疗方法，主要以预防为主。

（1）鱼池要清除过多淤泥，并用生石灰清塘。

（2）加强检疫制度，不从疫区运进鱼饲养。

（3）及时清除死鱼及病鱼，对发病池进行干池、曝晒及消毒处理。

5. 流行性溃疡综合征

【病原】丝囊霉菌，但病毒和细菌在继发感染中给病鱼造成进一步的损伤。

【症状和病理变化】患病鱼早期不吃食，鱼体发黑，在体表、头、鳃盖和尾部可见红斑；后期会出现浅部溃疡，并常伴有棕色的坏死灶，大多数鱼在这个阶段就会死亡。对于特别敏感的鱼（如乌鳢），损伤会逐渐扩展加深，以至达到身体较深的部位，使活鱼的脑部或内脏暴露出来。

【流行情况】该病是流行于野生及养殖的淡水鱼与半咸水鱼的季节性疾病，往往在低水温时和大雨之后发生，流行于日本、澳大利亚，以及东南亚、西亚等地。

【诊断方法】主要依据临床症状并通过组织学方法确诊。

【防治方法】大型水体在发病条件下控制该病几乎不可能。若该病在小水体和封闭水体里暴发，通过消除病鱼、用生石灰消毒池水、改善水质等方法，可以有效降低死亡率。

（二）虾蟹、贝类真菌性疾病

1. 对虾卵和幼体的真菌病

【病原】链壶菌属、离壶菌属及海壶菌属。这3属的病原都寄生在对虾的卵或幼体内，但在稚虾以至成虾上均未发现。

链壶菌的菌丝细长、弯曲、分支、不分隔，直径7.5～40μm。通过成熟的菌丝体所产生的大量游动孢子排放到水中而感染新的个体（图5-3）。离壶菌与链壶菌的菌丝没有多大区别，其主要区别在孢子排放管，孢子从管端的开孔处直接排放于水中，不形成顶囊（图5-4）。

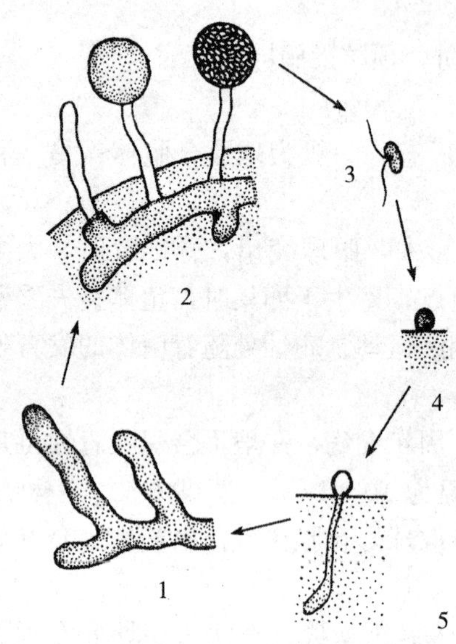

1. 菌丝　2. 从一部分菌丝上生出排放管，并在管端形成顶囊　3. 从顶囊中放出的游动孢子　4. 休眠孢子　5. 休眠孢子萌发成菌丝，伸入宿主组织内

图5-3　链壶菌的生活史示意

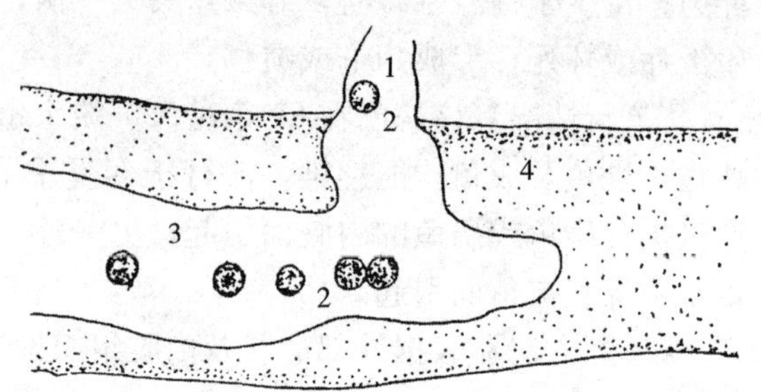

1. 排放管　2. 动孢子　3. 菌丝　4. 受感染的附肢一部分

图5-4　对虾幼体附肢中的离壶菌

【症状和病理变化】受感染的对虾幼体，开始时游泳不活泼，以后下沉于水底，不动，仅附肢或消化道偶尔动一下；受感染的卵很快就停止发育。一般在发现疾病后24h以内，卵和幼体就大批死亡，并在已死的宿主体内充满了菌丝。

【流行情况】该病主要危害虾卵和幼体，最容易受害的是溞状幼体和糠虾幼体，感染率100%，死亡率100%。此病从育苗期间的发病率、感染率和死亡率来看，其危害性仅次于对虾幼体的弧菌病。

【诊断方法】将卵或游动不活泼的幼体做成水浸片，用显微镜检查确诊。

【防治方法】

（1）育苗前池塘应彻底消毒。

（2）产卵亲虾在产卵前先用2～3mg/L亚甲基蓝浸洗24h。

2. 镰刀菌病

【病原】镰刀菌。菌丝呈分支状，有分隔。生殖方法是形成大分生孢子、小分生孢子和厚膜孢子（图5-5）。

【症状和病理变化】病虾游动缓慢，反应迟钝，濒死的个体侧卧于池底。镰刀菌寄生在鳃、头胸甲、附肢、体壁和眼球等处的组织内，被寄生处的组织有黑色素沉淀，甲壳坏死、变黑、脱落，如烧焦状。

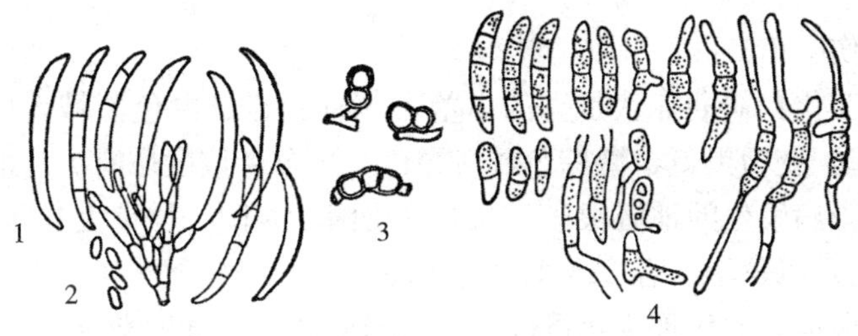

1. 大分生孢子　2. 小分生孢子　3. 厚垣孢子　4. 发芽

图 5-5　镰刀菌（腐皮镰刀菌）

【流行情况】镰刀菌是虾、蟹类的一种危害很大的条件致病性真菌，其宿主种类和分布地区都很广。在海水中的各种对虾、龙虾和一些蟹类都可被感染，感染率高达 70%，累计死亡率 90%。我国目前主要发生在人工越冬亲虾，对虾养殖期很少见。

【诊断方法】根据症状，并镜检发现病灶处有大量镰刀菌寄生，即可做出诊断。

【防治方法】目前尚无有效药物可以治疗镰刀菌病。

（1）在感染初期，尚未出现明显症状时，用制霉菌素每立方水体 2 000 万 U，可以抑制镰刀菌的生长发育，降低死亡率。

（2）放养前用 7mg/L 二氯异氰尿酸钠消毒处理 10min，可有效杀死池内分生孢子。

（3）亲虾进入越冬池前用 20～30mg/L 的高锰酸钾洗 5min，并严防虾体受伤。

（4）用经过消毒和过滤无镰刀菌污染的水源培育亲虾。

3. 牡蛎幼体离壶菌病

【病原】动腐离壶菌。

【症状和病理变化】菌丝在牡蛎幼虫内弯曲生长，有少数分支。被感染的牡蛎幼体不久就停止生长和活动，很快死亡，少数幸存者可获得免疫力。

【流行情况】根据报道，离壶菌可引起美洲巨蛎的各期幼体和硬壳蛤的幼体大批死亡。

【诊断方法】诊断时可将牡蛎幼体做成水浸片镜检，发现组织内有菌丝存在；也可将患病的幼体放入溶有中性红的海水中，则真菌菌丝的染色比幼虫组织深，更容易鉴别。

【防治方法】目前尚无有效的治疗方法，主要进行预防。

（1）育苗用水严格过滤或用紫外线消毒。

（2）将患病的牡蛎幼体全部销毁，并消毒容器以防蔓延。

4. 鲍海壶菌病

【病原】密尔福海壶菌。

【症状和病理变化】病鲍的外套膜、上足和足的背面产生许多隆起，隆起内含有成团的菌丝。

【流行情况】海壶菌的繁殖适宜温度为 11.9～24.2℃，流行季节为春季至夏初及秋末至冬初。我国沿海一些鲍养殖场或蓄养场曾有该病发生。

【诊断方法】剪取病鲍外套膜、上足或足背面的隆起，做成水浸片，在显微镜下检查发现菌丝基本就可确诊。要做真菌种类的鉴定，必须进行人工培养。

【防治方法】尚无有效治疗方法。用 1mg/L 次氯酸钠溶液可杀死海水中的游动孢子，有预防的效果。

5. 壳病

【病原】绞纽伤壳菌。

【症状和病理变化】初期症状是壳的内壁表面有云雾状白色区域，以后白色区域形成1个或几个疣状突起，变为黑色、微棕色或淡绿色，严重者该区域有大片的壳基质沉淀。

【流行情况】壳病发生的地区很广，荷兰、法国、英国、加拿大和印度等国均发生此病。主要侵害欧洲牡蛎，以秋季水温22℃以上发病率最高。

【诊断方法】根据壳的病理变化可以初诊，确诊必须通过种类鉴定。

【防治方法】无报告。

二、寄生藻类疾病

(一) 卵甲藻病

【病原】嗜酸性卵甲藻（又称嗜酸性卵鞭虫）。寄生在鱼体上的嗜酸性卵甲藻的营养体，成熟个体呈肾形，大小为（102～155）μm×（83～130）μm。营养体成熟后不久即开始分裂并形成游泳子，其大小为（13～15）μm×（11～13）μm，有横沟与纵沟，并各伸出一根鞭毛，推动虫体在水中游动，接触鱼体后，失去鞭毛，逐渐发育成新的个体（图5-6）。

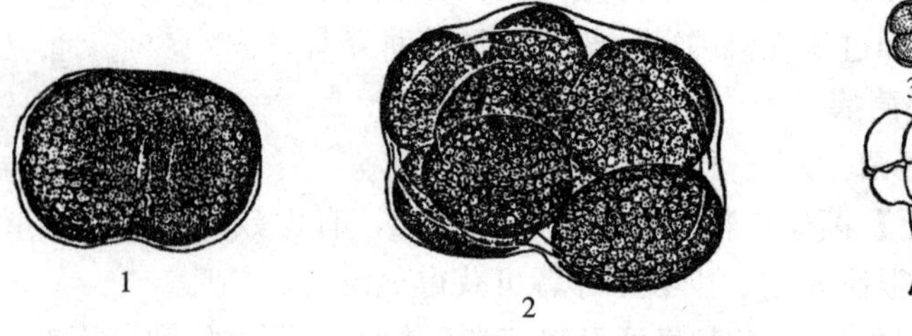

1. 成熟个体　2. 正在进行第三次分裂
3. 第七次分裂后的1/128个体，又一分为二　4. 自由游泳的两个游泳子

图5-6　嗜酸性卵甲藻

（中国淡水鱼经验总结委员会，1973. 中国淡水鱼类养殖学）

【症状和病理变化】发病初期，病鱼在水中拥挤成团，并分成小群在水面转圈式环游。病鱼体表黏液增多，背鳍、尾鳍及背部出现白点，略似小瓜虫病的症状，但该病的白点之间有红色充血斑点，尾部特别明显。随着病情的发展，白点遍布全身及鳃内，病鱼像包裹了一层米粉，故有“打粉病”之称。虫体脱落处，皮肤发炎、溃烂，或继发性感染水霉。

【流行情况】该病发生在酸性水域中，在pH 5～6.5、水温22～32℃、放养密度大、缺乏饵料的池中容易暴发。流行季节为夏、秋两季，鲤科鱼类均可感染。在江西、广东、福建等省较为流行。

【诊断方法】根据各鳍和体表有无小白点可以做出初步诊断，通过显微镜检查确诊。

【防治方法】

（1）发生过此病的池塘，可用生石灰清塘，以改善池塘环境，使池水呈碱性。

（2）发病池塘定期全池泼洒生石灰浆，浓度为15～30mg/L。

（二）淀粉卵甲藻病

【病原】眼点淀粉卵甲藻（又称为眼点淀粉粒卵鞭虫）。寄生在鱼体上的是淀粉卵甲藻的营养体。营养体呈梨形、卵形或球形，大小为 20～150μm；虫体内有许多淀粉粒和食物泡；一端有几条细长的假根状突起，用以固着到鱼体上以吸取营养；在假根突起的附近有一个长形红色的眼点和一条口足管。营养体成熟后形成包囊，包囊继续发育为游泳子并在水中短时间游泳，遇到新寄主就寄生上去，脱去鞭毛，发育成营养体（图 5-7）。

【症状和病理变化】淀粉卵甲藻主要寄生在鱼的鳃上、皮肤和鳍等处，形成许多小的白点。病鱼浮于水面，游动迟缓，鳃呈灰白色，口不能闭合，常呈吐水状，因呼吸困难而死。

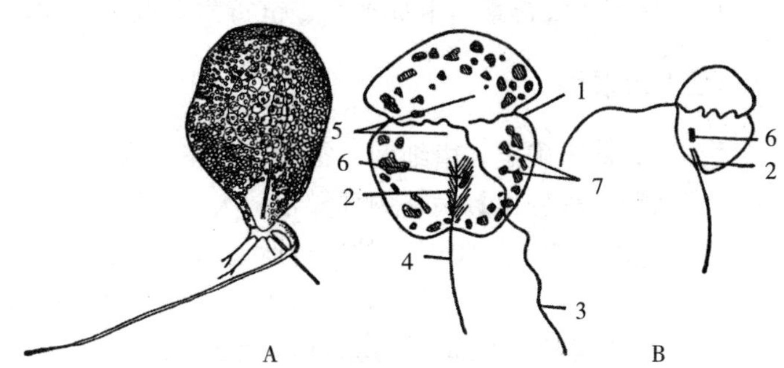

A. 营养体　B. 游泳子
1. 横沟　2. 纵沟　3. 横鞭毛　4. 纵鞭毛　5. 藏核的透明腔
6. 眼点　7. 折光性颗粒
图 5-7　眼点淀粉卵甲藻

【流行情况】淀粉卵甲藻呈世界性分布，主要侵害多种海水鱼类和半咸水鱼类，水族馆中的鱼类最容易发生。山东、广东养殖的海马、黑鲷、石斑鱼以及真鲷和鲈等，常因该病引起大批死亡。在水温 20～30℃、盐度 30 左右时容易发生。

【诊断方法】根据各鳍和体表有无小白点可以做出初步诊断，通过显微镜检查可以确诊。

【防治方法】

（1）鱼种放养前用淡水浸洗 2～3min，隔 3～4d 重复 1 次，可预防此病的发生。

（2）硫酸铜。全池泼洒浓度为 0.8～1mg/L；浸洗浓度为 10～12mg/L，药浴 10～15min，每天 1 次，连续 3～4d。

第四节　其他水生动物微生物性疾病

一、鳖的疾病

（一）鳖红脖子病

【病原】该病的病原目前有多种说法：有学者认为由细菌引起，有人认为由病毒引起，还有人认为由细菌与弹状病毒共同引起。

【症状和病理变化】病鳖初期咽喉部充血、红肿、食欲差，反应迟钝，腹甲充血，少数鳖颈部溃烂、坏死；中后期鳖颈部充血红肿，不吃食，常爬上岸，脖子伸缩困难。有的病鳖周身水肿，腹甲严重充血，甚至出血、溃疡，体表多疤痕；出现多个大小不一的红斑，并逐渐溃烂；眼睛白浊，严重时失明，口腔、舌尖和鼻孔充血，甚至出血。剖检可见肠道内无食物，消化道黏膜出血。肝肿大，呈土黄色或灰黄色；肺有出血斑，脾肿大，心脏苍白，严重贫血，膀胱积水。

【流行情况】该病危害各种规格的鳖，尤其是成鳖。流行温度在18℃以上。该病的发病率高，死亡率可达20%～30%，最高可达60%。温室养殖一年四季均可发生。

【诊断方法】根据症状、流行情况及病理变化可做出初步判断，确诊必须分离鉴定病原。

【防治方法】

(1) 做好分级饲养，避免鳖互咬受伤，受伤的鳖不要放入池中。

(2) 定期用氯制剂、碘制剂或溴制剂等泼洒消毒，按照使用说明使用；内服土霉素、金霉素或磺胺类药物等药物，按照说明书的剂量添加，连续投喂5～7d。

(3) 注射庆大霉素、卡那霉素、链霉素等抗菌药物，剂量为每千克鳖体重20万U。

(二) 鳃腺炎

【病原】尚未确定，由细菌、霉菌或病毒引起。

【症状和病理变化】病鳖颈部异常肿大，但不发红；后肢窝隆起，全身浮肿，体表光滑；眼呈白浊状而失明；病鳖因水肿导致运动迟缓，不愿入水。发病后期还可见口、鼻流血。剖检可见：①鳃腺呈灰白色糜烂，胃部和肠道有大块暗红色淤血或凝固的血块；②鳃腺呈红色，糜烂程度较轻，胃部和肠道贫血，呈纯白色状，腹腔则积有大量的血水。

【流行情况】该病主要危害稚幼鳖。主要流行季节在5—6月，6月中下旬为发病高峰期，发病适温为25～30℃。

【诊断方法】根据症状、流行情况及病理变化可做出初步判断，确诊必须分离鉴定病原。

【防治方法】该病目前尚缺乏有效的治疗方法，主要进行预防。

(1) 用漂白粉等含氯消毒剂对鳖池泥沙、池壁和工具彻底消毒。

(2) 发现疫情，及时隔离病鳖，并用氯制剂、碘制剂或溴制剂等泼洒消毒，按照使用说明使用；内服庆大霉素，每千克鳖体重50～80mg，病毒灵10～20mg，连续投喂3～5d。

(三) 红底板病

【病原】由细菌或病毒引起。

【症状和病理变化】病鳖腹部有出血性红斑，重者溃烂；背甲无光泽，有沟纹，溃烂出血；口鼻发炎充血，舌呈红色，咽部红肿；肺充血，肝肿大，呈紫黑色，严重淤血，肾血管扩张，肠道发炎充血，内无食。病鳖不食，反应迟钝，一般数天后即死。

【流行情况】该病主要危害成鳖、亲鳖，传染性强，可导致成批死亡，一般每年越冬之后（4月）开始发病，5—6月是发病高峰季节。流行温度是20～30℃。

【诊断方法】根据症状、流行情况及病理变化可做出初步判断，确诊必须分离鉴定病原。

【防治方法】

(1) 用漂白粉等含氯消毒剂对鳖池泥沙、池壁和工具彻底消毒。

(2) 发现疫情，及时隔离病鳖，并用氯制剂、碘制剂或溴制剂等泼洒消毒，按照使用说明使用；内服土霉素：每千克鳖体重200mg，连续投喂3～5d；注射硫酸链霉素：每千克鳖用10万～15万U。

(四) 出血性肠道坏死症

【病原】细菌或病毒。

【症状和病理变化】病鳖底板大部分呈乳白色，头颈肿胀伸长，全身性水肿，背甲稍微发青。腹腔内大量积液，肌肉苍白无血，亲鳖的卵无血丝。肝、肾肿大，呈土黄色；胆囊肿大，结肠后段坏死，内壁脱落出血，血液常淤积在直肠中；雄性生殖器常脱出体外，雌性常见直肠中血液从泄殖腔排出体外，即便血。病鳖甚至到死亡前仍摄食正常，常因肠道出血而急性死亡。

【流行情况】该病是鳖较为严重、死亡率高、治疗难度大的疾病之一。主要危害成鳖、亲鳖和100～200g的幼鳖。该病流行时间长，春、夏、秋均可发生，主要流行季节是5—7月，6月为发病高峰，25～30℃是发病高峰期。

【诊断方法】目前仅能通过症状并结合流行季节与环境条件进行初步诊断；确诊要进行病原菌分离和电镜观察。该病与鳃腺炎症状较为相似，但有如下区别：

（1）该病鳃腺基本正常；而鳃腺炎则鳃腺充血糜烂，咽喉充血。

（2）鳃腺炎有全身浮肿症状；而该病体形则较正常。

（3）该病卵膜常有出血点或出血斑；而鳃腺炎则表现为苍白无光泽。

【防治方法】该病目前尚缺乏有效的治疗方法，主要进行预防。

（1）严格检疫，不从疫区引种，加强水质管理。

（2）发现疫情，及时隔离病鳖，并用氯制剂、碘制剂或溴制剂等泼洒消毒，按照使用说明使用；内服敏感等抗生素，按照说明书的剂量添加，连续投喂3～5d。

（五）腐皮病

【病原】嗜水气单胞菌、温和气单胞菌、假单胞杆菌等多种细菌。

【症状和病理变化】发病初期，鳖精神不佳，反应迟钝，腹甲轻度充血；后期，体表糜烂。该病病程较长，如患病鳖不发生继发性感染，可长期存活，少部分可自愈，但颈部感染和病程严重者，因活动能力弱，不摄食，短期内即死亡（彩图5-30、彩图5-31）。

【流行情况】该病主要危害高密度囤养育肥的0.2～1.0kg的鳖。该病发病率高，持续期长，危害较严重。流行季节是5—9月，7—8月是发病高峰季节。

【诊断方法】根据外部溃烂等症状即可判断，确诊必须进行病原分离与血清学试验。

【防治方法】

（1）放养时，要挑选体健、无病无伤、规格大小均匀的鳖，且合理搭配雌雄。入池前用药物浸洗。

（2）每隔15d用消毒药泼洒1次；每20d投喂抗菌药物1次，连续3～5d。控制养殖密度，及时分养，防止鳖受伤。

（3）病情较重的鳖，可采用以下防治方法：①用1%的龙胆紫涂抹溃烂处；②用抗菌剂浸浴30～48h；③注射抗菌剂。

（六）穿孔病

【病原】嗜水气单胞菌、普通变形杆菌等多种细菌。

【症状和病理变化】初期，稚鳖行动缓慢，少食。病鳖体表有白点或白斑，周围出血，揭出疮痂可见深的洞穴，严重者洞穴内有出血现象。疮痂不久便自行脱落，在原疮痂处留下一个个小洞，洞口边缘发炎，轻压有血液流出，严重时可见内腔壁。肠充血，肝呈灰褐色，肺呈褐色，脾肿大变紫，胆汁呈墨绿色。有的与腐皮病并发。

【流行情况】该病对各年龄段的鳖均有危害，全国养鳖地区均有发生，尤其是对温室养殖的幼鳖危害最大。该病的流行温度为25～30℃。

【诊断方法】背、腹甲有疮痂并见洞穴者基本为此病。

【防治方法】

（1）加强水质管理，投喂营养、适口的饵料，控制放养密度，防止鳖体受伤。

（2）用抗菌剂浸浴病鳖，及时隔离病鳖，并同时投喂抗菌剂连续1周。

（3）病重者可注射抗菌剂，养殖池用消毒剂全池泼洒。

（七）白斑病

【病原】不确定，初步认为是一群由真菌与多种细菌组成的微生物群体。

【症状和病理变化】该病有3种表现型：①白点型。病鳖体表出现芝麻大小的白点，白点不断扩展；病鳖食欲差，或狂游，或静卧；鳖死亡快，死亡率高。②白斑型。病鳖体表出现一块块不规则的白斑，白斑处肌肉溃烂，有少量脓液；病鳖不肯入水，反应迟钝；病鳖2～3d内即会死亡。③白云型。病鳖大片表皮溃烂，呈灰白色，常转为慢性，病鳖死亡减缓，可形成溃疡症。以上三种表现型可交叉同时出现，但以一种为主，一般按"白点型—白斑型—白云型"的趋势发展。

【流行情况】该病主要危害5～20g的稚鳖，20～100g的幼鳖次之，100g以上和5g以下的鳖则较少得此病。流行季节为8—12月，9—11月为发病高峰期，流行温度是15～33℃，最适流行温度是23～30℃。

【诊断方法】目前仅能根据外观判断，如若在腹部、四肢或其他部位见到如芝麻大小白点或白点连成片的白斑，挑破可见白色脓液者可认为是该病。

【防治方法】

（1）细心操作，避免鳖体受伤，若受伤应及时用高锰酸钾溶液浸浴。

（2）要根据该病发展的各种表现型慎选药物。在白点型为主的发病池，应以使用抗霉剂为主；而以白斑型或白云型为主的发病池，则应以防治细菌病的方法进行处理。

（3）对于各表现型病鳖可用福尔马林全池泼洒，病鳖体外病灶用龙胆紫或磺胺类药物膏剂；或用高锰酸钾溶液全池泼洒。

（八）白毛病

【病原】主要是水霉科的种类。

【症状和病理变化】病鳖全身各处可长的灰白色绒毛状物。病鳖焦躁不安，或在水中狂游，或与其他固体物摩擦，当菌丝体寄生于颈部时，病鳖头、颈伸缩困难，游泳失常，少食或不食，最终消瘦死亡。

【流行情况】该病主要危害稚、幼鳖，偶或也有成鳖受感染；主要流行于夏季，水温30℃左右时发病率较高，但一般不会造成较大的死亡。

【诊断方法】菌体一般呈较纤细的绒毛状。确诊需要镜检和经过培养。

【防治方法】

（1）加强饲养管理，尽量避免鳖体受伤；保持良好的水质。

（2）用亚甲基蓝全池泼洒，浓度为2～3mg/L，隔2d一次，连续2次，或用100mg/L的食盐与碳酸氢钠合剂1∶1全池泼洒。

二、龟的疾病

（一）龟颈溃疡病

【病原】可能是病毒引起。由于皮肤溃烂或受伤，可导致水霉菌或细菌的继发性感染。

【症状和病理变化】病龟颈部肿大，呈灰色环状斑，严重者可引起颈部溃烂。龟颈伸缩困难，少食少动，或不吃不动，若不及时治疗，数天内即会死亡。绿毛龟和巴西彩龟患该病时，还会伴有水霉病，颈部出现白色絮状丛生物。

【流行情况】该病对大多数龟均可造成感染。该病流行范围较广，危害较大，发病率和死亡率较高，在整个养殖阶段均会出现，但主要流行于6—9月，5—8月是流行高峰期。

【诊断方法】根据龟颈溃烂症状进行判断。

【防治方法】

（1）加强水质管理，投喂营养、适口的饵料，控制放养密度，防止龟体受伤。

（2）发现疫情，及时隔离病龟，并用氯制剂、碘制剂或溴制剂等泼洒消毒，按照使用说明使用；内服抗生素类药物或磺胺类药物，按照说明书的剂量添加，连续投喂3～5d；严重时可注射卡那霉素，每千克体重注射20万U。

（3）用土霉素、金霉素等抗生素软膏涂抹病龟患处，每天3次。

（二）烂板壳病

【病原】由多种细菌引起。

【症状和病理变化】病龟体表等处最初出现白色斑点，进而逐渐溃烂形成红色斑块，并有血水流出，最终龟甲穿孔，严重时可见肌肉。病龟活动能力减弱，少食，可能死亡。

【流行情况】该病主要危害幼龟，常发生于春秋二季，温室养殖整个过程中均可发病。发病率和死亡率一般较低。

【诊断方法】背、腹壳板溃烂，呈红色者，基本可诊断为此病。

【防治方法】

（1）做好常规的清塘消毒和水体消毒工作。

（2）发现疫情，及时隔离病龟，并用氯制剂、碘制剂或溴制剂等泼洒消毒，按照使用说明使用；内服土霉素或磺胺类药物，按照说明书的剂量添加，连续投喂3～5d。

（3）用甲紫或碘伏、高锰酸钾溶液对伤口进行消毒，并用抗生素软膏涂抹患处。

（三）肠胃炎

【病原】初步认为该病病原是点状气单胞菌、大肠杆菌。

【症状和病理变化】病龟少食，运动能力弱，反应迟钝。腹部红肿，肠胃发炎充血，腹泻，粪便稀软不成形，呈红褐色、黑色、灰褐色或黄褐色，严重时呈水样腹泻，粪便呈强碱性的蛋清状、有恶臭味。发病后若不及时治疗，可导致病龟脱水死亡。

【流行情况】幼龟、成年龟均易发病。春、夏、秋季是流行季节，尤其夏季高温时。冬天温室养殖的龟也易发病。

【诊断方法】根据症状及病理变化，可初步判断；确诊必须进行病原分离、血清学检验。

【防治方法】

（1）加强饲养管理，做好养殖环境的清洁消毒。

（2）内服土霉素等抗生素药物，按照说明书的剂量添加，连续投喂3～5d。

（3）病情严重时，每千克龟体重分别注射金霉素10万U或庆大霉素4万～5万U。

（四）口腔炎

【病原】病原主要是以白色念珠菌为主的真菌。此外，龟由于误食尖锐食物或缺乏维生素C，也是该病发生的一个原因。

【症状和病理变化】患病初期病龟舌、吻端、颊、颚等部位黏膜充血，有白色小点，后形成白色丝绒状斑片。咽部黏膜常形成乳黄色干酪状物，可蔓延至食道和胃；病龟烦躁不安，精神不振，不食，排稀粪。

【流行情况】该病是龟养殖中的易发病，虽不会造成大批量死亡，但影响龟的生长。如不治愈，病龟会失去商品价值和观赏价值。

【诊断方法】根据症状，可做初步判断；确诊必须镜检，判断是否有念珠菌。

【防治方法】

（1）用2%～4%碳酸氢钠洗涤口腔，再在患处涂抹1%～2%龙胆紫，每天涂抹3～4次。

（2）每千克体重用2万U的制霉菌素拌饵投喂，每天1次，连续4～5d。

（五）溃烂病

【病原】气单胞菌、假单胞菌和无色杆菌。

【症状和病理变化】病龟体表皮肤发白、变黄或有红色伤痕，进而皮肤糜烂，有的爪脱落，四肢骨骼外露。

【流行情况】该病主要危害稚、幼龟。主要流行季节是5—9月。该病发病率较高，特别是在高温的情况下，死亡率为10%～20%。

【诊断方法】皮肤溃烂者可基本判断为该病。

【防治方法】

（1）每天每100kg体重用庆大霉素2 000万U、维生素K_3 300mg、维生素C 12g，维生素E 5g拌饵投喂，连续10d。

（2）对于病重的龟用庆大霉素、卡那霉素、链霉素等抗生素注射，剂量为每千克体重20万U。

三、蛙的疾病

（一）红腿病

【病原】主要为嗜水气单胞菌等革兰氏阴性菌。

【症状和病理变化】可分为急性和慢性两种类型。急性型病蛙不食，腹部臌气，临死前呕吐，排血便。体表多大小不等、粉红色的溃疡，后腿水肿呈红色，严重时后腿关节脓疮，

脓疮破裂后，流出淡红色脓汁，形成溃疡。病蛙皮下及腹内有大量混浊液，肝、肾、脾肿大，肝、脾呈黑色。慢性型病情较轻，病程长，身体无水肿现象，腹部和四肢皮肤无明显充血发红（彩图5-32）。

【流行情况】该病危害所有的养殖蛙，多发生于幼蛙和成蛙。该病一年四季均可发生，但主要流行季节为3—11月，5—9月是发病高峰。流行水温为10～30℃，20～30℃发病更为普遍和严重。

【诊断方法】

（1）根据症状及病理变化可初步诊断为该病。

（2）进行病原的分离、培养与鉴定。

（3）血清学试验。

【防治方法】

（1）用漂白粉等含氯消毒剂对蛙池、池壁和工具彻底消毒；注射牛蛙红腿病疫苗。

（2）发现疫情，及时隔离病蛙，并用氯制剂、碘制剂或溴制剂等泼洒消毒，按照使用说明使用；内服土霉素或等药物，按照说明书的剂量添加，连续投喂3～5d。

（3）病重者可颌下肌内注射抗菌药。

（二）肠胃炎

【病原】主要病原是肠型点状气单胞菌。

【症状和病理变化】发病初期病蛙四处窜动，后期四肢无力。剖检可见肝、脾、肾充血，肠胃内壁充血发炎，肠内少食或无食，有较多红黄色黏液，肛门周围红肿。患病蝌蚪腹部略红、膨胀，活动弱，常浮于水面，不食，发病1～2d后即死亡。

【流行情况】该病主要危害30日龄左右的蝌蚪；5—9月是主要发病季节，该病具有发病快、危害较大、传染性强、死亡率较高等特点，并常与红腿病并发。

【诊断方法】蛙体色暗淡，伏于食台附近，弓背，且剖检发现胃肠黏膜充血，而其余内脏器官无病变者可初步诊断为该病。

【防治方法】

（1）保证饲料质量、营养和适口。

（2）发现疫情，及时隔离病蛙，并用氯制剂、碘制剂或溴制剂等泼洒消毒，按照使用说明使用；内服土霉素或磺胺类药物，按照说明书的剂量添加，连续投喂3～5d。

（三）脑膜炎黄杆菌病

【病原】该病主要病原菌为脑膜炎败血黄杆菌。

【症状和病理变化】病蛙行动迟缓，少食。肛门红肿，有腹水，眼球外突、充血，甚至双目失明，故有人又称此病为“瞎眼病”。患病蝌蚪常见后腹部有明显出血点和出血斑，腹部膨胀，严重者在水中仰泳或呈螺旋状挣扎游动，不久便死亡。

【流行情况】该病主要发生于5—9月、水温20℃以上时。该病主要危害100g以上的成蛙，具有病程长、传染性强、死亡率高等特点。

【诊断方法】病蛙头部歪斜，眼球外突，双目失明，浮于水面打转。脾缩小、脊椎两侧有出血点和出血斑等是该病明显的特征。进行病原的分离和鉴定可确诊。

【防治方法】

（1）种苗入池前用20～30mg/L高锰酸钾溶液浸浴15～20min。

（2）发现疫情，及时隔离病蛙，并用氯制剂、碘制剂或溴制剂等泼洒消毒，按照使用说明使用；内服多西环素或复方新诺明等药物，按照说明书的剂量添加，连续投喂3～5d。

（四）链球菌病

【病原】病原为链球菌，是革兰氏阳性菌。

【症状和病理变化】病蛙腹部膨大，口腔常有黏液流出，舌头有血丝，并常将舌头露出口腔之外；精神不佳，不食。肝、胃肠严重病变，有充血型和失血型两种。大多数病蛙的前肠缩入胃中，呈套叠状。

【流行情况】该病主要危害美国青蛙。除蝌蚪外，各种规格的蛙均可被感染，尤以100g以上的成蛙为甚。发病季节一般为5—9月，7—8月是发病高峰期。

【诊断方法】初诊：发病过程中基本无停食期，出现症状后很快死亡，呈暴发性；病蛙瘫软，肌肉无弹性，口腔时有出血及舌头外吐现象；解剖观察肠呈白色，肝充血或失血，肠套叠明显。确诊：进行病原分离和鉴定。

【防治方法】

（1）种苗下池前用20～30mg/L高锰酸钾溶液浸浴15～20min；或用PVP-I 50mg/L，浸浴5～10min。

（2）发现疫情，及时隔离病蛙，并用氯制剂、碘制剂或溴制剂等泼洒消毒，按照使用说明使用；内服多西环素或复方新诺明等药物，按照说明书的剂量添加，连续投喂3～5d。

（3）注射青霉素，剂量为每只2万IU。

（五）腹水病

【病原】该病病原为嗜水气单胞菌。

【症状和病理变化】患病蝌蚪腹部膨胀，严重腹水，肠内充气，后肠近肛门处时有结节状阻塞物。患病蛙发病后四肢乏力，腹腔内有大量积水，腹水呈淡黄色或红色。

【流行情况】该病主要危害对象为蝌蚪。该病流行于5—9月、水温20℃以上时。该病有很强的传染性，蝌蚪从发病到死亡通常为3～5d。

【诊断方法】初诊：病蛙腹部膨大，剖检可见大量腹水，肠胃有明显炎症。确诊：需进行病原分离和鉴定。

【防治方法】

（1）不从发病地区引进蝌蚪，蝌蚪放养前用高锰酸钾消毒。

（2）发现疫情，及时隔离病蛙，并用氯制剂、碘制剂或溴制剂等泼洒消毒，按照使用说明使用；内服敏感抗菌等药物，按照说明书的剂量添加，连续投喂3～5d。

四、大鲵的疾病

（一）疖疮病

【病原】疖疮型点状产气单胞杆菌。

【症状和病理变化】初期，鲵体背部皮肤及肌肉组织发炎，严重时，肌肉组织出血，渗出体液，继而坏死、形成溃疡。剖检可见肠道充血发炎。

【流行情况】该病主要危害幼鲵，但不严重，无明显的流行季节，一年四季均可发生。

【诊断方法】当疖疮部位尚未溃烂，切开疖疮，明显可见肌肉溃疡或呈脓血状的液体。涂片检查时，在显微镜下可以看到大量细菌和血细胞。

【防治方法】

（1）在捕捞、运输、放养等操作过程中，切忌使鲵体受伤。

（2）每天每千克大鲵用土霉素或金霉素 60mg 拌饵投喂，连用 10d。

（3）肌内注射抗菌剂，连用 7d。

（二）赤皮病

【病原】病原是荧光假单胞菌。

【症状和病理变化】全身肿胀，体表可见红斑块和化脓性溃疡，部分尾部腐烂。剖检可见腹水，肝肿大有出血点，肠组织糜烂、溃疡。

【流行情况】该病流行较广，流行季节不明显，全年均可发生。主要危害幼鲵和成鲵。

【诊断方法】将病灶切一块在显微镜下观察，见有类似菌者可初步判定。

【防治方法】

（1）放养时，避免鲵体受伤并用消毒剂浸浴。

（2）患病大鲵涂抹抗菌剂软膏，内服抗菌剂药饵，同时全池泼洒消毒药。

（三）打印病

【病原】点状产气单胞菌点状亚种。

【症状和病理变化】病灶主要发生在大鲵躯干后部，其次是腹部。初期体表先出现红斑，随后表皮腐烂，肌肉腐烂、穿孔，露出骨骼和内脏，直至死亡。

【流行情况】该病流行范围广，全年均可发生，但以夏秋两季较为常见。主要危害大鲵幼体、成体及亲体。

【诊断方法】病灶组织切片观察，见表皮的上皮细胞被破坏者可初步判断为该病。

【防治方法】

（1）在发病季节全池泼洒消毒剂。

（2）用 1%聚维酮碘浸泡病鲵 15min，同时用漂白粉溶液全池泼洒。

（3）肌内注射抗菌剂，连续 10d。

（四）肠胃炎

【病原】初步认为该病病原体是点状产气单胞菌。

【症状和病理变化】病鲵离群独游，迟缓，少食。腹腔多积水，肠壁充血发炎；胃、肠无食。

【流行情况】该病主要危害大鲵幼体和成体，流行季节为 4—9 月，死亡率为 50%～90%。

【诊断方法】从病鲵的肝、肾、血中若能分离出该病病原菌即可诊断为此病。

【防治方法】

（1）彻底清池消毒，保持优良水质；放养时，用消毒药浸泡后入池。

（2）流行季节全池泼洒消毒剂，每天用抗菌剂拌饵投喂，连用5～8d。

（五）水霉病

【病原】寄生于大鲵的霉菌有近20种，主要为水霉和绵霉属种类。

【症状和病理变化】患病早期寄生部位有小白点，随后长出灰白色菌丝。病鲵焦躁不安，与固体物摩擦，游动迟缓，少食，最后消瘦而死。

【流行情况】该病全年均可发生，尤以早春和晚冬为甚。该病除了感染成鲵和幼鲵外，还危害受精卵。

【诊断方法】根据症状及病理变化可做出初步诊断；用显微镜检查确诊。

【防治方法】

（1）饲养池要经常用5%～10%高锰酸钾溶液浸洗消毒10～20min，以防水霉病发生。

（2）放养前用4%～5%氯化钠溶液浸浴1～3min。

（3）用2mg/L亚甲基蓝全池泼洒，隔天一次，连续2次。

第六章　由寄生虫引起的疾病

第一节　由原生动物引起的疾病

原生动物又称为原虫，是动物界最原始的单细胞真核低等动物，整个身体由一个细胞构成，能在一个细胞内完成生命活动的所有功能，包括摄食、代谢、呼吸、排泄、运动及生殖等。原生动物有 65 000 多种，其个体微小（10～200μm），广泛分布于淡水、海水、土壤等生态环境中，其繁殖方式有无性繁殖和有性繁殖两大类。

原生动物绝大部分营自由生活，是水生动物的饵料，但有一小部分寄生于水生动物，并引起疾病，给水产养殖业造成巨大损失，如黏孢子虫病、小瓜虫病、隐核虫病等。常见的寄生于鱼类的原生动物有鞭毛虫、肉足虫、孢子虫、纤毛虫和吸管虫等。

在感染原虫病时，病鱼离群独游，游动缓慢，食欲减退，甚至不吃食，呼吸困难，大部分无明显症状，需镜检确诊，但孢子虫病、小瓜虫（或隐核虫）病可目检确诊。原虫病防治的药物主要为硫酸铜、硫酸亚铁和晶体敌百虫等。

一、由鞭毛虫引起的疾病

鞭毛虫以鞭毛作为行动胞器，有一根或多根鞭毛，从虫体凹陷处伸出。主要寄生在鱼类皮肤和鳃上，也可侵袭消化道和血液。繁殖为纵二分裂。

（一）锥体虫病

【病原】锥体虫（彩图 6-1）。虫体（图 6-1）狭长，体长 10～100μm，两端较尖，形如柳叶，但往往弯曲成 S 形、波浪形或环形。细胞内有细胞核、动核、毛基体。从毛基体上长出一根鞭毛，沿着身体的一边向前伸，与身体之间形成一波浪形的膜，称为波动膜。鞭毛伸到身体前端后变为游离的鞭毛。繁殖为纵二分裂。

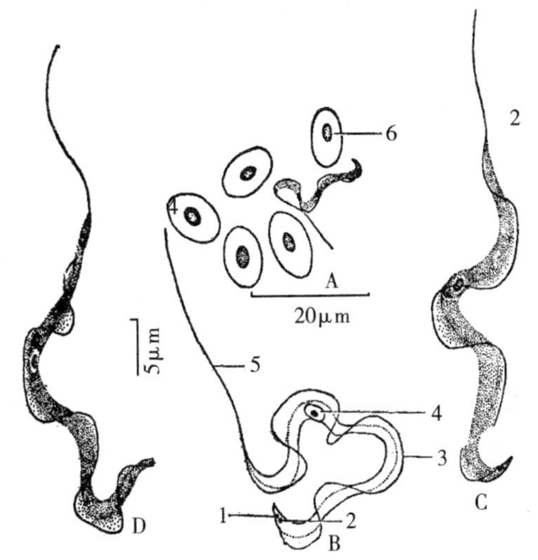

A、B、C. 青鱼锥体虫　B. 模式图　D. 鳙锥体虫
1. 动核　2. 生毛体　3. 波动膜　4. 胞核
5. 前鞭毛　6. 红细胞
图 6-1　锥体虫
（陈启鎏）

生活史包括两个宿主：一个为脊椎动物；另一个为无脊椎动物（中间宿主）。锥体虫的传播媒介是吸食鱼血的蛭类，蛭类在吸食病鱼的血液时，锥体虫随血流进入蛭类的消化道内，并在其中分裂繁殖。蛭再吸食其他鱼

的血液时又将虫体送入新宿主。

【症状和病理变化】寄生在鱼类血液中，以渗透方式获取营养。通常不表现明显症状。严重感染时，可使鱼体虚弱、消瘦，出现贫血。

【流行情况】一般淡水鱼和海水鱼都可感染，流行于 6—8 月。锥体虫在我国的分布较广，一年四季均可发现病原体，在我国养殖的石斑鱼血液中常有发现。

【诊断方法】从鱼的入鳃动脉或心脏吸取一滴血液，置于载片上，在显微镜下观察，观察到在血细胞之间有扭曲运动的虫体时，基本可以诊断。

【防治方法】用 8mg/L 硫酸铜溶液浸洗鱼体，杀灭鱼蛭。

（二）隐鞭虫病

【病原】隐鞭虫。我国危害较大的有鳃隐鞭虫及颤动隐鞭虫两种（图 6-2）。虫体似柳叶形（鳃隐鞭虫）或近似三角形（颤动隐鞭虫），扁平，前端钝圆，后端尖细。体长 5～12μm，体宽 3～5μm。虫体有前后鞭毛、波动膜、动核、细胞核。虫体可短时在水中自由生活，靠直接接触传播。

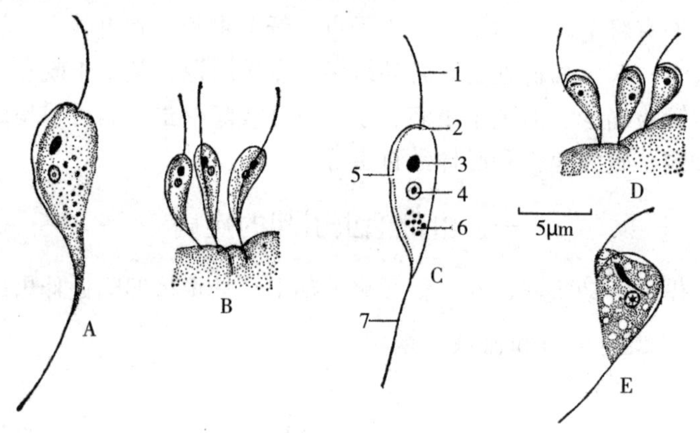

A、B、C. 鳃隐鞭虫　D、E. 颤动隐鞭虫　（B、D 为寄生在鳃上的个体，C 为模式图）
1. 前鞭毛　2. 生毛体　3. 动核　4. 细胞核　5. 波动膜　6. 食物粒　7. 后鞭毛

图 6-2　隐鞭虫
（陈启鎏）

【症状和病理变化】病鱼黏液增多，呼吸困难，不摄食，体色暗黑，离群独游。鳃隐鞭虫大量侵袭鱼鳃时，能破坏鳃丝上皮和产生凝血酶，使鳃小片血管堵塞。

【流行情况】隐鞭虫可寄生于淡水鱼和海水鱼，但仅能危害 10cm 以下的草鱼苗种。发病季节为 7—9 月。在华东、华南、华中、东北等地均有发生。

鳃隐鞭虫离开寄主后，一般在水中可生活 1～2d，可从一个寄主转移到另一个寄主。鲢、鳙为“保虫寄主”。

【诊断方法】从鳃部或其他寄生部位取少许样品置于载片上，镜检即可诊断。

【防治方法】

（1）用生石灰或漂白粉彻底清塘。

（2）淡水鱼放养前用 5%氯化钠溶液浸洗 5min，或用 8mg/L 硫酸铜溶液浸洗 20～30min；海水鱼用淡水浸浴 3～5min。

（3）淡水池塘用0.7mg/L硫酸铜和硫酸亚铁（5∶2）合剂全池遍洒；海水池塘用0.8～1.2mg/L硫酸铜全池泼洒。

（三）鱼波豆虫病

【病原】飘游鱼波豆虫。虫体侧面观呈梨形、卵形或近似圆形；侧腹面观，略似汤匙（图6-3）。虫体大小为（5.5～11.5）μm×（3.1～8.6）μm。偏于侧面的一边有一鞭毛沟，鞭毛沟前端有2根鞭毛，沿鞭毛沟伸向体后。有细胞核、伸缩泡各1个。一般虫体离开宿主6～7h后即死亡。

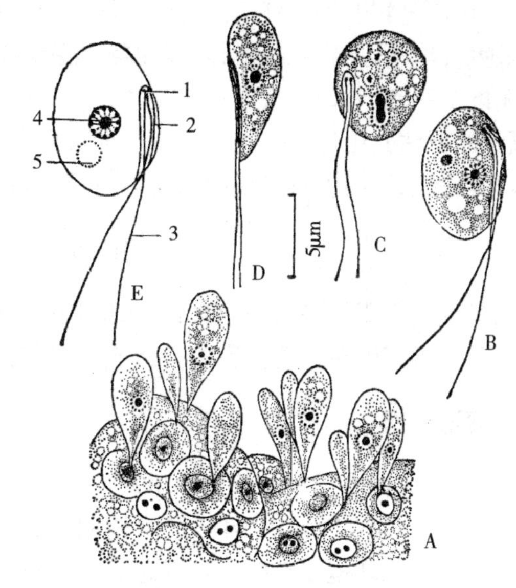

A. 寄生在皮肤上的个体　B、C、D. 染色标本　E. 模式图
1. 生毛体　2. 鞭毛沟　3. 后鞭毛　4. 细胞核　5. 伸缩泡

图6-3　飘游鱼波豆虫
（陈启鎏）

【症状和病理变化】飘游鱼波豆虫寄生在鱼类鳃和皮肤上，大量寄生时，病鱼离群独游，游动缓慢，食欲减退，体表黏液增多，形成一层灰白色或淡蓝色的黏液层。寄生处充血、发炎、糜烂。

【流行情况】该病主要危害鲤、鲮等鱼的苗种，流行于春秋两季，繁殖适宜温度12～20℃。感染3～4d后即大批死亡。我国自南至北均有此病危害。

【诊断方法】用显微镜检查，结合症状及流行情况，即可做出诊断。

【防治方法】同隐鞭虫病。

（四）六鞭毛虫病

【病原】中华六鞭毛虫属。我国已知有两种：中华六鞭毛虫和鲴六鞭毛虫（图6-4）。

中华六鞭毛虫滋养体呈卵圆形或椭圆形，两侧对称，背腹稍扁平，前端钝圆，有3对前鞭毛和1对后鞭毛，2个胞核呈“八”字形，虫体大小长为（5～13.8）μm×（3～6.9）μm。鲴六鞭毛虫为卵形或狭长形，虫体大小长为（6.6～20）μm×（3.5～8）μm，体表通常有倾斜排列粗纹。

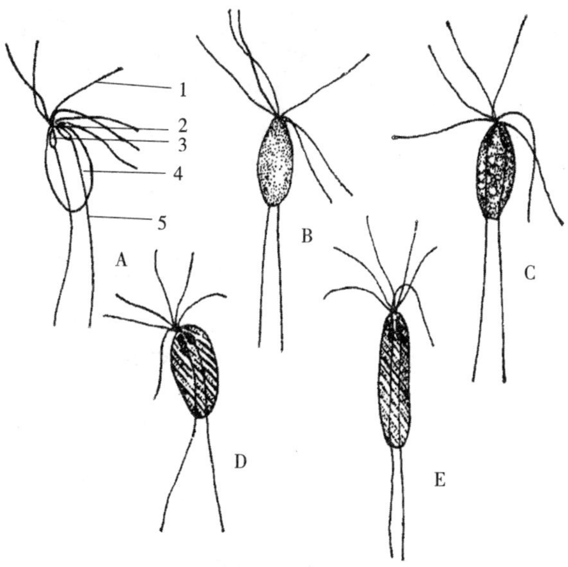

A、B、C. 中华六鞭毛虫　D、E. 鲴六鞭毛虫染色个体
（B活体，C为染色个体）
1. 前鞭毛　2. 基体　3. 细胞核　4. 轴杆　5. 后鞭毛

图6-4　六鞭毛虫
（陈启鎏）

【症状】六鞭毛虫主要寄生在鱼类肠道内，摄食寄主的残余食物，一般认为

无害或是“帮凶”作用。当患细菌性肠炎或寄生虫肠炎时，若此虫大量寄生，可加重肠道炎症，促使病情恶化。

【流行情况】中华六鞭毛虫寄生于鲢、鳙、鲮、鲤、鲫和青鱼等鱼的肠、肝和胆囊；鲴六鞭毛虫寄生于银鲴、细鳞斜颌鲴和黄尾密鲴的肠、胆囊、膀胱。全国各水产养殖区均有发现，尤以1～2龄草鱼最为常见。

【诊断方法】用显微镜进行检查，即可做出诊断。

【防治方法】用生石灰或漂白粉等清塘药物彻底清塘，消灭池中包囊。

二、由肉足虫引起的疾病

肉足虫最主要的特征是虫体的细胞质可以延伸形成伪足，伪足是其运动及取食的细胞器。肉足虫常寄生在鱼消化道内，造成这些器官溃疡或脓肿。

内变形虫病

【病原】鲩内变形虫。营养体呈灰色，运动频繁，不断伸出肥大的伪足，改变方向和体形，其大小为11～16μm。圆形细胞核周围排列着许多小的染色质粒，在核的中央为核内体。营养体遇到环境不良时，形成包囊，包囊直径为8～10μm（图6-5）。

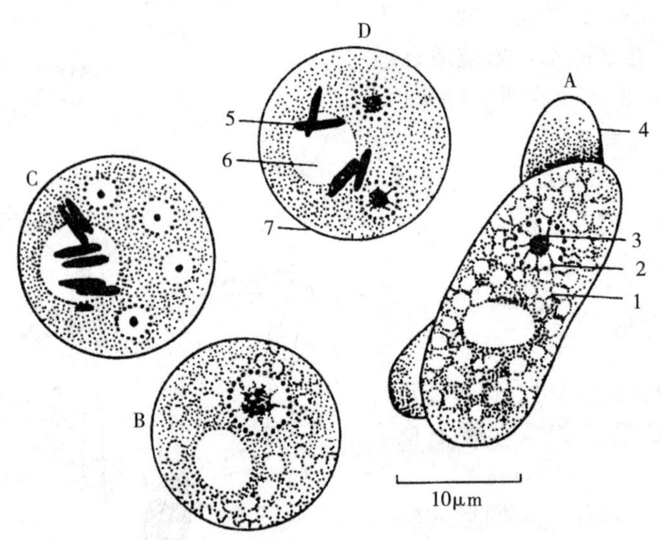

A. 营养体　B. 包囊前期　C、D. 包囊期
1. 细胞质　2. 核膜和染色质粒　3. 核内体　4. 伪足
5. 拟染色质体　6. 动物淀粉泡　7. 包囊膜
图6-5　鲩内变形虫

生活史包括营养期和包囊期，只需一个寄主，靠包囊传播，包囊被鱼误食而感染。

【症状和病理变化】鲩内变形虫以滋养体的形式寄生于草鱼的直肠黏膜。常与六鞭毛虫病、鲩肠袋虫病及细菌性肠炎病并发，严重时肠黏膜遭到破坏，后肠形成溃疡、充血发炎，轻压腹部流出黄色黏液，与细菌性肠炎相似，但肛门不红肿。

【流行情况】鲩内变形虫主要寄生于2龄以上草鱼，10cm左右的草鱼也会感染，常与细菌性肠炎一起暴发流行。流行季节为 6—9 月。我国北自黑龙江、南至长江和西江流域均有分布。

【诊断方法】镜检。

【防治方法】用生石灰清塘杀灭池中包囊。

三、由孢子虫引起的疾病

孢子虫的主要特征是在其整个生活史中产生孢子，生活史比较复杂，包括无性阶段的裂殖生殖和有性阶段的配子生殖，可在一种或两种不同寄主体内完成。全部营寄生生活，无运动细胞器，寄生于鱼类的体内、外各器官组织，是水生动物寄生原生动物中种类最多、分布最广、危害较大的一类寄生虫，有些种类可引起水生动物大批死亡或丧失商品价值，有的种类还是口岸检疫对象。寄生在鱼类中的孢子虫共有四大类：球虫、黏孢子虫、微孢子虫和单孢子虫，其中以球虫和黏孢子虫对鱼类的危害最大。孢子虫形成的卵囊或包囊一般可以通过目检鉴别。

（一）艾美虫病（球虫病）

【病原】艾美虫属。我国报道的已有 20 多种，常见种类有青鱼艾美虫、鲤艾美虫和草鱼艾美虫等（图 6-6）。各种艾美虫在发育过程中，均产生圆形或椭圆形卵囊，直径为 6～14μm，并有一层卵囊膜。成熟的卵囊具有 4 个孢子，每个孢子有 2 个孢子体和 1 个孢子残余体，孢子体在孢子里互相颠倒排列。在卵囊膜内还有卵囊残余体和 1～2 个极体。

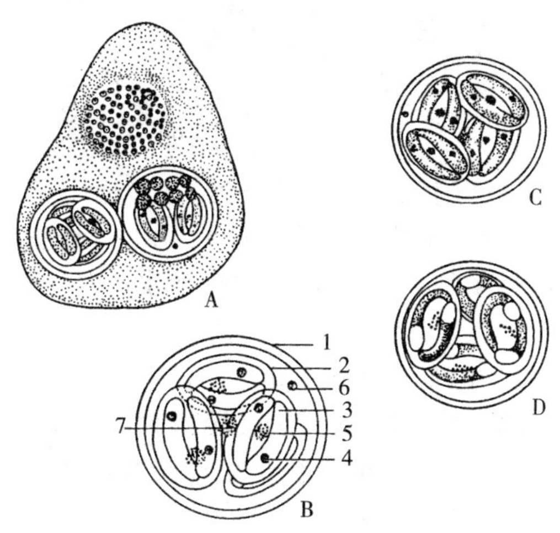

A、B、C. 青鱼艾美虫

A. 在宿主细胞中的 2 个成熟卵囊和发育中的小配子　B. 卵囊模式图　C. 成熟卵囊　D. 鲤艾美虫

1. 卵囊膜　2. 孢子囊与孢子囊膜　3. 孢子体　4. 细胞核　5. 孢子残余体　6. 极体　7. 卵囊残余体

图 6-6　艾美虫（模式）

（陈启鎏，1956）

艾美虫的生活史（图 6-7）在一个寄主体内完成，不需要更换寄主，属细胞内寄生，包括裂殖生殖、配子生殖和孢子生殖 3 个阶段。成熟的卵囊随寄主的粪便排出体外，被另一寄主吞食，孢子体钻入肠和胆管等的上皮细胞内，进行裂殖生殖，形成很多新月形的裂殖子，当寄主的细胞破裂时，裂殖子又重新钻入寄主的其他细胞，形成“自体感染”，这为无性世代。有些裂殖子在重新钻入寄主细胞后，发生了性的分化，一部分裂殖子发育成小配母细胞，经多次分裂，形成很多具双鞭毛的小配子；另一部分裂殖子形成大配母细胞，每个大配母细胞发育成1个大配子。大、小配子相互结合而成合子，合子形成1层膜将自己包围，即卵囊，进行二次分裂，每个卵囊内形成4个孢子，每个孢子再分裂1次，每个孢子内形成2个孢子体。卵囊内一些不参加形成孢子、孢子体的原生质团，即形成卵囊残余体、孢子残余体。

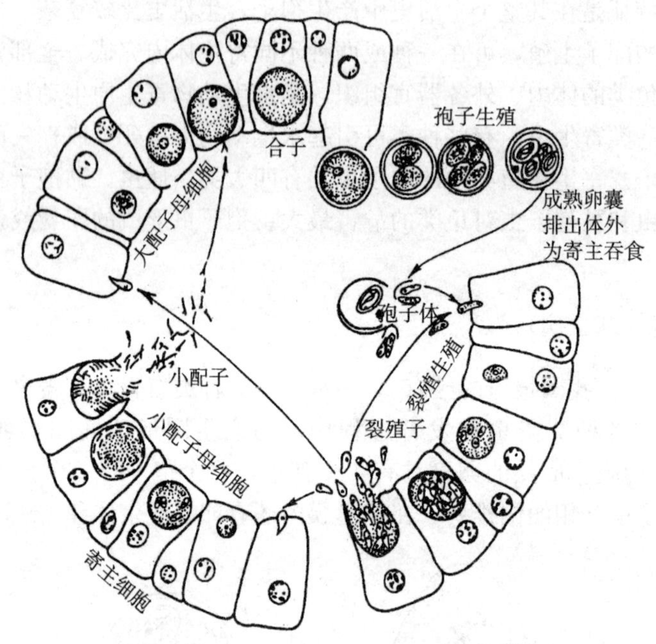

图6-7　艾美虫生活史

【症状和病理变化】艾美虫寄生在鱼类的消化道、幽门垂、肝、胆囊、肾等器官，大量寄生时形成白色的卵囊。患病青鱼前肠比正常的粗2～3倍，肠壁上有许多白色小结节，肠壁充血发炎，严重时可引起肠穿孔。患病鲢、鳙鳞囊积水，部分鳞片竖起，腹部膨大并有腹水，眼睛突出，肝呈土黄色，肾颜色变淡。

【流行情况】我国危害较大的是寄生在青鱼肠内的青鱼艾美虫，主要危害1足龄青鱼，江浙一带感染率高达80%，造成严重损失。鳙艾美虫大量寄生在1足龄以上鲢、鳙的肾，可引起病鱼死亡，此病分布于辽宁省。流行季节为4—7月，水温为24～30℃时。艾美虫病通过卵囊而传播。

【诊断方法】取病变组织做涂片或压片，在显微镜下可看到卵囊及其中的孢子囊。

【防治方法】

（1）彻底清塘消毒、杀灭孢子能预防此病。

（2）每千克鱼每天用1g硫黄粉或24mg碘（或市售2%碘酊120mL）制成颗粒药饵投喂，连喂4d。

（二）黏孢子虫病

黏孢子虫种类很多，寄生在鱼类的就有1 000余种，全部营寄生生活，寄生部位有鱼类的皮肤、鳃、鳍和体内的各器官组织。黏孢子虫是水生动物最常见的寄生虫，不少种类可形成包囊，产生不同程度的危害（彩图 6-2、彩图 6-3）。

黏孢子虫的共同特征是（图 6-8）：每一孢子有 2～7 块几丁质壳片，两壳连接处称为缝线，缝线由于粗厚或突起呈脊状结构，称为缝脊；有缝脊的一面称缝面，没有缝脊的一面称壳面。有些种类的壳上有条纹、褶皱或尾状突起；每一孢子有 1～7 个球形、梨形或瓶形的极囊。极囊之间有的种类还有 V 形或 U 形突起，称为囊间突。极囊里有极丝，呈螺旋状盘曲，受到刺激后，能通过极囊孔射出；极囊以外充满细胞质，内有 2 个胚核，有的种类在胞质里还有 1 个嗜碘泡。黏孢子虫常见种类及特点见表 6-1。

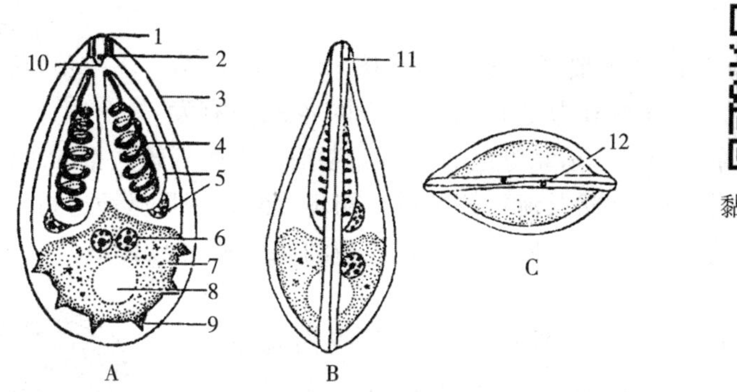

黏孢子虫病症状

A. 壳面观 B. 缝面观 C. 顶面观
1. 前端 2. 极囊孔 3. 孢壳 4. 极丝 5. 极囊和极囊核 6. 胚核
7. 孢质 8. 嗜碘泡 9. 后褶皱 10. 囊间突 11. 缝线与缝脊 12. 极丝的出孔

图 6-8 黏孢子虫孢子的构造

（湖北省水生物研究所，1973. 湖北省鱼病病原区系图志）

表 6-1 黏孢子虫常见种类及特点

常见种类			极囊		嗜碘泡
			个数	位置	
碘泡科	碘泡虫属	鲢碘泡虫、饼形碘泡虫、野鲤碘泡虫、圆形碘泡虫、鲫碘泡虫、异型碘泡虫	2	前端	有
	单极虫属	鲮单极虫、鲫单极虫、吉陶单极虫、鳅单极虫	1	前端	有
	尾孢虫属（壳片向后延伸成尾状）	中华尾孢虫、微山尾孢虫、徐家汇尾孢虫	2	前端	有
黏体科	黏体虫属	脑黏体虫、中华黏体虫、时珍黏体虫、变异黏体虫	2	前端	无
两极科	两极虫属	多态两极虫、鲤两极虫	2	两端	无
四极科	四极虫属	鲢四极虫、椭圆四极虫	4	前端	无
球孢科	球孢虫属	龙江球孢虫、鳃丝球孢虫、鲩球孢虫	2	前端	无

1. 碘泡虫病 碘泡虫病是养殖生产中最常见的一类疾病，危害非常大，常见的种类主要有鲢碘泡虫病、饼形碘泡虫病、野鲤碘泡虫病、异型碘泡虫病、鲫碘泡虫病、圆形碘泡虫病等。

（1）鲢碘泡虫病（白鲢疯狂病）。

【病原】鲢碘泡虫。孢子为椭圆形或卵圆形，前宽后狭，壳面光滑或有 4～5 个 V 形的皱褶，囊间 V 形小块明显。孢子大小为（10.8～13.2）μm×（7.5～9.6）μm。极囊 2 个，呈梨形，通常大极囊呈倾斜状，位于孢子前方。具有一个嗜碘泡和两个圆形的胚核（图 6-9）。

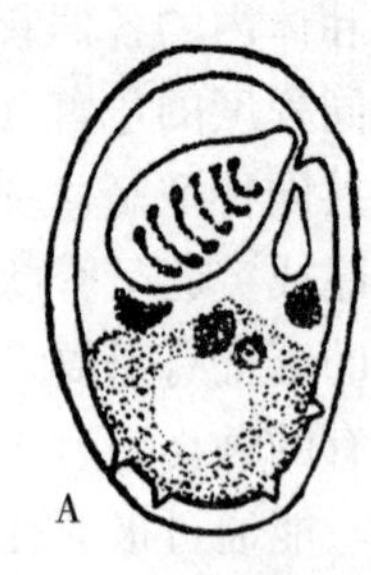

A. 壳面观 B. 缝面观
图 6-9 鲢碘泡虫
（湖北省水生物研究所，1973. 湖北省鱼病病原区系图志）

【症状和病理变化】鲢碘泡虫寄生在鲢、鳙的各种器官组织，其中以神经系统和感觉器官为主。形成圆形或椭圆形的白色胞囊，大小为 1～4mm。病鱼体色暗淡，极度消瘦，头大尾小，尾上翘；离群独游，急游打转，常跳出水面，复又钻入水中，如此反复多次而终至死亡；剖开鱼腹，肝、脾萎缩，腹腔积水，肠内无物。肉味腥臭，丧失商品价值。

【流行情况】该病主要危害鲢、鳙，0.5kg 左右的病鱼死亡率最高。流行季节为冬春两季。全国各地均有发现，流行于华东、华中、东北等地的江河、湖泊、水库等较大型的水体。

【诊断方法】根据症状及流行情况进行初步诊断；用显微镜进行检查，做出诊断。

【防治方法】用生石灰彻底清塘，全池遍洒 90%晶体敌百虫。

（2）饼形碘泡虫病。

【病原】饼形碘泡虫（图 6-10）。孢子壳面观为椭圆形或圆形，横轴大于纵轴，大小为（4.8～6.0）μm×（6.6～8.4）μm。前端有 2 个大小相同的卵圆形极囊，呈“八”字形排列，嗜碘泡明显。有两个圆形的胚核，位置不定。

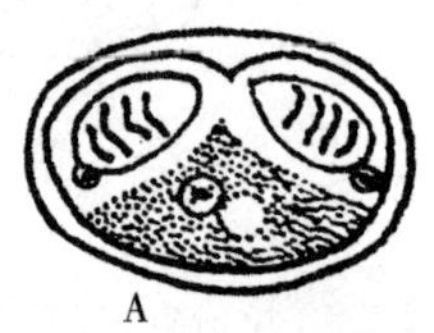

A. 壳面观 B. 缝面观
图 6-10 饼形碘泡虫
（湖北省水生物研究所，1973. 湖北省鱼病病原区系图志）

【症状和病理变化】饼形碘泡虫主要寄生于草鱼前肠的绒毛固有膜内，形成许多椭圆形或圆形的白色小包囊，平均大小为 50.61μm×35.54μm。病鱼体色发黑，腹部膨大，前肠粗大，肠内无食，肠壁糜烂。有的鱼体弯曲（大量饼形碘泡虫侵袭脊椎）。

【流行情况】该病主要危害草鱼夏花，感染率高达 100%，死亡率 80%～90%。流行于 4—7 月。全国各养鱼区均有发现，但以两广地区最严重。

【诊断方法】根据症状及流行情况进行初步诊断；用显微镜进行检查，做出诊断。

【防治方法】

①彻底清塘消毒，减少病原体，以防此病发生。

②全池遍洒 90%晶体敌百虫，使池水浓度成 0.2～0.3mg/L。

③用 90%晶体敌百虫拌饵料投喂，每千克饵料添加 600mg。每天投喂 1 次，连喂 3d。

（3）其他碘泡虫病。

【病原】目前在我国能引起饲养鱼类严重病害的还有野鲤碘泡虫、圆形碘泡虫、鲫碘泡虫、异型碘泡虫（图 6-11）。

①鲫碘泡虫。孢子壳面观呈椭圆形，光滑或具有 V 形褶皱，大小为(13.2～15.6)μm×（8.4～10.8）μm；2 个大小约相等的茄形极囊，略小于孢子的 1/2，极丝 8～9 圈；嗜碘泡明显。

②野鲤碘泡虫。孢子壳面观为长卵形，前尖后钝圆，光滑或有 V 形褶皱；大小为（12.6～14.4）μm×（6.0～7.8）μm；前端有 2 个大小约相等的瓶形极囊，占孢子的 2/3；

嗜碘泡明显。

③异形碘泡虫。孢子壳面观为卵圆形，表面光滑或具有 2～11 个 V 形褶皱，囊间小块较明显；孢子大小为（9.6～12.0）μm×（7.2～9.6）μm；前端有两个大小不等的梨形极囊，极丝 4～5 圈；嗜碘泡明显。

④圆形碘泡虫。孢子近圆形，前端有 2 个粗壮的棍棒状极囊，嗜碘泡明显，孢子大小为（9.4～10.8）μm×9.4μm。

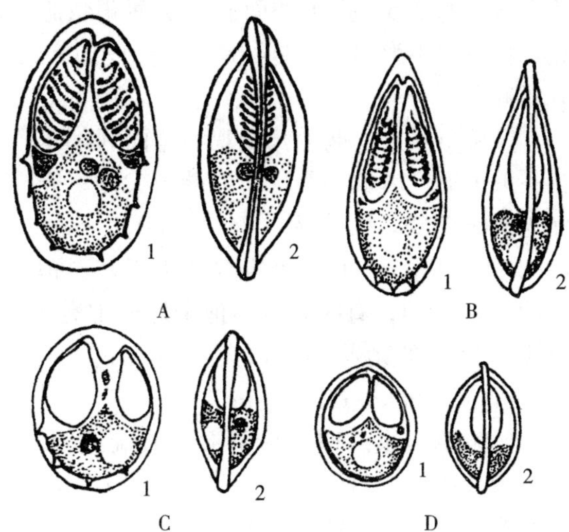

A. 鲫碘泡虫　B. 野鲤碘泡虫　C. 异形碘泡虫　D. 圆形碘泡虫
1. 壳面观　2. 缝面观
图 6-11　碘泡虫
（湖北省水生物研究所，1973. 湖北省鱼病病原区系图志）

【症状及病理变化、流行情况】鲫碘泡虫病主要发生于 1 龄东北银鲫。在病鱼头部和躯体相接处的两侧，有一对瘤状大包囊，大小为 2.5cm×1.8cm×2.2cm，表面肿胀，并有肌肉溃烂现象。流行于江浙一带，严重时发病率高达 40%，发病时间为夏末秋初。在有的地方发病鱼被渔民称为“脓胞鲫”。

野鲤碘泡虫侵袭多种淡水鱼的体表、鳍、鳃等组织，能引起鲤种、鲮的鱼苗、鱼种死亡。患病鲮的体表形成许多灰白色点状或瘤状包囊，包囊长 3.2～5.0mm，宽 2.2～3.8mm。患病鲤种的鳃弓上形成大量的包囊，严重影响其正常生活和摄食，使鱼死亡。野鲤碘泡虫的分布区域广泛，但在广东、广西一带，鲮的野鲤碘泡虫病较为普遍。

异型碘泡虫主要侵袭鳙苗种的鳃组织，在鳃上形成针头大小的白色包囊，包囊大小（162.8～268.8）μm×（122.4～177.6）μm。病鱼鳃丝呈紫红色，鳃盖充血，鱼体瘦弱，头大尾小，肋骨明显，能引起死亡。流行季节为 5—8 月，在长江流域及南方各省份均有发现。

圆形碘泡虫主要侵袭 2 龄以上的鲫、鲤，在吻部和鳃上可见乳白色的圆形包囊，包囊小的似针头大，大的可达 0.2cm，一尾鱼体上最多能有几百个包囊，使鱼失去商品价值。全国各地均有出现。

【诊断方法】根据症状及流行情况进行初步诊断。用显微镜进行检查，做出诊断。

【防治方法】

①彻底清塘，减少病原体。

②全池遍洒 90%晶体敌百虫，使池水成 0.2～0.3mg/L，连用 3 次（隔天 1 次），对异型碘泡虫有明显的抑制效果。对治疗其他碘泡虫病尚无良方。

2. 单极虫病

【病原】单极虫属。常见的有鲮单极虫、鲫单极虫、吉陶单极虫、鳅单极虫（图 6-12）。

①鲫单极虫。孢子壳面观和缝面观为长橄榄形，前方较尖细，壳面光滑无褶皱，缝面直而明显。大小为（15.6～18.8）μm×（7.8～12.0）μm。

②吉陶单极虫。孢子呈梨形，大小为（23～29）μm×（8～11）μm；有 1 个瓶形极囊，

约占孢子的 2/3；孢子外面有 1 层薄鞘状胞膜，胞膜大小为(31～35)μm×(12～17)μm；有嗜碘泡。

③鲮单极虫。孢子壳面观和缝面观都呈狭长瓜子形，后端钝圆，向前端渐尖细；壳面光滑无褶皱，大小为（26.4～30）μm×（7.2～9.6）μm；有 1 个棍棒状极囊，占孢子的 2/3～3/4；有嗜碘泡；孢子外面常有 1 个无色透明的鞘状胞膜，大小为（39.6～42）μm×（9.6～14.4）μm。

④鳅单极虫。孢子呈梨形，前端钝圆，大小为（12.0～13.8）μm×(7.2～7.8）μm，缝脊粗而直，极囊呈短棒状。

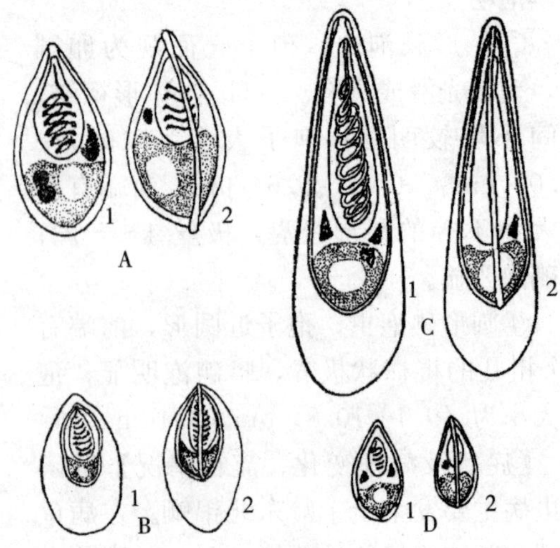

A. 鲫单极虫　B. 吉陶单极虫　C. 鲮单极虫　D. 鳅单极虫
1. 壳面观　2. 缝面观
图 6-12　单极虫
（湖北省水生物研究所，1973. 湖北省鱼病病原区系图志）

【症状和病理变化】鲮单极虫寄生在鲤、鲫的鳞下，形成许多淡黄色大包囊，最大的有乒乓球大小，寄生处的鳞片竖起。病鱼极其丑陋，失去商品价值。鲫单极虫寄生于鲫体表、鳃等处，形成白色包囊。鳅单极虫寄生在鲮尾鳍，形成黄色包囊，包囊重叠呈不规则状，大小可达 2～3mm。吉陶单极虫寄生在鲤、散鳞镜鲤的前、中肠的肠壁，形成许多大包囊，肠管被堵塞，腹腔积水，病鱼逐渐饿死。

【流行情况】单极虫病在全国各地均有发生，流行于 5—8 月。鲫单极虫主要危害鲤、鲫苗种；鲮单极虫主要危害 2 龄以上的鲤、鲫；鳅单极虫主要危害鲮苗种；吉陶单极虫主要危害 2 龄鲤。

【诊断方法】根据症状及流行情况进行初步诊断。用显微镜进行检查，做出诊断。

【防治方法】彻底清塘，减少感染机会。

3. 尾孢虫病

【病原】尾孢虫属。常见种类有中华尾孢虫、徐家汇尾孢虫、微山尾孢虫（图 6-13）。尾孢虫的孢壳延伸成尾状，分叉或不分叉，其他构造与碘泡虫相同。

①中华尾孢虫。孢子全长为 26.4～43.2μm,孢子本体长(10.7～15.7)μm×(4.0～8.7)μm。

②徐家汇尾孢虫。孢子本体长（8.0～11.0）μm×（7.0～10.0）μm，壳面光滑或具若干褶皱，缝面观有时有明显的网状皱纹，而中华尾孢虫光滑而无褶皱。

③微山尾孢虫呈纺锤形，前端尖狭而突出，缝脊直而细，孢子全长为 62.5～87.0μm，本体长为（11.2～15）μm×（6.25～6.87）μm。

【症状和病理变化】中华尾孢虫寄生于乌鳢体表及全身各器官，包囊呈浅黄色，直径 47～275μm。徐家汇尾孢虫寄生于鲫的鳃、肠道、心脏等处，包囊呈白色，形状和大小不一。大的包囊有 1～3mm。微山尾孢虫寄生于鳜鳃上，为瘤状或椭圆形白色包囊。

【流行情况】尾孢虫病在全国各地均有发现。主要危害乌鳢、鳜、蟾胡子鲇的苗种，严重时引起大批死亡。流行季节为 5—7 月。

【诊断方法】同碘泡病。

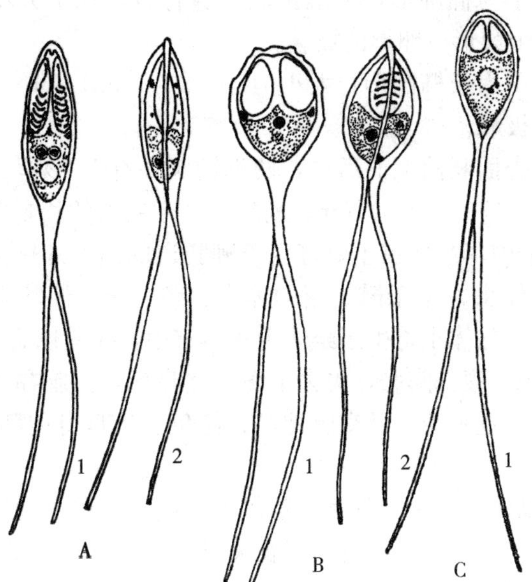

A. 中华尾孢虫　B. 徐家汇尾孢虫　C. 微山尾孢虫
1. 壳面观　2. 缝面观
图 6-13　尾孢虫

【防治方法】彻底清塘可预防此病。

4. 黏体虫病

【病原】黏体虫属。常见的种类有中华黏体虫、变异黏体虫、时珍黏体虫、脑黏体虫（图 6-14）。黏体虫的形态结构与碘泡虫相似，但黏体虫的细胞质里没有嗜碘泡。

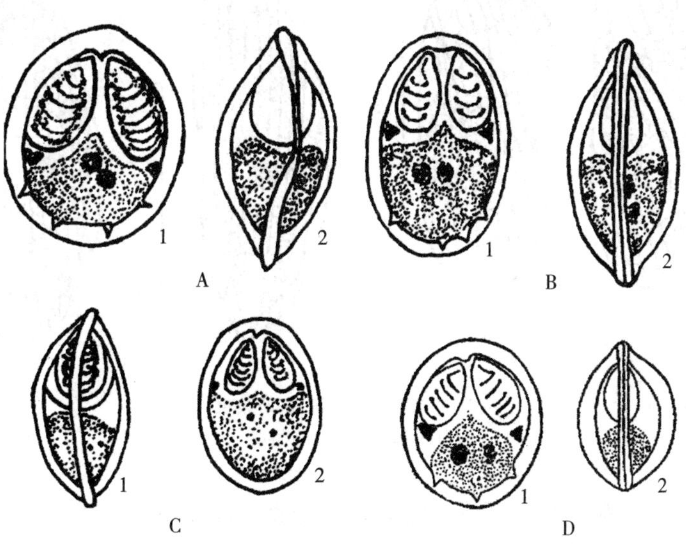

A. 中华黏体虫　B. 变异黏体虫　C. 时珍黏体虫　D. 脑黏体虫
1. 壳面观　2. 缝面观
图 6-14　黏体虫

①中华黏体虫的孢子壳面观为长卵形或卵圆形，前端稍尖或钝圆，后方有褶皱，孢子大小为（8～12）μm×（8.4～9.6）μm；有 2 个大小相等的梨形极囊，约占孢子的 1/2。

②变异黏体虫的孢子为椭圆形，两端钝圆，缝脊直，孢子大小为（9.6～11.0）μm×（6.0～7.2）μm，有两个梨形或卵形的极囊。

③时珍黏体虫的孢子为长椭圆形，大小为（9.8～11.3）μm×（7.2～7.8）μm，前端有2个大小相同的茄形极囊。

④脑黏体虫的孢子壳面观前宽而后狭，两端钝圆，有V形褶皱，有2块壳片，孢子大小为（12～15.6）μm×（7.8～9.0）μm；前端有2个同大的长梨形极囊。

【症状和病理变化】中华黏体虫主要寄生于鲤肠道的内、外壁上，胞囊呈乳白色，直径为1～1.5mm。变异黏体虫寄生于鲢、鳙的体表、鳃、肠、性腺等处，特别是寄生在性腺上，病鱼不能繁殖。时珍黏体虫寄生于鲢体内各器官中，尤其以腹腔为多，能见到块状白色包囊，大小为0.3～3cm。腹部膨胀，失去平衡，逐步死亡。脑黏体虫寄生在鱼的头骨及脊椎骨的软骨组织，破坏听觉平衡器及交感神经，使鱼追逐自身尾部而旋转运动，脊椎弯曲、头颅变形等症状。

【流行情况】中华黏体虫病主要危害2龄以上的鲤，全国各地均有发现。变异黏体虫病主要发现于东北地区，鲢、鳙亲鱼因感染而丧失繁殖力。时珍黏体虫病主要危害2龄鲢，感染率很高，但不出现大批死亡。脑黏体虫病又称为眩晕病、旋转病、昏眩病，主要危害虹鳟、大西洋鲑、河鳟等鲑科鱼类，从鱼苗开始摄食后的数周内是最主要的感染期。

【诊断方法】同碘泡虫病。

【防治方法】同碘泡虫病。

5. 两极虫病

【病原】两极虫属。常见种类有多态两极虫、鲤两极虫（图6-15）。

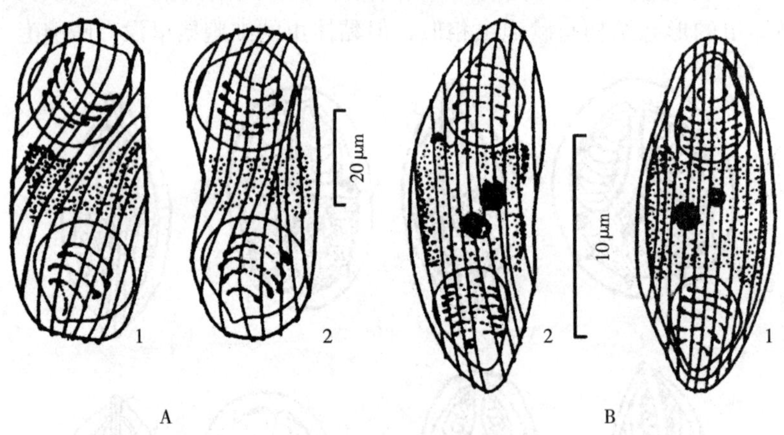

A. 多态两极虫　B. 鲤两极虫
1. 壳面观　2. 缝面观
图6-15　两极虫

①多态两极虫壳面观为长椭圆形，缝面观缝脊直或略呈S形。壳面有6～8根条纹，孢子大小为（10.0～14.0）μm×（4.0～6.0）μm。

②鲤两极虫壳面观呈梭形，缝面观有时一边隆起，一边微凹，壳面常有7～10根条纹，孢子大小为（13.0～17.0）μm×（4.0～6.0）μm。孢子内均有两个梨形或卵形的极囊，位于孢子的两端。细胞质里有两个明显的胚核。

【症状和病理变化】多态两极虫寄生于草鱼、青鱼、鲢、鳙、鳊的胆囊，症状不明显，常与四极虫同时寄生于一个寄主。鲤两极虫寄生在鲤的肾、膀胱，包囊呈圆形或椭圆形，直径为 47～150μm，目前两极虫对寄主的损害及致病情形尚不清楚。

【流行情况】该病全国各地均有分布，危害不大。国内曾报道鳗的两极虫病，其感染率高，但无大批死亡。但国外报道两极虫能引起鲑的严重感染和死亡。

【诊断方法】同碘泡虫病。

【防治方法】尚无治疗良方。

6. 四极虫病

【病原】鲢四极虫属。常见种类有椭圆四极虫、鲢四极虫（图 6-16）。椭圆四极虫的壳面观和缝面观均为椭圆形，顶面观为圆形。前端有 4 个极囊，无嗜碘泡，有两个圆形胚核。壳面具有明显的条纹，呈 U 形排列。孢子大小为（6.0～11.0）μm×（5.0～8.0）μm。鲢四极虫的壳面呈球形，有 8～10 条与缝脊平行的雕纹，缝脊直，孢子大小为（10.0～12.0）μm×（9.0～10.0）μm。

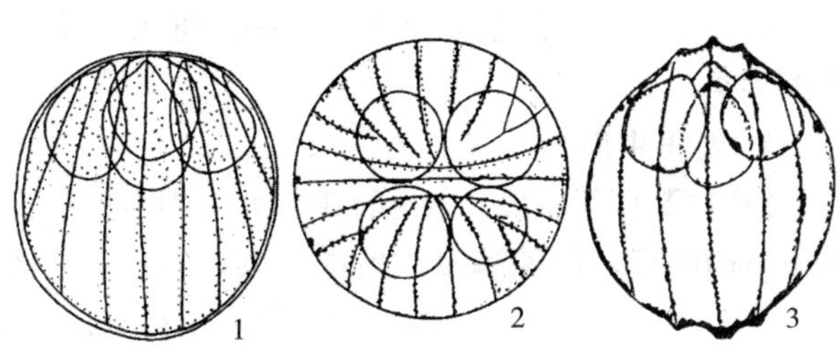

1. 壳面观　2. 顶面观　3. 缝面观

图 6-16　鲢四极虫

【症状和病理变化】四极虫寄生于胆囊内、外壁或胆汁中，使胆囊肿大，胆汁由深绿色变为淡黄色或无色。严重感染时，病鱼肠内无食物，胆汁外溢。鱼体瘦弱，眼圈出现点状充血或眼球突出，鳍基部和腹部变成黄色，即“黄疸症”。

【流行情况】鲢四极虫主要危害鲢鱼种，能引起越冬后期鲢鱼种的大批死亡。该病主要在东北地区流行。椭圆四极虫寄生于青鱼、草鱼、鲤、鲫、鲢、鳙、赤眼鳟等各种年龄的鱼。目前未发现有死亡的报道。

【诊断方法】同碘泡虫病。

【防治方法】用生石灰彻底清塘，能杀灭池塘底部孢子。

7. 球孢虫病

【病原】球孢虫属。常见种类有黑龙江球孢虫、鳃丝球孢虫（图 6-17）。

球孢虫壳面观和缝面观均为圆球形或卵球形。有 2 个极囊，位于孢子前端，壳面观只能见到一个极囊。孢质里无嗜碘泡，有两个圆形的胚核。黑龙江球孢虫的孢子前后端稍尖而突出，缝脊明显，孢子大小为（7.0～10.0）μm×（6.0～8.0）μm。鳃丝球孢虫的孢子外面包有一层薄膜，壳面有 4～5 条不甚明显的条纹，缝脊直而隆起，孢子大小为（7.0～8.0）μm×（6.0～8.0）μm。

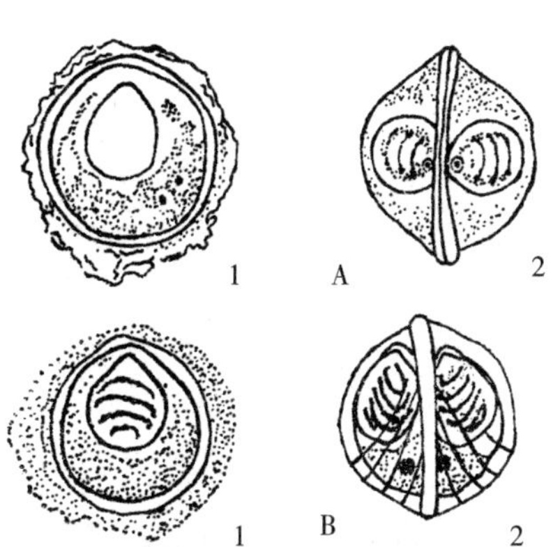

A. 黑龙江球孢虫　B. 鳃丝球孢虫

1. 壳面观　2. 缝面观

图 6-17　球孢虫

【症状和病理变化】黑龙江球孢虫寄生于草鱼、青鱼鳃丝。鳃丝球孢虫寄生于鲤、鳙、金鱼鳃丝或体表。在金鱼体表形成白色点状包囊，但在鳙和鲤的鳃丝上不形成包囊，呈扩散状分布。严重感染时，营养体充塞于鳃丝组织间，影响寄主呼吸，导致死亡。

【流行情况】全国各地均有发现，南方较为常见，主要侵袭青鱼、草鱼、鳙、鲤、金鱼等鱼类的鱼苗、鱼种。

【诊断方法】同碘泡病。

【防治方法】彻底清塘消灭池中孢子。

(三)微孢子虫病

微孢子虫是一类分布很广的微小寄生虫，长度一般为2～10μm，孢子呈梨形、卵圆形、椭圆形或茄形。目前已知有800余种。寄生于我国鱼类的微孢子虫主要有格留虫属和匹里虫属的种类。

1. 匹里虫病

【病原】匹里虫属。常见种类有大眼鲷匹里虫、鳗匹里虫、长丝匹里虫。大眼鲷匹里虫的孢子呈椭圆形，前端稍窄，后端钝圆，半透明，淡绿色，生活时大小为（4.9～6.0）μm×（3.1～3.2）μm。充分放出后的极管长达80～429μm。孢质内有1个圆形胞核（图6-18）。长丝匹里虫的孢子呈卵形或梨形，大小为（8.0～11.0）μm×（4.0～5.0）μm，内有1个较大的极囊和1个球状核，并具有1根极丝和液泡（图6-19）。

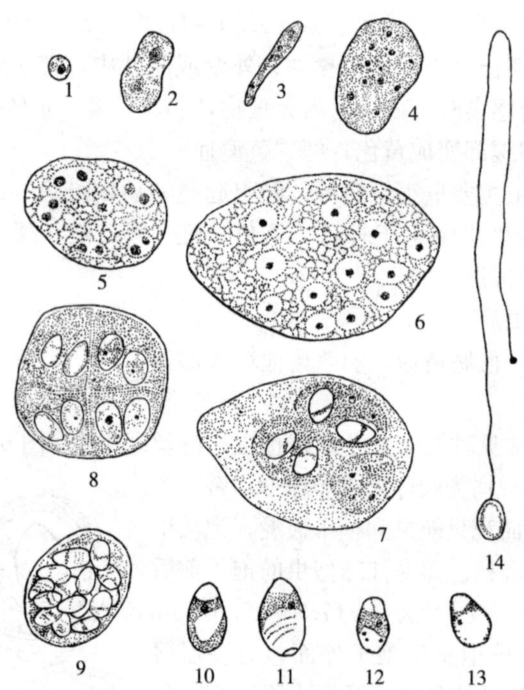

1. 单核营养体　2. 营养体核分裂　3、4. 营养核继续发育形成多核质体　5、6. 母孢子
7. 孢子母细胞　8、9. 泛孢子母细胞　10、11、12、13. 染色法不同的成熟孢子　14. 放出极管的孢子

图6-18　大眼鲷匹里虫

（何筱洁，1982）

【症状和病理的变化】大眼鲷匹里虫主要寄生在长尾大眼鲷和短尾大眼鲷的腹腔及生殖腺中。当严重感染时，腹部膨大，腹腔内有大量包囊（包囊重量占鱼体重的1/4），内脏萎缩，尤以生殖腺的萎缩为严重，失去生殖能力；其他组织器官中被寄生时，可看到白色小包囊。

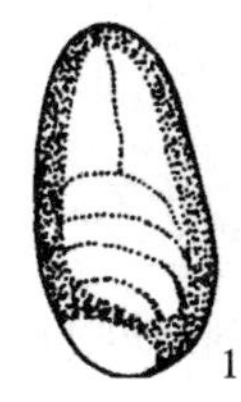

图 6-19　长丝匹里虫

（湖北省水生物研究所，1973. 湖北省鱼病病原区系图志）

鳗匹里虫主要寄生在鳗鲡的肌肉中，在全长 10cm 左右的鳗鲡患病后，可见黄白色斑，体表凹凸不明显。严重感染时，病鱼消瘦、不摄食、游动缓慢，最后死亡。

长丝匹里虫寄生在鱼类性腺上，形成乳白色或淡黄色的球形包囊。

【流行情况】匹里虫寄生于海水及淡水鱼的皮肤、内脏、肌肉、性腺和鳃等组织处，在我国海、淡水鱼均有记载，但危害不大，未见有流行的报道。

【诊断方法】剖开病鱼腹部，可看到白色成团的包囊，可做出初步诊断；镜检可以确诊。

【防治方法】尚待研究。

2. 格留虫病

【病原】格留虫属。常见种类有赫氏格留虫和肠格留虫。肠格留虫为椭圆形或卵形，大小为（5.3～6.3）μm×（3.1～4.0）μm，孢子膜较透明，极囊位于前端，呈椭圆形，液泡位于孢子后端，呈卵形，极丝有时可见，寄生于肠黏膜等组织中；赫氏格留虫为椭圆形，大小为（2.6～3.5）μm×（1.1～2.0）μm，孢子膜薄而透明，有 1 个椭圆形极囊，位于前端 1/3 处，后端有 1 个不规则的圆形或椭圆形液泡（图 6-20）。

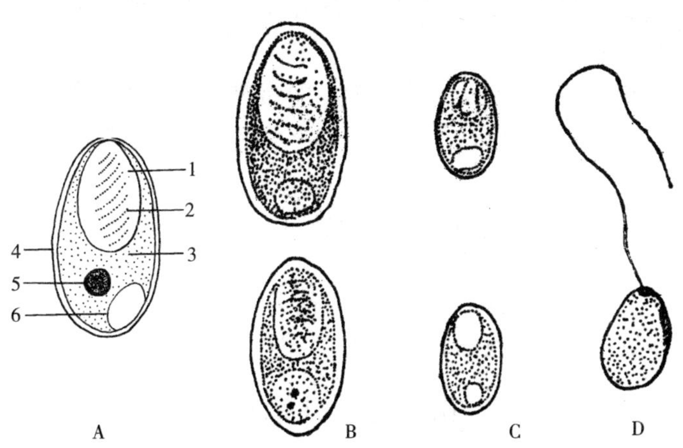

A. 格留虫的孢子构造　1. 极囊　2. 极丝　3. 孢质　4. 孢膜　5. 胞核　6. 液泡
B. 肠格留虫　C. 赫氏留虫　D. 放出极丝的孢子

图 6-20　格留虫

【症状和病理变化】赫氏格留虫寄生于草鱼、鲢、鳙、鲤、鲫、鳊、斑鳢等的肾、肠、生殖腺、脂肪组织、鳃和皮肤；肠格留虫寄生于青鱼肠等部位。能形成乳白色的包囊，大小为 2～3μm。严重时可引起性腺发育不良，生长缓慢。

【流行情况】全国各养鱼地区都有发现，包括池塘、湖泊、水库的鱼类，流行于夏秋两季，以孢子形式感染健康鱼，尚未见严重感染并暴发流行的报道。

【诊断方法】显微镜下观察到虫体可以确诊。

【防治方法】彻底清塘，杀灭孢子。

（四）单孢子虫病

单孢子虫主要寄生在无脊椎动物（如软体动物、环节动物、节肢动物）和低等脊椎动物（如鱼类）中，以孢子形式寄生，有的种类超寄生在复殖吸虫或线虫的幼虫内。孢子的构造简单，没有极囊和极丝。严重感染时可引起死亡，至今尚无有效治疗方法。

【病原】肤孢虫属。常见种类有野鲤肤孢虫、鲈肤孢虫、广东肤孢虫（图6-21）。孢子呈圆球形，直径4～14μm；构造比较简单，外包1层透明的膜，细胞质里有1个圆形、大的折光体，位于孢子的偏中心位置；在折光体和胞膜之间最宽处有1个圆形细胞核；有时还有一些颗粒状内含物；没有极囊和极丝。进行裂殖生殖，整个生活史中只需一个寄主。

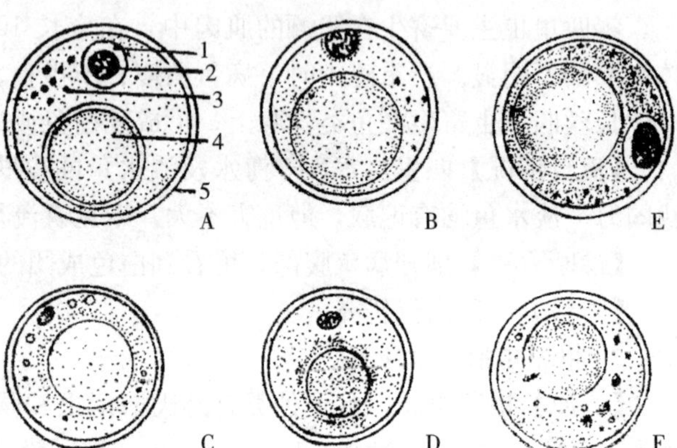

A、B. 鲈肤孢虫　C、D. 广东鲈肤孢虫　E、F. 肤孢虫的一种
1. 细胞核　2. 核内体　3. 细胞质内含物　4. 折光体　5. 细胞膜

图 6-21　肤孢虫

【症状和病理变化】肤孢虫主要寄生在鱼类的体表、鳃和鳍，肉眼能见形状不同的白色包囊。野鲤肤孢虫为盘卷线状包囊，鲈肤孢虫和广东肤孢虫分别为香肠状和带状。被寄生处发炎、溃烂、充血，严重的病鱼体色发黑、消瘦、死亡。

【流行情况】鲈肤孢虫寄生在鲈、青鱼、鲢、鳙等鳃上；广东肤孢虫寄生在斑鳢的鳃上；野鲤肤孢虫寄生在鲤、镜鲤、青鱼、草鱼的体表。全国各养鱼地区都有分布，并出现严重病例。

【诊断方法】根据症状及流行情况进行初步诊断。镜检确诊。

【防治方法】

（1）隔离病鱼，对发病池塘彻底消毒，杀灭孢子。

（2）用90%晶体敌百虫全池泼洒，每周泼洒2次。

四、由纤毛虫引起的疾病

纤毛虫在原生动物中是特化程度最高和最复杂的一大类群，以其纤毛为运动胞器。纤毛虫通常有一个大核，呈卵圆形、肾形、马蹄形、棒形或念珠形等。小核较小，数目不等，多为圆形。纤毛虫无性生殖为二分裂，有性生殖为接合生殖，而吸管虫则以出芽生殖为主。纤毛虫的生活史有营养期和包囊2个时期，靠包囊传播或接触传播，生活史只需一个寄主。

（一）斜管虫病

【病原】鲤斜管虫。虫体腹面观呈卵圆形，后端稍凹入，侧面观背面隆起，腹面平坦，

前端较薄，后端较厚，活体大小为（40～60）μm×（25～47）μm。背面前端左侧有 1 行刚毛，其余部分裸露；腹面左侧有 9 条纤毛线，右侧有 7 条纤毛线，余者裸露。腹面有 1 胞口，由 16～20 根刺杆呈圆形围绕成漏斗状的口管，末端弯转处为胞咽。大核呈椭圆形，位于虫体后部，小核呈球形，一般在大核的一侧或后面；伸缩泡 2 个，分别位于虫体前部偏左及后部偏右（图 6-22）。繁殖为横二分裂及接合生殖。靠直接接触或包囊传播。环境不良时可形成包囊（彩图 6-4）。

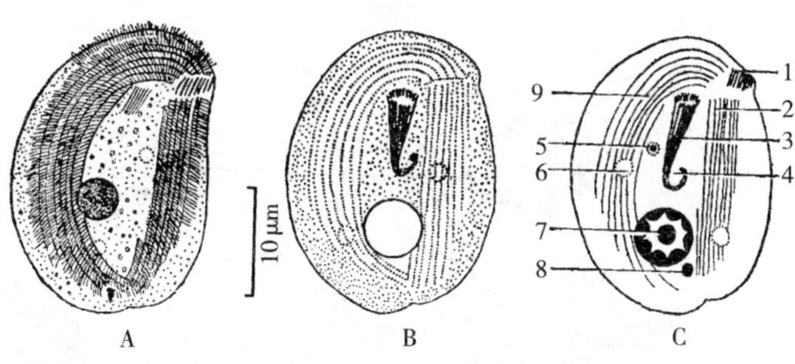

A. 活体　B. 染色标本　C. 模式图　1. 刚毛　2. 左腹纤毛线　3. 口管　4. 胞咽　5. 食物粒　6. 伸缩泡　7. 大核　8. 小核　9. 右腹纤毛线

图 6-22　鲤斜管虫

（陈启鎏）

斜管虫

【症状和病理变化】寄生在淡水鱼体表及鳃上，大量寄生时，体表形成苍白色或淡蓝色的一层黏液层，2～3d 内即有大批病鱼苗种死亡。

【流行情况】该病主要危害淡水鱼苗种。流行于春、秋季节，流行水温为 12～18℃。我国各养鱼地区都有发生。

【诊断方法】该病无特殊症状，病原体较小，必须用显微镜进行检查诊断。

【防治方法】

（1）用生石灰彻底清塘，杀灭池中的病原体。

（2）浸洗鱼种，用 8mg/L 硫酸铜溶液浸洗 20min 或 2%氯化钠溶液浸洗 5min。

（3）患病池塘用硫酸铜和硫酸亚铁合剂（5∶2）全池遍洒，浓度为 0.7mg/L。

（二）车轮虫病

【病原】车轮虫属（54～101μm）和小车轮虫属（20～47μm）（图 6-23）。

虫体侧面观如毡帽状，反面观呈圆碟形（图 6-24、彩图 6-5、彩图 6-6）。隆起的一面为前面或称口面，相对而凹入的一面为反口面（后面）。口面上有口沟，其末端通向胞口，口沟两侧各生一行纤毛，形成口带，胞口下接胞咽。口沟可绕体 180°～270°（小车轮虫）或 330°～450°（车轮虫）。单一伸缩泡在胞咽之侧。围绕着前腔有马蹄形、香肠形大核，大核一端还有 1 个球形或短棒状的小核。反口面有 1 列整齐的纤毛组成的后纤毛带，其上下各有 1 列较短的纤毛，称为上缘纤毛和下缘纤毛。有的种类在下缘纤毛之后，还有一透明膜，称之为缘膜。反口面最显著的结构是齿环和辐射线。齿环由齿体构成，齿体由齿沟、锥部、齿棘三部分组成。小车轮虫无齿棘。

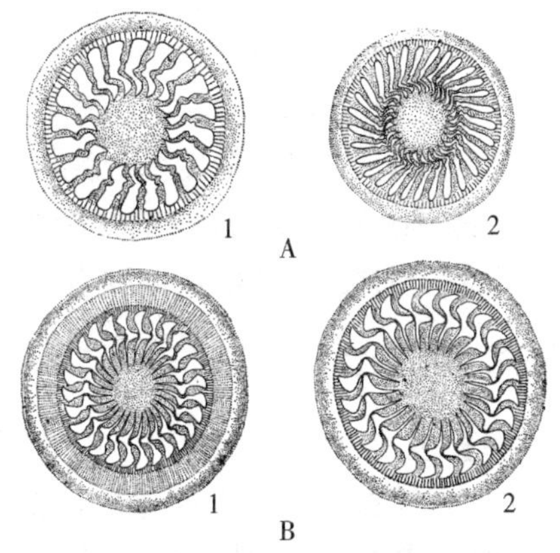

A. 小车轮虫属　1. 眉溪小车轮虫　2. 卵形车轮虫

B. 车轮属　1. 显著车轮虫　2. 东方车轮虫

图 6-23　车轮虫与小车轮虫

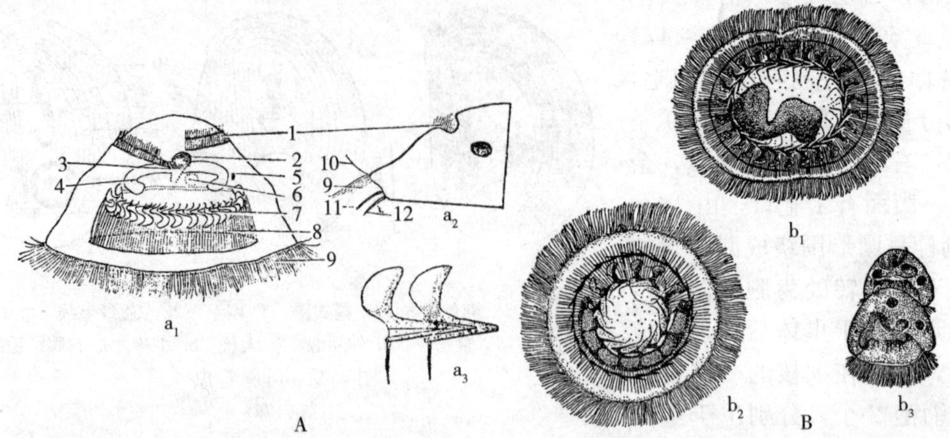

A. 车轮虫的结构：a_1. 侧面观　a_2. 纵切面观（一部分）　a_3. 齿体　1. 口沟和口纤毛带　2. 胞口　3. 胞咽　4. 大核　5. 小核　6. 伸缩泡　7. 齿环　8. 辐线　9. 后纤毛带　10. 上缘纤毛　11. 下缘纤毛　12. 缘膜

B. 车轮虫的生殖：b_1. 正在分裂的个体　b_2. 刚分裂后的子体　b_3. 进行接合生殖

图 6-24　车轮虫的结构（A）及生殖（B）

车轮虫的繁殖方式为纵二分裂法和接合生殖。新生个体可以通过水流或其他水生生物及养殖用工具等而传播，不需中间宿主。

【症状和病理变化】车轮虫寄生于鱼类的体表或鳃，还可在鼻腔、膀胱、输尿管出现。大量寄生时，病鱼体色暗淡，消瘦，食欲不振，甚至停止吃食，同时分泌大量的黏液。病鱼有时成群沿池边狂游，俗称“跑马病”；有时体表出现一层白翳（彩图 6-7）。

【流行情况】该病主要危害淡水、海水鱼苗、鱼种。流行于 4—7 月，但以夏、秋为流行盛季，适宜水温 20～28℃。鱼苗、鱼种放养密度大或池小、水浅、水质不良、营养不足，或连绵阴雨天，均易引起车轮虫病的暴发。

【诊断方法】镜检发现车轮虫数量较多时可诊断为车轮虫病；如仅见少量虫体，不能认为是车轮虫病，因为少量虫体附着在鳃上是常见的。

车轮虫

【防治方法】

（1）用生石灰彻底清塘，合理施肥、放养。

（2）治疗淡水鱼类车轮虫病，用 2% 氯化钠溶液浸洗病鱼 2～10min；或用 0.7mg/L 硫酸铜和硫酸亚铁合剂（5∶2）全池泼洒。

（3）治疗海水鱼类车轮虫病，用淡水浸洗病鱼 2～10min；或用 0.8～1.2mg/L 硫酸铜和硫酸亚铁合剂（5∶2）全池泼洒。

车轮虫病症状

（4）福尔马林全池泼洒，浓度为 25～30mg/L，隔天再用 1 次。

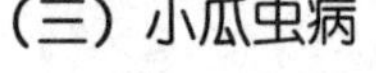

（三）小瓜虫病

【病原】多子小瓜虫。其生活史分为成虫期、幼虫期及包囊期。

成虫期：成虫呈卵圆形或球形，大小为（350～800）μm×（300～500）μm；虫体柔软，全身密布短而均匀的纤毛，胞口位于体前端腹面；大核呈马蹄形或香肠形、小核呈圆形，紧贴在大核上；胞质外层有很多细小的伸缩泡，内质有大量食物粒（图 6-25、彩图 6-8）。

幼虫期：虫体呈卵形或椭圆形，前端尖，后端钝圆，大小为(33～54)μm×(19～32)μm。前端有一个乳突状的钻孔器，后端有1很长而粗的尾毛。全身披有等长的纤毛。大核呈椭圆形或卵形，小核呈球形。体前端有1个大的伸缩泡（彩图6-9）。

包囊期：离开鱼体的虫体或越出囊泡的虫体，可游泳3～6h，然后沉入水底，静止下来后，分泌一层胶质厚膜将虫体包住，即包囊。包囊呈圆形或椭圆形，白色透明，大小为（0.329～0.98）mm×（0.276～0.722）mm。

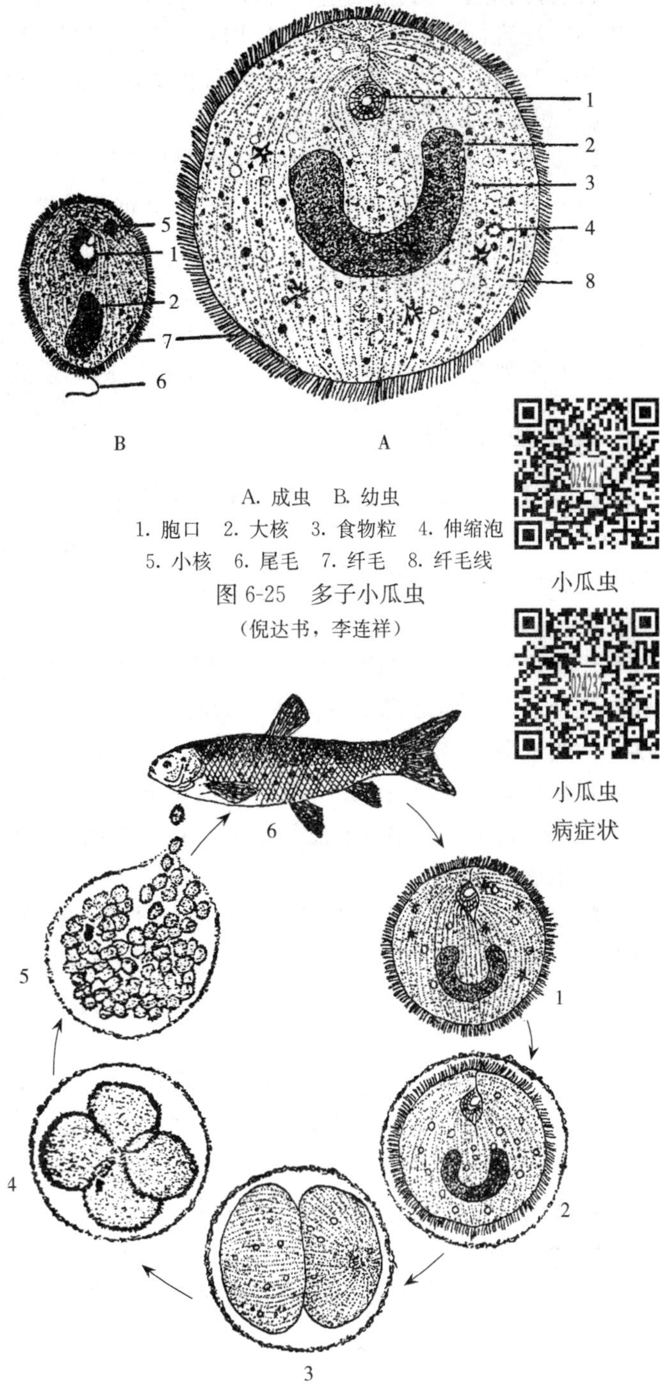

A. 成虫　B. 幼虫
1. 胞口　2. 大核　3. 食物粒　4. 伸缩泡
5. 小核　6. 尾毛　7. 纤毛　8. 纤毛线
图6-25　多子小瓜虫
（倪达书，李连祥）

小瓜虫

小瓜虫
病症状

1. 离开鱼体的成虫　2. 形成包囊　3、4、5. 虫体在包囊内不断进行分裂，形成许多纤毛幼虫　5. 纤毛幼虫从包囊出来在水中游动，寻找寄主　6. 感染小瓜虫的鱼
图6-26　多子小瓜虫生活史
（湖北省水生物研究所，1973. 湖北省鱼病病原区系图志）

生活史：包囊内的虫体胞口消失，马蹄形的大核变为圆形或卵形，小核可见。囊内虫体不断转动，2～3h后开始分裂，经9～10次连续等分裂后，产生300～500个纤毛幼虫，纤毛幼虫越出包囊又再感染鱼体，刺激周围的上皮细胞增生，形成小囊泡。在囊内发育为成虫，然后离开宿主，形成包囊（图6-26）。靠包囊及其幼虫传播。

据报道，鱼类被多子小瓜虫寄生后，其血清及黏液中可产生抗体，产生一定程度的免疫力，且至少可持续8个月。

【症状和病理变化】在病鱼的体表、鳍条、鳃上，肉眼可见白色小点状囊泡，故该病又称为白点病。寄生处组织发炎、坏死、鳞片脱落、鳍条腐烂而开裂。鳃暗红，并有出血现象，虫体侵入眼角膜，能引起发炎变瞎。病鱼游动缓慢，因呼吸困难窒息而亡（彩图6-10）。

【流行情况】该病主要危害各种淡水鱼。流行于初冬、春末，适宜水温为15～25℃。是一种世界性广泛流行的疾病，全国各地均有流行。但当水质恶劣、养殖密度高、鱼体抵抗力低时易患病，3～4d后即可大批死亡，有时在冬季及盛夏也发生。

【诊断方法】目检及镜检诊断。

【防治方法】目前尚无理想的治疗方法。

（1）用生石灰或漂白粉清塘消毒，加强饲养管理，保持良好环境，增强鱼体抵抗力，是预防小瓜虫病的关键。

（2）鱼下塘前，如发现有小瓜虫寄生，采用200～250mg/L冰醋酸溶液药浴15min。

（3）全池遍洒亚甲基蓝，使池水浓度成2mg/L，连续数次。

（4）全池遍洒福尔马林（15～25μL/L），隔天遍洒1次，共泼药2～3次。

（四）隐核虫病

【病原】刺激隐核虫。虫体为球形或卵圆形。成熟个体的直径为0.4～0.5mm，全身表面披有均匀一致的纤毛。近于身体前端有一胞口。外部形态与多子小瓜虫相似。隐核虫的大核分隔成4个卵圆形团块（少数个体为5～8块）（图6-27），各团块间沿长轴有丝状物相连，呈马蹄状排列。隐核虫的生活史分为营养体期和包囊期。营养体是寄生在鱼体上的时期，成熟后离开寄主鱼，落于池底或其他固体物上并形成包囊。虫体在包囊内经多次分裂，最后形成许多纤毛幼虫。纤毛幼虫冲破包囊在水中游动，遇到宿主后附着上去，钻入上皮组织下，重新开始营养体的发育并营寄生生活。

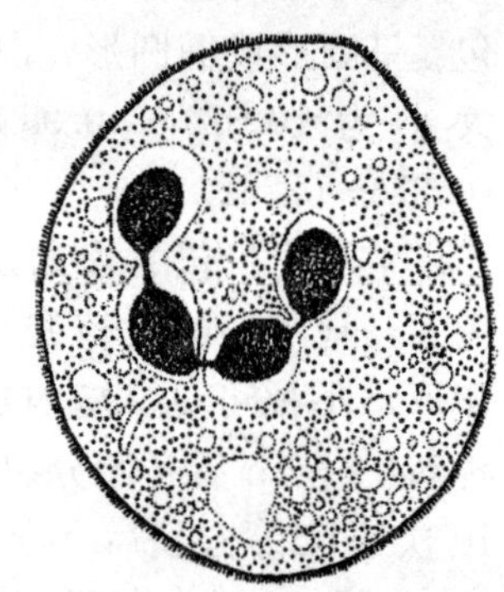
图6-27　刺激隐核虫

【症状和病理变化】虫体寄生于鱼类的体表、鳃及口腔等处，形成许多针尖大小的白点，皮肤点状充血，体表分泌大量黏液，严重时形成一层混浊的白膜，俗称海水小瓜虫病或海水白点病。鳃组织增生，并发生溃烂，瞎眼。病鱼食欲不振，活动失常，呼吸困难，窒息而亡。

【流行情况】该病危害所有的海水养殖鱼类，如石斑鱼、真鲷、黑鲷等经济鱼类时有发病，发病后往往3～5d即可大批死亡。刺激隐核虫常见与瓣体虫同时寄生于同一宿主。流行季节为6—8月，最适水温25～30℃。水族馆及网箱养殖鱼类常见该病。此病的发生与鱼类放养的密度过大、水质恶化有密切关系。

【诊断方法】将鳃或体表的白点取下，制成水浸片，在显微镜下看到呈圆形或卵圆形、全身具有纤毛、体色不透明、缓慢地旋转运动的虫体，即可诊断。

【防治方法】

（1）用生石灰彻底清塘，控制适宜的放养密度；及时清除死鱼和残饵，保持水体清洁。

（2）用淡水浸洗病鱼3～15min（根据鱼的耐受程度），浸洗后移入2～2.5mg/L盐酸奎宁水体中养殖数天，效果更好。

（3）硫酸铜全池泼洒。静水池浓度为1mg/L；流水池浓度为17～20mg/L，同时关闭进水闸，过40～60min后再开闸，每天1次，连续治疗3～5d。

（4）全池泼洒福尔马林，浓度为25mg/L，每天1次，连用3次。

（五）瓣体虫病

【病原】石斑瓣体虫。虫体侧面观可见背部隆起，腹面平坦；腹面观可见虫体为椭圆形，幼小个体则近于圆形。虫体大小为（45～80）μm×（29～53）μm（固定标本），大核呈椭圆形，小核呈椭圆形或圆形，紧贴于大核前。胞口在腹面前端中间，与胞口相连的是由 12 根刺杆围成的漏斗状口管。在大核后方的腹面有 1 个形如花朵的瓣状体。腹面的中部和前部两侧有 32～36 条纤毛线，背面无纤毛线（图 6-28）。虫体以横分裂方式进行繁殖，通过新分裂虫体感染鱼类。

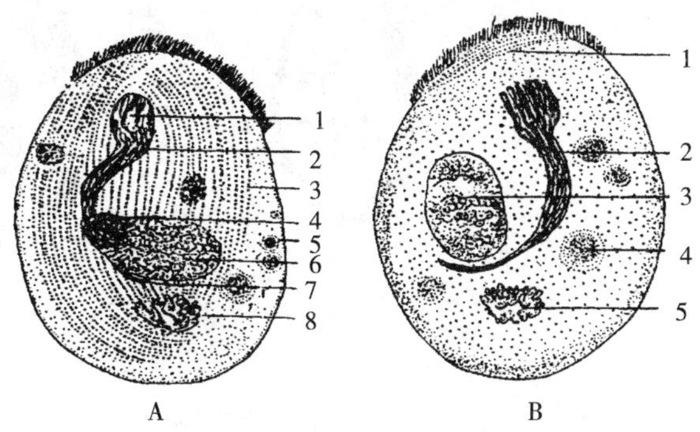

A. 虫体腹面观 1. 胞口 2. 口管 3. 纤毛线 4. 小核 5. 食物粒 7. 胞咽 8. 瓣状体
B. 虫体背面观 1. 纤毛线 2. 口管 3. 大核 4. 食物粒 5. 瓣状体

图 6-28 石斑瓣体虫

【症状和病理变化】病鱼食欲减退，离群慢游，体色变浅，呼吸困难。瓣体虫寄生在鱼体表、鳍条、鳃丝上，病鱼黏液分泌增多，鳃部贫血呈灰白色，鳃丝浮肿，黏有许多泥样污物，体表也有不规则白斑，严重时，白斑扩大连成一片。

【流行情况】该病主要危害石斑鱼、真鲷、大黄鱼等海水鱼类。流行于夏季和初秋高温期。在高密度流水养鱼和网箱养殖中较为常见，发病快、危害大。流行于广东、福建沿海一带。

【诊断方法】根据外观症状进行初步诊断；取少许病灶组织，镜检确诊。

【防治方法】

（1）用淡水浸洗 3～5min；用 10mg/L 高锰酸钾浸洗 7min；用 2mg/L 硫酸铜浸浴 2h；用 200～250mg/L 福尔马林浸洗 20min。

（2）福尔马林 50mg/L 全池泼洒，5～6h 换水，视病情连续用药 2～3 次。

（六）半眉虫病

【病原】半眉虫属，有巨口半眉虫、圆形半眉虫（图 6-29）。巨口半眉虫的背面观像梭子；侧面观像饺子，左侧面有 1 条裂缝状的口沟。大核 2 个，小核 1 个，伸缩泡 8～15 个，虫体内布满大小食物颗粒，虫体腹面裸露无纤毛，背面生长着均匀一致的纤毛，虫体大小为（38.5～73.9）μm×（27.7～38.5）μm；圆形半眉虫呈卵形或圆形，虫体背面纤毛长短一致，以背面近右侧中点为中心，有规则地呈同心圆状排列，虫体腹面裸露而无纤毛，虫体前端有一束弯向身体左侧的锥状纤毛束，2 个大核呈椭圆形，小核呈球形，伸缩泡10～14个，有少许食物颗粒，虫体大小为（41.6～49.3）μm×（32.3～43.1）μm。

半眉虫通常以包囊形式寄生，包囊是由寄生虫本身分泌的黏液将虫体包围起来。虫体离开寄主后，能在水中自由游动，以此感染鱼体。半眉虫以横二分裂繁殖。

【症状】半眉虫以包囊的形式寄生于鱼鳃、皮肤。寄生数量多时，损伤组织。

【流行情况】该病主要危害鲢、鳙、草鱼、鲤、鲫等多种经济鱼类鱼种，全国均有发现。

【诊断方法】镜检诊断。

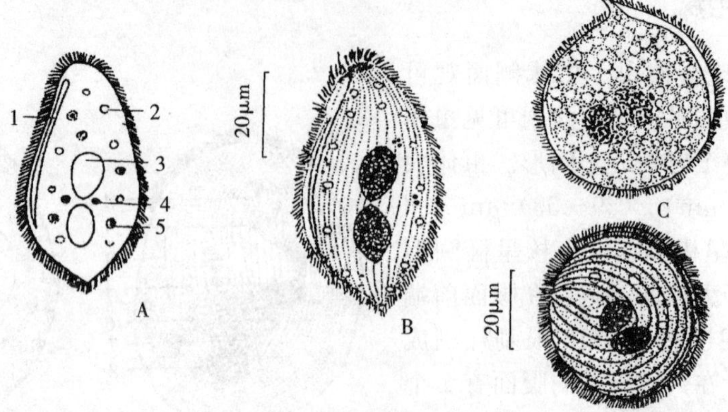

A、B. 巨口半眉虫的模式图及染色标本　C. 圆形半眉虫
1. 口沟　2. 伸缩泡　3. 大核　4. 小核　5. 食物粒
图 6-29　两种半眉虫
（陈启鎏）

【防治方法】

（1）彻底清塘，用浓度为 8mg/L 的硫酸铜溶液浸洗鱼体 30min。

（2）用硫酸铜和硫酸亚铁合剂（5∶2）全池遍洒，浓度为 0.7mg/L。

（七）肠袋虫病

【病原】鲩肠袋虫（图 6-30）。虫体呈卵形或纺锤形，除胞口外，体被均匀一致的纤毛，构成纵列的纤毛线。虫体大小为（38～78）μm×（21～46）μm。前端腹面有一近似椭圆形的胞口，向内呈漏斗状，渐渐深入到胞咽，形成 1 个小袋状结构。末端有 1 个与外界相通的小孔，称之为胞肛。胞口左缘由纤毛延伸而形成 1 列粗而长的纤毛。大小核各 1 个，伸缩泡 3 个，胞内有许多大小不一的食物颗粒。繁殖方式为横二分裂或接合生殖。肠袋虫生活史包括滋养体和包囊两个时期。包囊随粪便排出，污染池水或食物而传播。

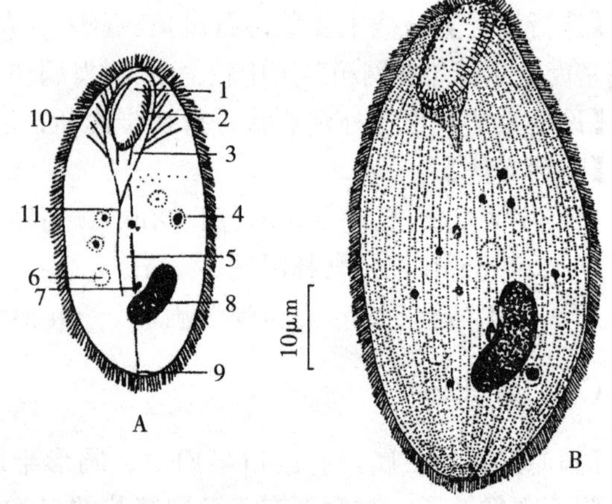

A. 模式图　B. 染色标本
1. 胞口　2. 口纤毛　3. 胞咽　4. 食物粒　5. 纤毛线
6. 伸缩泡　7. 小核　8. 大核　9. 肛孔　10. 周围纤维　11. 轴纤维
图 6-30　鲩肠袋虫
（陈启鎏）

【症状和病理变化】鲩肠袋虫寄生于各龄草鱼后肠。虫体以宿主食物残渣为营养，对组织没有明显的破坏作用，对寄主危害也不大。当宿主感染细菌性肠炎时，则能促使病情加重。

【流行情况】该病全国各地均有流行，一年四季可见，尤以夏、秋两季较为普遍。

【诊断方法】刮取宿主后肠黏膜，镜检诊断。

【防治方法】彻底清塘，杀灭包囊，减少感染。

（八）杯体虫病

【病原】杯体虫属。常见种有筒形杯体虫、卵形杯体虫、变形杯体虫（图 6-31）。为附生纤毛虫。虫体充分伸展时呈杯状或喇叭状，前端粗，后端变狭。前端有一个口围盘，其内有一个左旋的口沟。口围盘四周排列着 3 圈纤毛，称之为口缘膜。有一个伸缩泡。虫体后端有一吸盘状附器，可附着在寄主组织上。在虫体内中部或后部，有 1 个圆形或三角形的大核，小核在大核之侧。虫体大小为（14～80）μm×（11～25）μm。无性生殖为纵二分裂，有性生殖为接合生殖（图 6-31）。

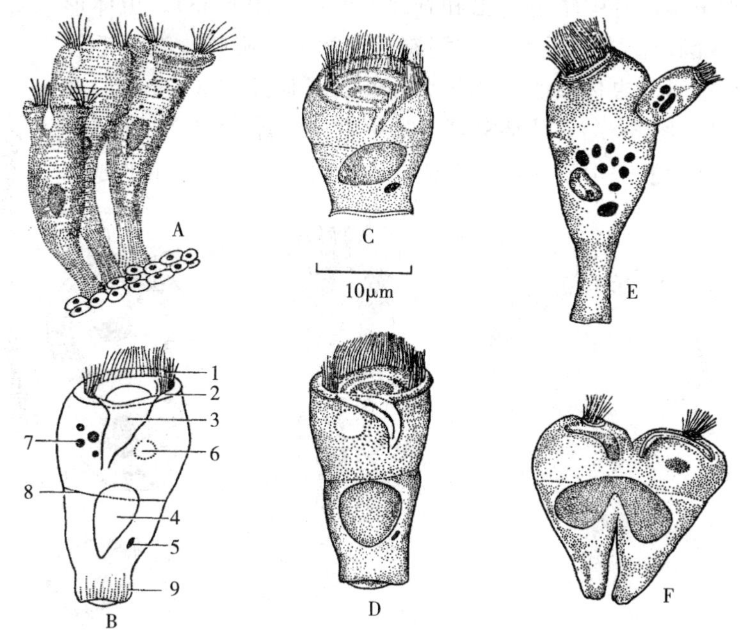

A. 筒形杯体虫活体（着生鳃上） B. 筒形杯体虫模式图 C. 卵形杯体虫
D. 变形杯体虫 E. 接合生殖 F. 分裂生殖
1. 口缘膜 2. 口围盘 3. 前腔和胞咽 4. 大核 5. 小核 6. 伸缩泡 7. 食物粒 8. 纤毛带 9. 附着器
图 6-31 杯体虫及其生殖
（陈启鎏）

【症状和病理变化】虫体成丛固着在鱼类皮肤、鳍和鳃上，易感染鱼苗、鱼种，摄食水中微小生物，对寄主组织产生压迫作用，妨碍宿主正常呼吸作用，使鱼体消瘦，游动缓慢，呼吸困难，严重时引起窒息死亡。

【流行情况】该病主要危害 2.5cm 以下的苗种。流行季节为夏、秋。各地均有发现。

【诊断方法】根据外观症状进行初步诊断；取少许病灶组织，镜检确诊。

【防治方法】同车轮虫病。

（九）海马丽克虫病

【病原】海马丽克虫（图 6-32）。虫体呈盘状，大小为（50～87）μm×（16～31）μm。从下至上大致可分为 3 个部分：基盘、颈状部和口盘。虫体内大核排成念珠状，有 7～9 粒。小核1个。

【症状和病理变化】主要附着于海马鳃丝上，密集于鳃丝表面，感染率高，影响宿主呼吸，导致窒息死亡。

【流行情况】目前仅见一例。

【诊断方法】取少许病灶组织，镜检诊断。

【防治方法】用淡水浸洗 2min，虫体可被彻底杀灭（海马能耐受 15min 以上）。

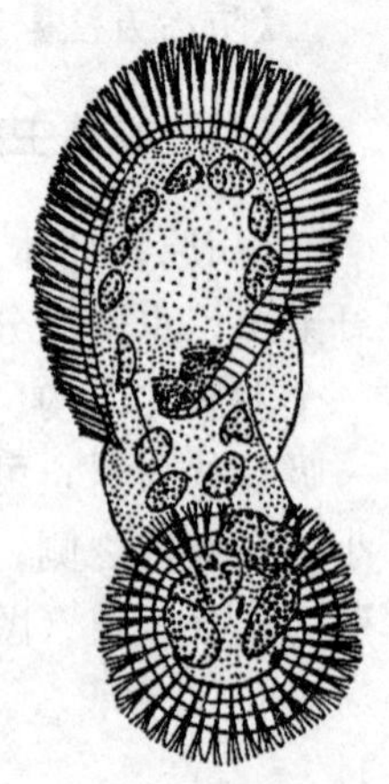

图 6-32 海马丽克虫腹面观
（孟庆显）

五、毛管虫病

【病原】毛管虫属，有中华毛管虫和湖北毛管虫（图 6-33）。虫体形状不定，呈卵形或圆形。中华毛管虫前端有 1 束放射状吸管，湖北毛管虫前端有 1～4 束吸管。虫体具大、小核各 1 个，具伸缩泡 3～5 个。毛管虫行内出芽生殖（图 6-33）。传播靠纤毛幼虫直接接触。

【症状和病理变化】寄生于各种淡水鱼类的鳃和皮肤，破坏鱼的鳃上皮细胞，妨碍宿主的呼吸，使鱼呼吸困难，浮在水面。病鱼体弱、消瘦，严重感染可引起死亡。

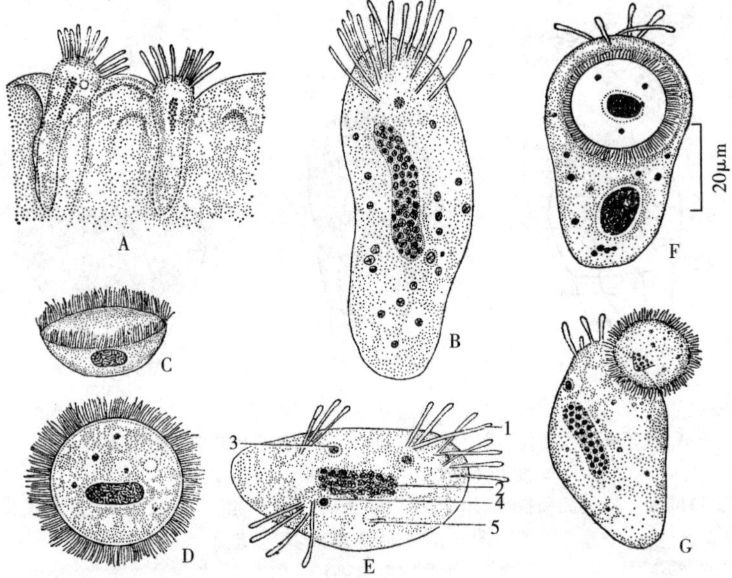

A、B、C、D. 中华毛管虫（A. 活体，示寄生于鳃丝 B. 成虫 C、D. 幼体）
E. 湖北毛管虫的成虫 F. 发育完成的胚芽 G. 正由母体出来的胚芽
1. 吸管 2. 大核 3. 食物粒 4. 小核 5. 伸缩泡

图 6-33 毛管虫及其出芽生殖
（陈启鎏）

【流行情况】该病主要危害鱼苗、鱼种。全国各地均有发现，以长江流域较为流行。6—10 月是其流行季节。

【诊断方法】根据外观症状进行初步诊断；取少许病灶组织，镜检确诊。

【防治方法】同车轮虫。

第二节　寄生蠕虫病

由蠕虫引起的疾病称为蠕虫病。主要的寄生蠕虫有扁形动物、线形动物、环节动物等。

一、由单殖吸虫引起的疾病

（一）概述

单殖吸虫属于扁形动物门、吸虫纲、单殖吸虫亚纲。寄生部位主要为鳃、皮肤和鳍。这类寄生虫通常以其后固着器插入寄生部位的组织，破坏组织结构；吸吮寄主营养；刺激寄主分泌大量黏液，引起细菌等病原微生物的入侵，造成组织发炎、病变，严重时可引起苗种大批死亡。

单殖吸虫个体较小，体长 0.15～20mm，有的可达 3cm。身体形状不一，呈指状、叶片状、椭圆、圆盘状等。固着器分为前固着器与后固着器，一般以后固着器为主要固着器官，且是分类上的主要依据之一。

单殖吸虫大部分种类为卵生，仅有少数为“胎生”（部分三代虫类）。生活史中不需更换中间宿主。受精卵自虫体排出后，漂浮于水面或附着在宿主鳃、皮肤及其他物体上。卵经一段时间发育后，幼虫自卵越出，落入水中。幼虫体披 4～5 簇纤毛，前端具 2 对眼点，有咽及肠囊，后端有盘状结构。幼虫具有趋光性，作直线运动，遇到合适的宿主就附着寄生。虫体附着之后，脱去纤毛，各器官相继形成。寄生于鳃上，以血液或黏液为食，寄生于皮肤则以表皮为食。如果一定时间内，幼虫遇不到合适的宿主，就会死亡。

（二）常见单殖吸虫病

1. 指环虫病

【病原】指环虫属。致病种类主要有：鳃片指环虫，寄生于草鱼鳃丝；鳙指环虫，寄生于鳙鳃；小鞘指环虫，寄生于鲢鳃；坏鳃指环虫，寄生于鲤、鲫、金鱼的鳃丝等。

以鳃片指环虫（图 6-34）为例。虫体扁平，大小为（0.19 ～ 0.53） mm ×（0.07～0.14） mm。虫体前端有 4 个呈方形排列的眼点，头器 2 对。口位于眼点附近，肠分为 2 支，末端相连。后固着器上有 1 对中央大钩，边缘小钩 7 对。腹联结

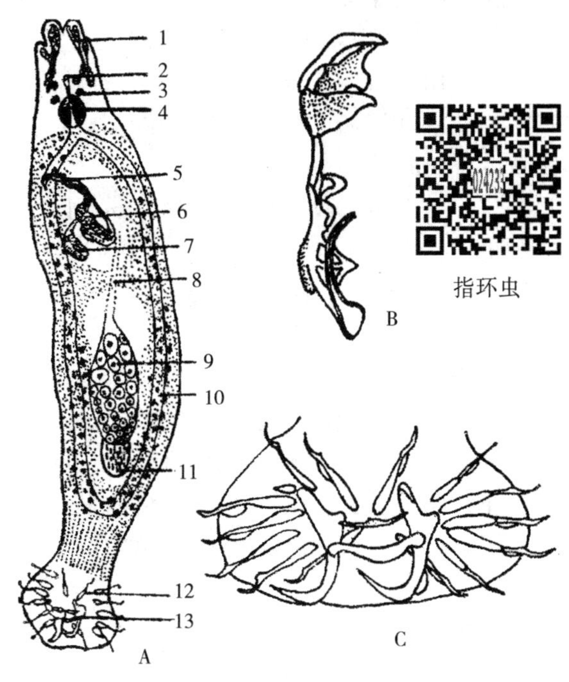

A. 腹面观　B. 交配器　C. 后固着器
1. 头腺　2. 口　3. 眼点　4. 咽　5. 交配器　6. 前列腺　7. 储精囊　8. 子宫　9. 卵巢　10. 肠　11. 精巢　12. 边缘小钩　13. 锚钩

图 6-34　鳃片指环虫

片呈长片状；背联结片呈 T 形。精巢一个，在身体中部稍后，储精囊附近有前列腺。交接器由交接管和支持器两部分构成。卵巢一个，近肠管分支处。阴道口在体侧。阴道接膨大的受精囊，再由此有一小管接输卵管。梅氏腺在子宫基部的周围。卵黄腺发达（彩图 6-11）。

生活史（图 6-35）：指环虫为卵生，卵呈卵圆形，一端有一小柄，柄末端呈小球状。幼虫身上有纤毛 5 簇，具 4 个眼点和小钩。在水中游动，遇到适当宿主时就附着上去，脱去纤毛，发育为成虫。24h 内，如幼虫遇不到合适寄主，就会死亡。

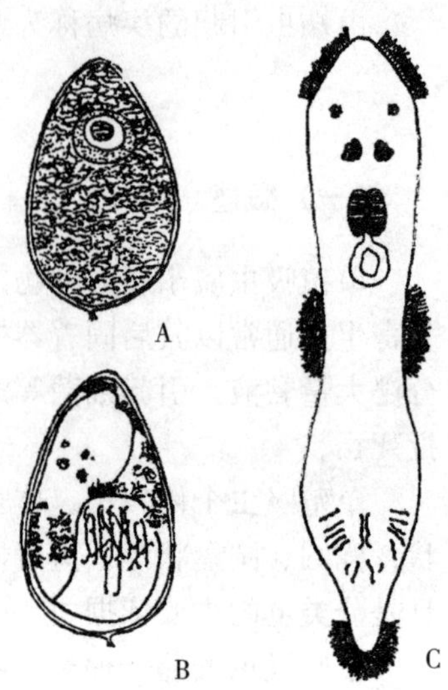

A. 卵 B. 孵出前的虫卵 C. 幼虫
图 6-35 坏鳃指环虫生活史

【症状和病理变化】指环虫主要寄生于鱼的鳃上。大量寄生时，病鱼鳃丝肿胀，鳃盖张开，难以闭合；鳃丝黏液增多，贫血，颜色苍白，呈花鳃状；病鱼体色发黑，身体瘦弱，食欲减退，游动缓慢终至死亡。

【流行情况】这是一种常见多发病，主要危害各种淡水鱼类苗种。流行于春末夏初，适宜温度为 20～25℃。大量寄生时可使苗种大批死亡。全国各养鱼地区都有发生。

【诊断方法】显微镜检查鳃丝，当发现有大量指环虫寄生（每片鳃上有 50 个以上虫体或在低倍镜下每个视野有 5～10 个虫体），可确定为指环虫病。

【防治方法】

（1）用生石灰清塘，杀灭病原体。

（2）用 20mg/L 高锰酸钾浸洗鱼体 15～30min；用 200～250mg/L 福尔马林浸洗鱼体 25min。

（3）90%晶体敌百虫 0.2～0.3mg/L 或敌百虫面碱合剂（1∶0.6）0.1～0.24mg/L 或福尔马林 25～30mg/L，全池泼洒。

2. 三代虫病

【病原】三代虫属。常见种类有：秀丽三代虫，寄生在鲤、鲫、金鱼的鳃、皮肤及鳍上；鲢三代虫，寄生在鲢、鳙皮肤、鳃、鳍上；鲩三代虫，寄生在草鱼的鳃、皮肤及鳍上。

以秀丽三代虫为例（图 6-36）。虫体呈纺锤形，大小为（0.19～0.43）mm×（0.06～0.11）mm。外形和运动状况与指环虫相似。无眼点，身体前端有一对头器，有附着作用。口呈管状，下接咽，食道很短，其后是分支的盲肠。虫体有精巢、卵

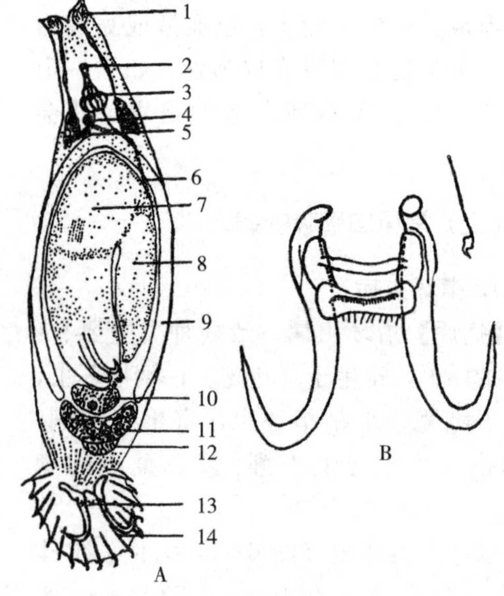

A. 背面观 B. 示边缘小钩、锚钩、背联结棒及腹联结棒
1. 头器 2. 口 3. 咽 4. 交配囊 5. 储精囊 6. 输精管 7. 第三代胎儿 8. 第二代胎儿 9. 肠 10. 成熟卵 11. 卵巢 12. 精巢 13. 锚钩 14. 边缘小钩
图 6-36 秀丽三代虫

巢各一个。虫体后端扩展为圆盘状的固着盘，盘中央有一对中央大钩，腹背联结片横跨于中央大钩的基部，固着盘边缘排列着 8 对形状大小近似的边缘小钩。

三代虫 1

三代虫体中有子代胚胎，子代胚胎中又孕育着第二代胚胎，故称三代虫。三代虫的生活史简单，从母体产出的幼体已具有成虫的特征，当遇到合适寄主时，即可感染新的寄主，同时具有繁殖下一代的能力（彩图 6-12）。

三代虫 2

【症状和病理变化】三代虫寄生在病鱼体表、鳃及口腔。大量感染时，病鱼的皮肤上有一层灰白色的黏液，鱼体失去光泽；鳃黏液增多，严重者鳃瓣边缘呈灰白色，鳃丝上呈斑点状淤血；病鱼食欲减退，游动缓慢，常因呼吸困难而死亡。

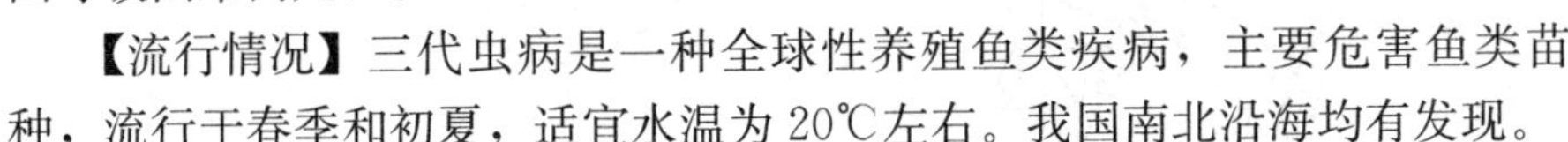

【流行情况】三代虫病是一种全球性养殖鱼类疾病，主要危害鱼类苗种，流行于春季和初夏，适宜水温为 20℃左右。我国南北沿海均有发现。

【诊断方法】在低倍镜下每个视野有 5～10 个虫体，即可诊断。

【防治方法】同指环虫病。

3. 本尼登虫病

【病原】本尼登虫属。常见的种类有鰤本尼登虫和石斑本尼登虫。现以鰤本尼登虫为例描述其特征。虫体略呈椭圆形，背腹扁平，大小一般为（5.5～6.6）mm×（3.1～3.9）mm。身体两侧各有 1 个前吸盘；后端有 1 个卵圆形的后吸盘。后吸盘中央有 2 对锚钩和 1 对附属片，边缘有 7 对小钩。口在前吸盘之间的后缘，其前方有 2 对黑色眼点。口下为咽，从咽向后分出两条树枝状的肠道。有精巢 2 个，卵巢 1 个。卵黄腺布满体内（图 6-37）。

1. 前吸盘 2. 卵巢 3. 精巢 4. 后固着器

图 6-37 鰤本尼登虫

（Hoshina，1968）

生殖方式为卵生。成虫排出的受精卵靠其卵丝附着基物上，在适宜温度下孵化成幼虫。刚孵出的幼虫，形状与成虫相似。幼虫有趋光性，靠近水面游动，遇到适宜的寄主后就附着上去，脱掉纤毛，发育成成虫（图 6-38）。

【症状和病理变化】虫体用后固着器和前吸盘寄生在鱼的皮肤上，不断地伸缩运动并以宿主的上皮细胞和黏液为食。寄生数量多时，病鱼焦躁不安，在水中异常游泳或向网箱及其他物体上摩擦身体；体表黏液增多，局部皮肤粗糙或变为白色或暗蓝色。严重者体表出现点状出血，如有细菌继发感染还可出现溃疡，食欲减退或不摄食，营养不良或出现贫血，最后瘦弱、衰竭而死。

【流行情况】鰤本尼登虫在日本主要危害养殖鰤，而在我国福建等地区主要危害养殖大黄鱼。此病在日本养鰤业中是危害较大的一种疾病。全年都可生病，但冬季和盛夏较少。我国福建地区网箱养殖的大黄鱼流行季节是 11—12 月至翌年 1—3 月，可大量感染并引起死亡。

【诊断方法】将鱼体捞起置于盛有淡水的容器内 2～3min，如能观察到近于椭圆形的虫

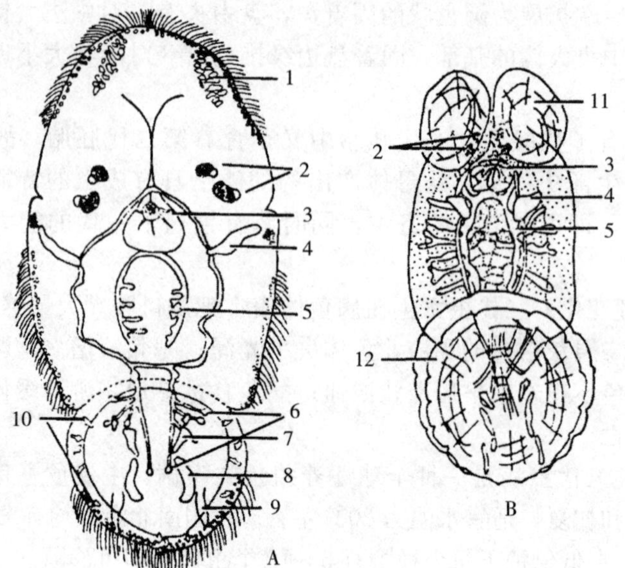

1. 前吸盘原基 2. 眼点 3. 咽 4. 排泄囊 5. 肠 6. 焰细胞 7. 前大钩
8. 中大钩 9. 后大钩 10. 边缘小钩 11. 前吸盘 12. 后固着器

图 6-38 刚孵出的幼虫（A）及孵出 1～2d 后寄生在寄主上的幼虫（B）
（Hoshina，1968）

体从鱼的体表脱落，即可诊断。确诊或种类鉴定，可将虫体置于载片上，做成水浸片或聚乙烯醇封片，用显微镜观察。

【防治方法】苗种放养前或转换养殖网箱时，预防和治疗同步进行。

（1）用淡水浸洗 5～15min（视不同种鱼），同时淡水中加入抗生素，预防细菌性继发感染。

（2）用福尔马林浸洗 5min 左右（500mg/L）或 10min 左右（250mg/L）。

4. 片盘虫病

【病原】片盘虫属（图 6-39）。常见的有日本片盘虫、真鲷片盘虫、倪氏片盘虫。该属的特征是在后固着器的前部具有背部和腹部鳞盘各 1 个。鳞盘是由许多片状几丁质构造成对的作同心圆排列而成。具 3 对头器，2 对眼点，锚钩 2 对，联结棒 3 条，精巢 1 个，卵巢为长形，位于肠支内侧，在精巢之前。

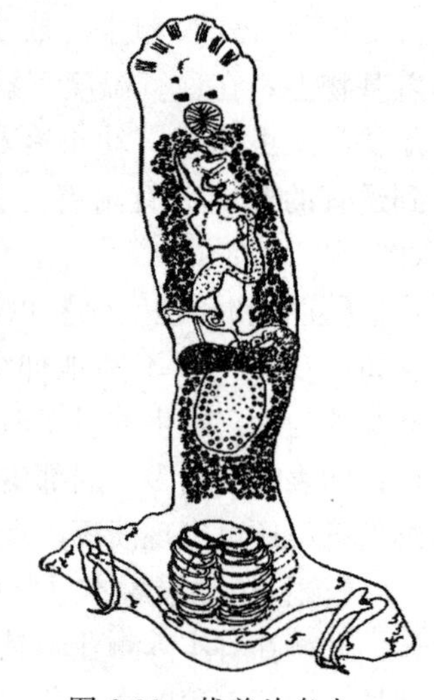

图 6-39 优美片盘虫
（Bychowshy，1957）

【症状和病理变化】片盘虫寄生于养殖的真鲷和黑鲷等鱼类的鳃丝上，鳃丝由于受到虫体的刺激和后固着器的损伤，分泌大量黏液，影响鱼的呼吸。大量寄生时，病鱼体色发黑，身体瘦弱，游动缓慢，常因呼吸困难而死。

【流行情况】该病病原全部寄生在海水鱼的鳃上，主要危害鲷科鱼类。在山东青岛和广东饲养的真鲷经常发现有片盘虫寄生，大量寄生时可引起死亡。

【诊断方法】从鳃上刮取黏液，做水浸片镜检，发现虫体有 2 个鳞盘、锚钩 2 对、联结棒 3 条，就可诊断。

【防治方法】

(1) 放养密度适宜，经常清除池底污物。

(2) 用20mg/L高锰酸钾浸洗病鱼15～30min。

(3) 用敌百虫（95%的晶体）全池泼洒，使池水成0.3mg/L的浓度。

5. 其他常见单殖吸虫种类

(1) 伪指环虫属。主要有短沟伪指环虫（图6-40）和鳗鲡伪指环虫。

伪指环虫的形态构造与指环虫相似，只是前列腺囊1个，而指环虫为2个。后固着器与身体分界明显，有1对中央大钩和7对胚形边缘小钩。

伪指环虫寄生于鳗鲡的鳃上，以其后固着器固着于鳃组织，并能在鳃上做伸缩和摇摆运动。大量寄生时，引起鳗鲡苗种大批死亡。防治方法同指环虫病。

(2) 锚首虫属。虫体长而扁平，后吸器与前体部区分明显。具2对中央大钩及2根联结片和边缘小钩。3对或更多对的头器。眼点存在或付缺。睾丸呈卵形至椭圆形，位于卵巢之后，或与之重叠。卵巢单一，呈卵圆至椭圆形，在睾丸之前，或与之重叠。目前报道的有10多种，我国鳜鳃上寄生的河鲈锚首吸虫（图6-41）较为常见，对鳜苗种危害较大。病鱼体色发黑，鳃丝发白、肿胀，黏液增多，食欲减退。该病在珠江三角洲颇为流行，由于鳜对敌百虫敏感，难以用敌百虫杀死病原，故目前尚未有成熟的防治方法。

(3) 似鲇盘虫属。虫体前端具2对头器，4个眼点。后固着器与前体区分明显，背腹具有2对中央大钩。寄生于鲇科鱼类，主要危害鱼苗、鱼种。常见的有破坏似鲇盘虫（图6-42）、简鞘似鲇盘虫、中刺似鲇盘虫和多形似鲇盘虫等。

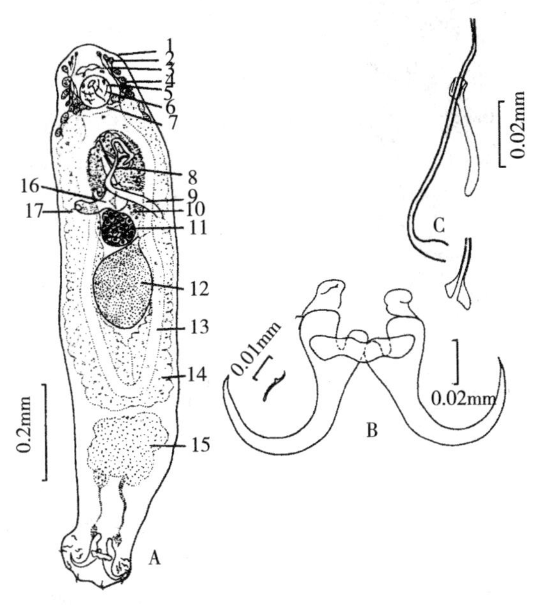

A. 整体 B. 中央大钩 C. 交接器

1. 头器 2. 头腺 3. 神经节 4. 眼点 5. 口咽 6、7. 食道 8. 交配器 9. 输精管 10. 储精囊 11. 卵巢 12. 精巢 13. 肠 14. 卵黄腺 15. 前列腺储囊 16. 受精囊 17. 阴道孔

图6-40 短沟伪指环虫

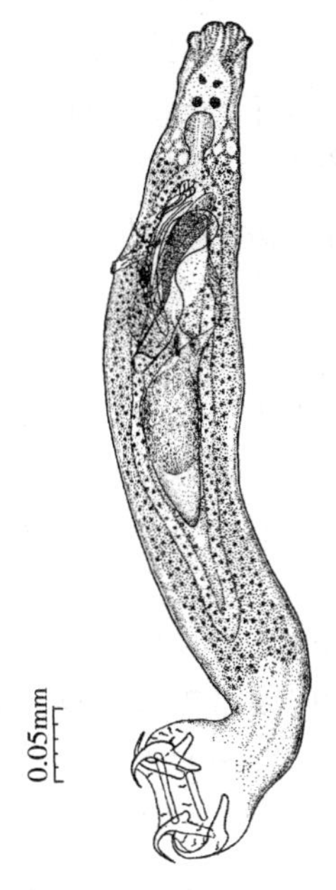

图6-41 河鲈锚首吸虫

（湖北省水生物研究所，1973. 湖北省鱼病病原区系图志）

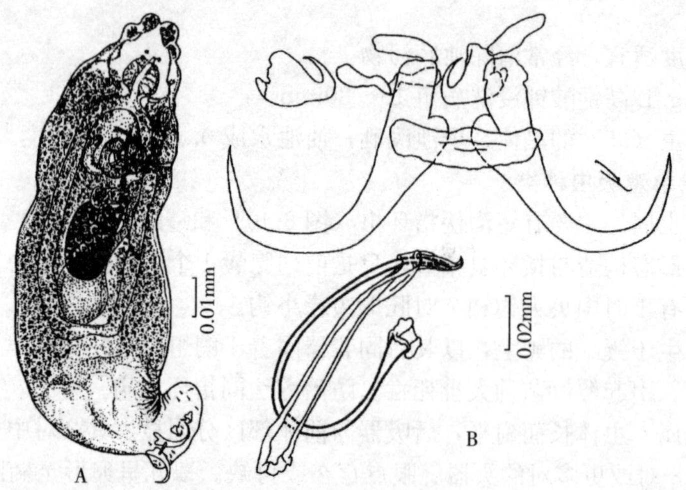

A. 整体　B. 后固着器与交接器

图 6-42　破坏似鲇盘虫

（湖北省水生物研究所，1973. 湖北省鱼病病原区系图志）

大口鲇患病时，由于鳃丝被大量虫体寄生，病鱼鳃丝肿胀发白，黏液增多，常因呼吸困难而死亡。全国各地均有流行，治疗时用晶体敌百虫全池泼洒，效果较好。

（4）拟似盘钩虫属（图 6-43）。虫体扁平，呈亚圆柱形，细小。具头器 3 对，眼点 4 个。后固着器与虫体区分不明显，具有 7 对边缘小钩，2 对形态各异的中央大钩。此属在我国报道的已有 8 种以上，主要寄生于鮠科鱼类，有些种类对幼鱼可造成病害。

拟似盘钩虫寄生于长吻鮠的鳃丝，病鱼体色发黑，鳃丝失去鲜红色而暗淡发白，黏液增多，病鱼常因呼吸困难而死。该病在四川较为流行，夏秋季常见。用晶体敌百虫全池泼洒，连用 3d，效果较好。

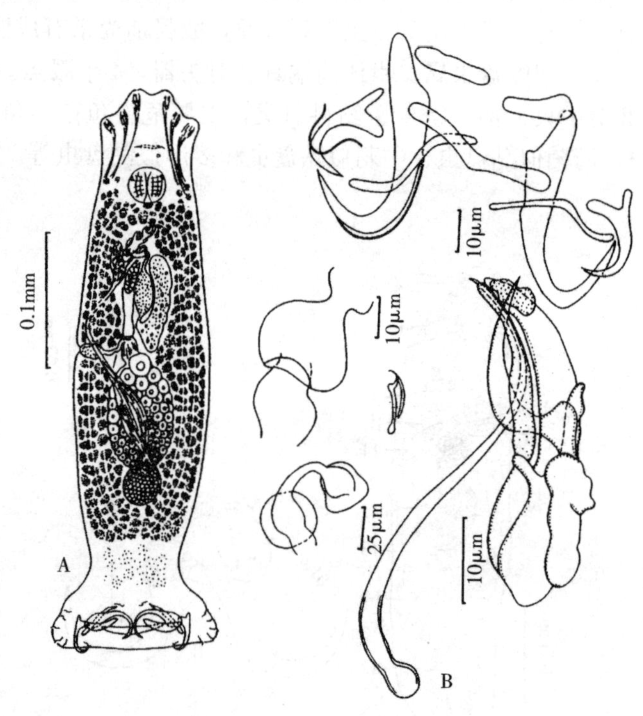

A. 盾鮠拟似盘钩虫的整体　B. 鳠拟似盘钩虫的交接器

图 6-43　拟似盘钩虫

（5）双身虫属（图 6-44、彩图 6-13）。成虫体呈 X 形，有 2 个幼体并合而成虫。虫体分前段与后段两部分。后固着器具 4 对侧吸铗和 1 对中央大钩。具口吸盘 1 对，肠为单管，不分叉，但在前体分出许多侧支而呈网状。精巢 1 个至多个，多位于后固着器的基部、卵巢之后。卵巢为长形，相互折叠。卵黄腺发达。

双身虫从卵孵出后，全身具纤毛，有 2 个眼点、2 个吸盘、一个咽和一条囊状的肠。虫体后端有1对吸铗和1对中央大钩。幼虫在水中游动很短时间，就附着于宿主鳃上，然后脱去纤毛和眼点，虫体变长，在腹面的中间形成1个吸盘，在背面中间生出1个背突；此时若2个幼虫相遇，一个幼虫用吸盘吸住另一个幼虫的背突，发育成1个不可分割的成虫。主要寄生于团头鲂、草鱼、鲤、鲫、鲢、鳙、鲮、乌鳢、鳡、鲴类、鮈亚科、鳅科等淡水鱼的鳃上。寄生数量多时，影响鱼的呼吸。

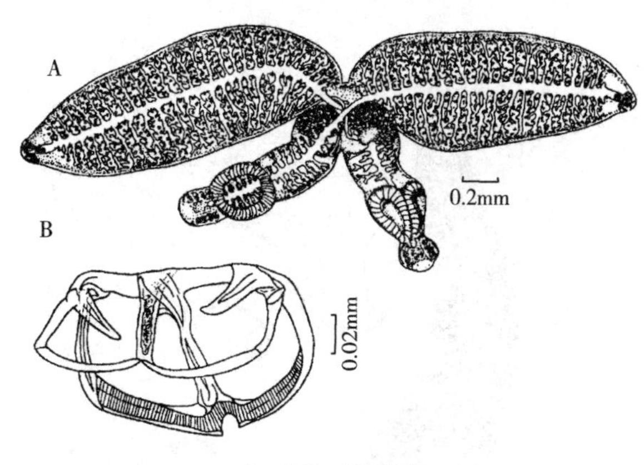

A. 整体　B. 吸铗

图6-44　双身虫

（湖北省水生物研究所，1973. 湖北省鱼病病原区系图志）

（6）海盘虫属。虫体长而扁平，前端有3对头器和头腺，2对黑色眼点。肠在食道后分为两支，伸到虫体的后部，联结成环。后固着器具2对锚钩和2条连接棒，边缘小钩7对。精巢位于身体中部稍后的最宽处，卵巢在精巢之前。常见种类有黑鲷海盘虫（图6-45）和石斑海盘虫。

海盘虫寄生于海水硬骨鱼类的鳃上，大量寄生时，鳃丝黏液增多，病鱼食欲减退，因呼吸困难而死亡。该病在我国主要危害养殖的石斑鱼、真鲷和平鲷等，是一种常见病，危害较大，通常与瓣体虫病并发，死亡率为5%～10%。防治方法未见报道。

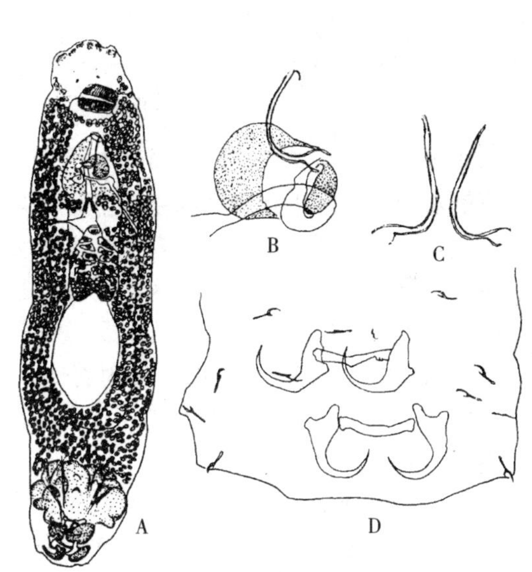

A. 虫体整体图，腹面观　B. 雄性生殖系统末端

C. 阴茎　D. 后固着器的钩

图6-45　黑鲷海盘虫

（7）异尾异斧虫属。常见种类为异尾异斧虫（图6-46），成虫身体左右不对称，后端较前端宽，略呈斧状。虫体长5～17mm，沿身体后端有2列固着铗。一列在身体后缘，数目较多，个体较大；另一列在身体后端的侧缘，数目较少，个体也较小。口位于身体前端的腹面，口腔内有左右对称排列的两个口腔吸盘。异斧虫雌雄同体，精巢约有100个，形状不规则，卵巢1个，位于精巢之前，呈倒U形。

异尾异斧虫寄生在鰤的鳃弓上，以宿主的血液为食，病鱼呈贫血状态，停止吃食，体色变黑，身体瘦弱。大量感染时，引起鳃瓣局部出血或变白。异尾异斧虫目前仅发现于网箱养殖鰤中，发病时的水温为20～26℃。防治方法参照本尼登虫病。

（8）双阴道虫属。常见种类为真鲷双阴道虫（图6-47）。虫体细长而扁平，一般为3～6mm，最长者达7.9mm，伸缩性较强。虫体前端有2个口吸盘和3个头腺；后端两侧边缘各有1列固着铗，每列38～60个。雌雄同体，精巢22～40个，位于虫体后半部左右肠支之

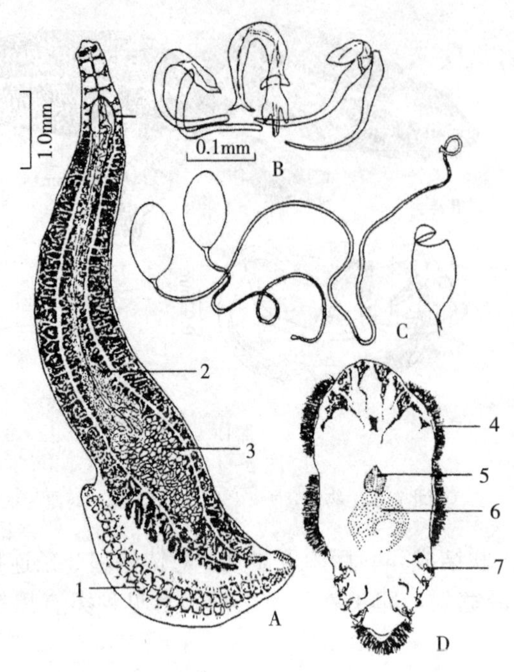

A. 成虫　B. 固着铗的几丁质结构　C. 卵　D. 纤毛幼虫
1. 固着铗　2. 卵巢　3. 精巢　4. 纤毛带　5. 咽喉　6. 肠　7. 边缘小钩
图 6-46　异尾异斧虫

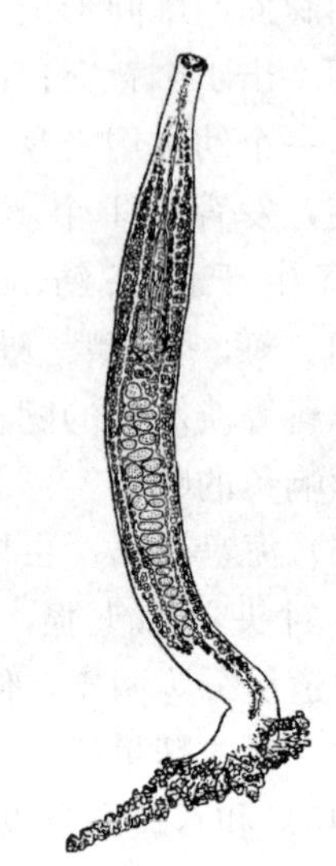

图 6-47　双阴道虫
（江草周三）

间；卵巢 1 个，在精巢之前，阴道孔 2 个。

真鲷双阴道虫寄生在真鲷的鳃瓣上，寄生数量多时病鱼食欲减退、游泳缓慢，鱼体头部左右摇摆，鳃盖张开，严重感染者鳃瓣上有大量黏液，鳃变为苍白色而呈现贫血。真鲷双阴道虫主要危害当年鱼，流行季节为每年春、秋季。防治方法参照本尼登虫病。

（9）异钩盘虫属。常见种类为鲀异沟虫（图 6-48），虫体呈舌状，背腹扁平，体长 5～20mm。后固着器为构造相同的 4 对固着铗，对称地排列在虫体的后端两侧。精巢约 30 个，位于虫体中部的前方，卵巢呈叶片状，在精巢之前；子宫很大，占虫体的 1/4，位于体前部，内部常充满卵子。

异沟虫主要寄生在鲀科鱼类鳃上，显著症状是病鱼鳃孔外面常常拖挂着链状、黄绿色的梭形卵。病鱼体色变黑，不吃食、游泳无力。每年春季开始，夏、秋流行。河北、山东、江苏和浙江是高发病地区。治疗用硫双二氯酚，每千克鱼每天用 100mg，制成药饵，连续投喂 5d。

（10）散杯虫属。常见种类为长散杯虫（图 6-49）。虫体略呈梭形，活体常为浓灰褐色，全长 6.5～6.8mm。虫体后端有 4 对固着铗，每个固着铗有一条长柄与体后端基部相连。两条主肠支在后端相连，其分支伸入到固着铗的柄中。精巢 110～130 个，位于虫体的后部，卵巢呈囊状，在精巢前方。

虫体寄生在鱼的口腔内壁或鳃弧和鳃耙上，寄生数量多时病鱼行动不活泼、瘦弱，鳃褪色呈贫血状，食欲丧失，最终死亡。主要危害鲷类的当年鱼种（60g 左右），分布于日本及我国山东、福建等真鲷养殖较多的地区。治疗可用淡水浸洗病鱼 3min 或用海水配成 1%过硼酸钠，浸洗病鱼 2min。

图 6-48　鲀异沟虫
（江草周三）

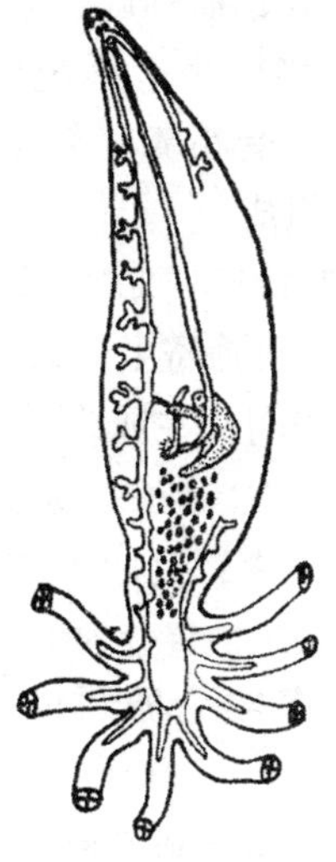

图 6-49　散杯虫
（江草周三）

复殖吸虫

二、由复殖吸虫引起的疾病

（一）概述

复殖吸虫为扁形动物门吸虫纲中的一个亚纲，种类繁多，全部营寄生生活。寄生于鱼类的复殖吸虫不少于 1 500 种，但基本的结构（图 6-50）和发育过程相似。

1. 外部形态　虫体一般为扁平叶状、卵形或肾形等；两侧对称或不对称。小的虫体在 0.5mm 以下，最大的可达 10cm 以上。一般有一个较小的口吸盘位于虫体的前端和一个较大的腹吸盘，但也有的缺其一或全缺，吸盘的位置也有变化。

2. 内部结构

（1）消化系统。由口、咽、食道和肠构成。

（2）神经系统。呈梯形结构，咽的两侧各有 1 个神经节。每个神经节向前后发出 3 条神经干，分布于背、腹、侧面。

（3）排泄系统。焰细胞与细的收集管相通，最后汇成左右两条排泄管，排泄管接排泄囊。排泄囊的形状有圆形、管状、袋状、Y 形、V 形等。

（4）生殖系统。除裂体科和囊双科外，皆为雌雄同体。雄性生殖系统由睾丸、输出管、

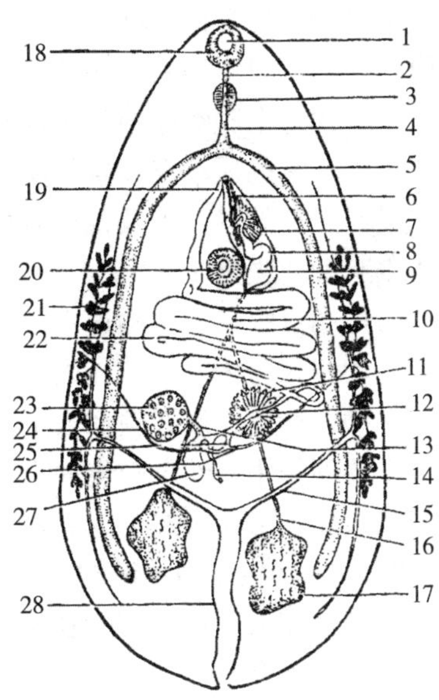

1. 口　2. 前咽　3. 咽　4. 食管　5. 肠　6. 阴茎　7. 前列腺　8. 阴茎袋　9. 储精囊　10. 输精管　11. 梅氏腺　12. 卵膜　13. 输卵管　14. 劳氏管　15. 集合管　16. 输出管　17. 精巢　18. 口吸盘　19. 阴道　20. 腹吸盘　21. 卵黄腺　22. 子宫　23. 卵巢　24. 卵黄管　25. 总卵黄管　26. 卵黄囊　27. 受精囊　28. 排泄囊

图 6-50　复殖吸虫成虫模式图
（陈心陶等，1963. 中国动物图谱——扁形动物）

输精管、储精囊、前列腺、射精管或阴茎、阴茎袋等组成。雌性生殖系统由卵巢、输卵管、卵膜、梅氏腺、受精囊、劳氏管、卵黄腺、卵黄管、子宫等组成。

3. 生活史（图 6-51） 复殖吸虫的生活史较为复杂，需要更换寄主。第一中间寄主一般为腹足类，第二中间寄主或终末寄主为软体动物、环节动物、甲壳类、昆虫、鱼类、两栖类、爬行类、鸟类及哺乳类，有的种类要求多个中间寄主。典型的种类生活史分为下列 7 个阶段。

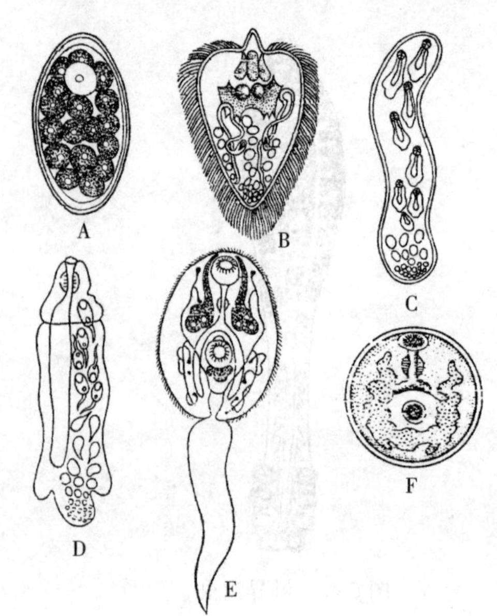

A. 卵 B. 毛蚴 C. 胞蚴 D. 雷蚴 E. 尾蚴 F. 囊蚴

图 6-51 复殖吸虫的生活史

（姚永政，1956. 人体寄生虫学用图谱）

（1）卵。多数为卵圆形，在寄主体外孵化，大小为 0.25～0.4mm。

（2）毛蚴。体表覆有纤毛，前端有 1 小圆锥形突起。体前部有眼点、神经、侧乳突，具口和肠囊及不发达的排泄系统；后端有 1 团胚细胞和胚团。在水中游动的毛蚴遇到第一寄主，就利用前端的突起钻入寄主体内，纤毛、眼点、肠等退化消失，变为胞蚴。

（3）胞蚴。为球形或囊状，体表常有微绒毛，体表有渗透作用，以掠取寄主营养。体内有焰细胞，还有数目不等的胚团和胚细胞。胚团发育为子胞蚴或雷蚴。

（4）雷蚴。每个胞蚴体中具有许多雷蚴，由于虫体长大，包被胀破，逸出后的雷蚴再进入螺的消化腺。它的后端有一堆胚团，经无性生殖，逐渐发育成许多尾蚴。

（5）尾蚴。有的种类不经雷蚴阶段而直接由胞蚴发育成尾蚴。尾蚴通常分体部及尾部两部分，体表有棘，吸盘 1～2 个，消化道有口、咽、食道和肠。另有排泄系统、神经区、分泌腺。有的尾蚴有眼点。尾蚴逸出后在水中做短期活动，以鱼为第二中间寄主的种类，其尾蚴往往可主动侵入鱼体，在鱼体内形成囊蚴。

（6）囊蚴。囊蚴的形态颇似成虫。囊蚴随第二中间寄主或媒介物被终末寄主吞食，在消化道经消化液的作用，幼虫破囊而出，移至适当的寄生部位，发育为成虫。

（7）成虫。生殖器官发育成熟，产卵，完成生活史。

4. 危害性 寄生于消化道的种类相对的危害较小，寄生于循环系统、实质器官及眼等处的种类危害性较大，可引起鱼类死亡。有些种类以水生动物为中间寄主，成虫寄生于人体，可直接危害人类。

（二）常见复殖吸虫病

1. 双穴吸虫病（又称为白内障病、复口吸虫病或瞎眼病）

【病原】双穴吸虫的尾蚴和囊蚴。我国危害较大的主要是湖北双穴吸虫、倪氏双穴吸虫、山西双穴吸虫和匙形双穴吸虫。

（1）囊蚴（图 6-52）。扁平、卵圆形，分为前、后两部分，透明，大小为 0.4～0.5mm。前端有一个口吸盘，两侧各有 1 个侧器。口在口吸盘中间，接下为咽，2 根肠管伸至体后端。在虫体后半部有1个大小与口吸盘相仿的腹吸盘，下方为椭圆形的黏附器。另外还可看到体内分布着许多呈颗粒状和发亮的石灰体。

（2）尾蚴（图6-53）。在水中静止时呈“丁”字形，并在水体上层不断上下游动，有明显的趋光性。虫体分为体部和尾部，体披细密小棘。体部前端为1个头器，下方有1个肌肉质的咽，具前咽，下接分成两叉的肠管；体中部有1个腹吸盘，其后又有两对钻细胞，并有管通到头器内；体部末端有1个排泄囊。尾部由尾干与尾叉组成，尾干发达，有9对焰细胞，尾干内分布着许多尾体和数根尾毛。

双穴吸虫

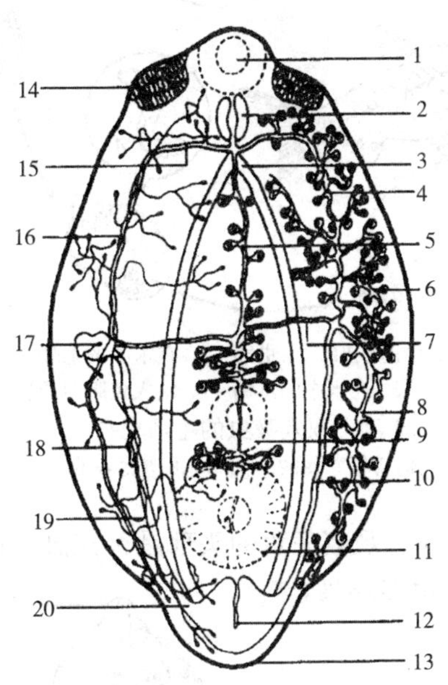

1. 口吸盘 2. 咽 3. 肠 4. 前侧管 5. 中背管 6. 石灰质 7. 后横联合管 8. 后侧管 9. 腹吸盘 10. 侧集管 11. 黏附器 12. 排泄囊 13. 后体 14. 侧器 15. 前横联合管 16. 前原小集管 17. 焰细胞 18. 共集干 19. 后原小集管 20. 排泄囊

图6-52 湖北双穴吸虫的囊蚴
（表示焰细胞的排列及其排泄系统）
（潘金培等）

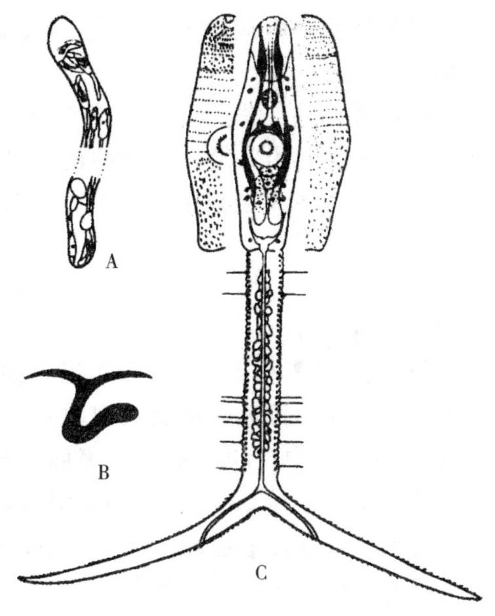

A. 胞蚴 B. 尾蚴在水中的休息姿态 C. 尾蚴

图6-53 湖北双穴吸虫的胞蚴及尾蚴
（潘金培等）

生活史（图6-54）：成虫寄生于鸥鸟的肠道中，虫卵随粪便排出落入水中，经3周左右孵出毛蚴，毛蚴在水中游泳，钻入第一中间寄主椎实螺的体内，在其肝内或肠外壁发育成胞蚴，并进一步发育成尾蚴。尾蚴迁移至螺的外套腔内，然后很快逸出至水中。尾蚴集中于水的上层，有规律的上下间歇游动，时沉时浮，当鱼类经过时，即迅速叮在鱼体上，脱去尾部，钻入体内。湖北双穴吸虫的尾蚴钻入附近血管，移至心脏，上行至头部，从视血管进入眼球；倪氏双穴吸虫的尾蚴及山西双穴吸虫的尾蚴穿过脊髓，向头部移动，进入脑室，再沿视神经进入眼球。在水晶体内经过1个月左右发育成囊蚴。当鸥鸟吞食带有囊蚴的病鱼后，囊蚴在其肠道内发育为成虫。

【症状和病理变化】该病有急性型和慢性型两种。急性感染时，病鱼在水中急游、挣扎，继而游动缓慢，浮于水面；有时运动失控，头朝下，尾向上，上下往返在水中翻转，最后游动缓慢直至死亡。病鱼除运动失控外，湖北双穴吸虫的尾蚴引起脑室及眼眶周围呈鲜红色，倪氏双穴吸虫的尾蚴及山西双穴吸虫的尾蚴引起脑室中央部位充血及鱼体弯曲。慢性感染时，上述症状不明显，随着鱼体生长而病原体在眼睛内积累增多，引起眼球水晶体混浊，眼局部或全部变白，呈“白内障”症状，严重时水晶体脱落，瞎眼部分病鱼眼眶周围充血，甚至水晶体脱落。

【流行情况】该病危害多种淡水鱼，其中尤以鲢、鳙、团头鲂、虹鳟的苗种受害严重，死亡率达60%以上；急性感染时可引起苗种大批死亡，流行于5—8月；慢性感染（8月以后）则引起白内障症状，全国各地均有流行。

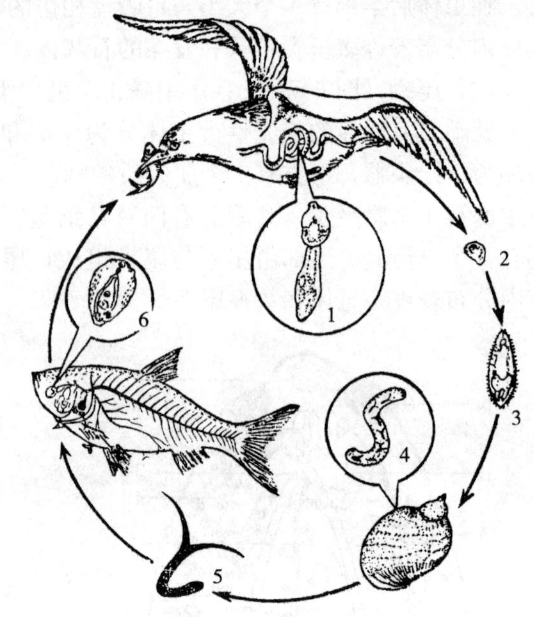

1. 寄生在鸥鸟肠中的成虫　2. 虫卵　3. 在水中的毛蚴
4. 在螺中的胞蚴　5. 在水中的尾蚴　6. 钻入鱼眼中的囊蚴

图 6-54　双穴吸虫的生活史

（刘健康，何碧梧，1992. 中国淡水鱼类养殖学）

【诊断方法】根据眼睛发白可做出初步诊断，然后剖检眼睛，剪破后取出水晶体放在生理盐水中，刮下水晶体表面一层，用显微镜检查，如发现有大量双穴吸虫，即可诊断。要注意观察病鱼的头部是否充血，鱼体是否弯曲，鱼在池中是否急游等，同时了解当地是否有很多鸥鸟，池中是否有椎实螺，可帮助诊断。

【防治方法】

（1）鱼池彻底清塘，消灭中间寄主；进水时要经过过滤，以防中间寄主随水带入。

（2）用水草诱捕椎实螺。每天傍晚将水草扎成小捆，插入池水中，翌日早将水草及螺取出置阳光下暴晒或深埋。反复数次，可以诱捕大部分的中间寄主。

（3）用硫酸铜全池泼洒，可杀灭中间寄主。

（4）驱赶鸥鸟，并混养吃螺的鱼类，以减少和消灭螺。

2. 血居吸虫病

【病原】血居吸虫。寄生于多种淡水鱼及海水鱼的血管内，我国危害较大的有寄生于鲢、鳙、鲫、草鱼、团头鲂的龙江血居吸虫（图 6-55）；寄生于团头鲂的鲂血居吸虫。

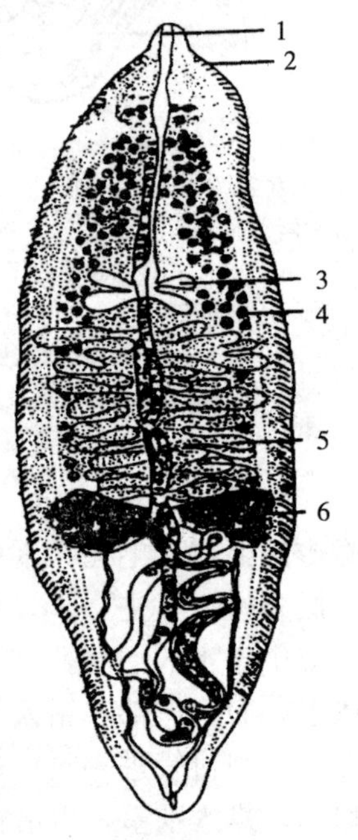

1. 口　2. 角质刺　3. 肠
4. 卵黄腺　5. 精巢　6. 卵巢

图 6-55　龙江血居吸虫

血居吸虫虫体小而薄，似矛状，游动时似蚂蟥。成虫扁平、呈梭形，前端尖细，大小为（0.26～0.85）mm×（0.14～0.25）mm，体披很粗的棘及刚毛，口孔在吻突的前端，下接食道，在体1/3处突然膨大成4叶肠盲囊；精巢8～16对；卵巢呈蝴蝶状，卵呈橘子瓣状，在大弯的一边有1短刺。

生活史（图6-56）：血居吸虫的卵在鱼的鳃血管中孵化出毛蚴，毛蚴钻出鳃并落入水中；毛蚴有纤毛，能游动，遇到椎实螺、扁卷螺等，即钻入螺的体内发育成胞蚴。胞蚴经无性繁殖产生很多的叉尾有鳍型的尾蚴。尾蚴从胞蚴中产出，离开螺体，在水中遇到鱼类即从体表或鳃侵入并转移到循环系统中发育为成虫。

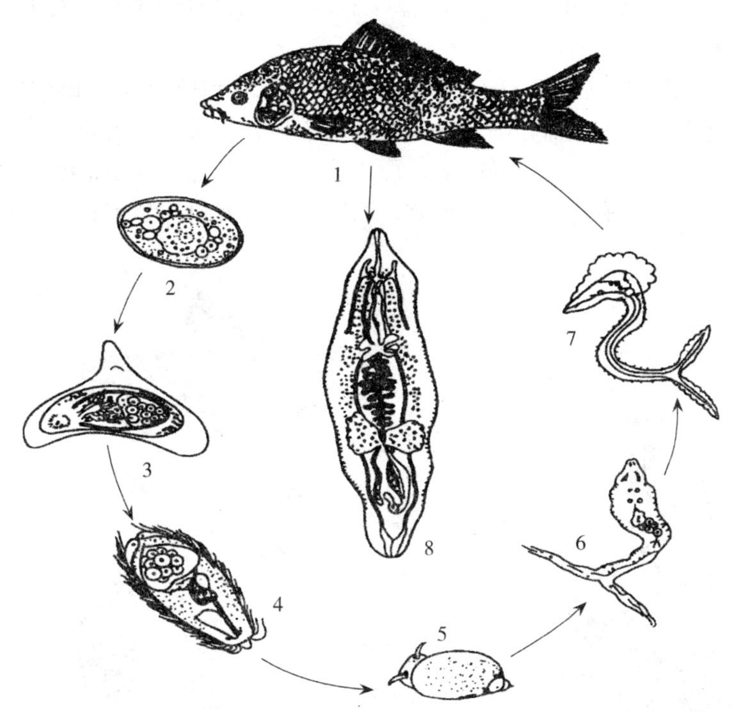

1. 感染血居吸虫的鲤　2. 未成熟的虫卵　3. 成熟的虫卵　4. 毛蚴　5. 椎实螺（中间寄主）　6. 椎实螺体内发育的幼期尾蚴　7. 在水中游泳的尾蚴　8. 成虫

图6-56　有棘血居吸虫的生活史

（汪开，2000. 鱼病防治手册）

【症状和病理变化】该病症状有急性和慢性之分，急性型为水中尾蚴密度较高，在短期内有多个尾蚴钻入鱼苗体内，引起鱼苗跳跃、挣扎，在水面急游打转，或悬浮在水中"呃水"，鳃肿胀，鳃盖张开，肛门处起水疱，全身红肿，鳃及体表黏液增多，不久即死亡。慢性型是尾蚴少量、分散地钻入鱼体，在心脏和动脉球内发育为成虫，虫卵随之可以发育成幼虫，引起出血和鳃组织的损伤；较大的鱼，虫卵随血液循环停留在肝、肾、心脏等器官中，被结缔组织包围，由于虫卵积累过多，而使肝、肾的功能受损，产生慢性症状，引起腹腔积水、眼球突出、竖鳞、肛门肿大外突，逐渐衰竭而死。

【流行情况】该病为世界性疾病，在美国、俄罗斯等地均有报道，在我国的江苏、浙江、福建、湖北等省曾发生大批死亡的病例。流行于春、夏季，我国饲养的鲢、鳙、团头鲂、鲤、鲫、金鱼、草鱼、乌鳢等鱼都有发生，其中对鲢和团头鲂的鱼苗、鱼种危害最大，几天内可引起大批死亡。

【诊断方法】该病容易被误诊或漏诊，检查的方法为：

（1）将病鱼的心脏及动脉球取出，放入盛有生理盐水的培养皿中，剪开心脏及动脉球，并轻刮内壁，在光线好的地方用肉眼仔细观察，可见血居吸虫的成虫。

（2）将有关组织，如肾、鳃等压成薄片，在显微镜下检查虫卵。

（3）了解该鱼池中是否有大量中间寄主。

【防治方法】

（1）清除池塘中的螺类，切断其生活史。方法同双穴吸虫病。

（2）每万尾鱼用晶体敌百虫（90%）12～20g 拌入 1 500g 饲料中投喂，每天 1 次，连喂 5d。

3. 侧殖吸虫病

【病原】日本侧殖吸虫（图 6-57A、彩图 6-14）及东方侧殖吸虫。虫体较小，卵呈圆形，体表披棘。口吸盘略小于腹吸盘，咽呈椭圆形，食道长，分叉于腹吸盘的前背面，肠支盲端止于虫体末端。精巢为单个，呈长椭圆形，位于体之后 1/3 部分的中轴线，卵巢呈圆形或卵圆形，位于精巢右前方。子宫末端肌质披棘，与阴茎共同开口于生殖孔。卵黄腺分布于精巢前半部两肠支的外侧。

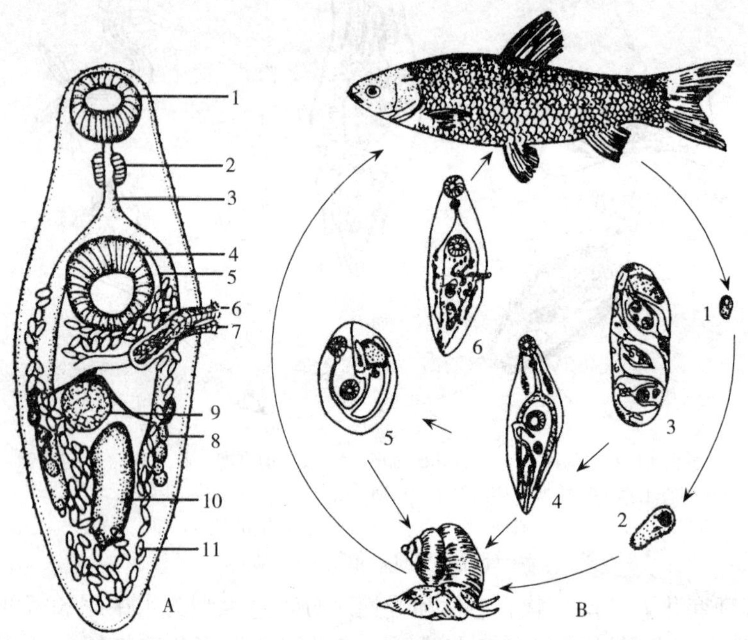

A. 侧殖吸虫结构：1. 口吸盘　2. 咽　3. 食道　4. 腹吸盘　5. 肠　6. 阴茎　7. 子宫末端　8. 卵巢　9. 卵黄腺　10. 精巢　11. 卵

（刘健康，何碧梧，1992. 中国淡水鱼类养殖学）

B. 侧殖吸虫生活史：1. 虫卵　2. 纤毛幼虫　3. 胞蚴　4. 雷蚴　5. 囊蚴　6. 成虫

图 6-57　侧殖吸虫结构及其生活史

（中国科学院水生生物研究所鱼病学研究室，1981. 鱼病调查手册）

生活史（图 6-57B）：成虫寄生在鱼的肠道内，虫卵随鱼的粪便排于水中，并孵化成毛蚴。毛蚴钻入田螺、纹沼螺等螺的体内，发育成雷蚴，而后再发育成尾蚴。尾蚴为无尾型，形似成虫。尾蚴移行至螺的触角上或水草上，被鱼苗吞食后，在鱼苗的体内发育为成虫。也有的尾蚴在螺的体内发育成囊蚴，当带有囊蚴的螺被鱼吞食后，就在鱼的肠道中发育为成虫。

【症状和病理变化】患病鱼苗闭口不食，生长停滞，游动无力，群集下风面，俗称“闭口病”。剖检病鱼，可见吸虫充塞肠道，前肠部尤为密集，肠内无食。

【流行情况】该病为鱼苗培育阶段的一种肠道寄生虫病。草鱼、青鱼、鲢、鳙、鲤、鲫、鳊、鲂等多种鱼类均可感染，严重时可引起鱼苗的大批死亡。流行季节为5—6月，尤其是下塘后3～6d的鱼苗最易发生。我国各地都有发现，长江中下游一带分布较广。

【诊断方法】剖检内脏、肠道内可见虫体。

【防治方法】

（1）彻底清塘，消灭螺类。

（2）晶体敌百虫0.2mg/L全池泼洒。

4. 扁弯口吸虫病

【病原】扁弯口吸虫（图6-58A）的囊蚴（彩图6-15）。成虫寄生于水鸟的咽和食道内，但在非洲有寄生于人类喉部的记载。虫体呈舌形，背面凸而腹面凹。虫体大小为（4～6）mm×2mm，前端为口吸盘，接肌肉质的咽，再接分叉的肠盲管，肠支直达体后端，腹吸盘位于虫体前端1/4处，大于口吸盘。生殖器官位于体中部，有两个略呈分支状的精巢纵向排列，在两精巢之间有一个卵巢。

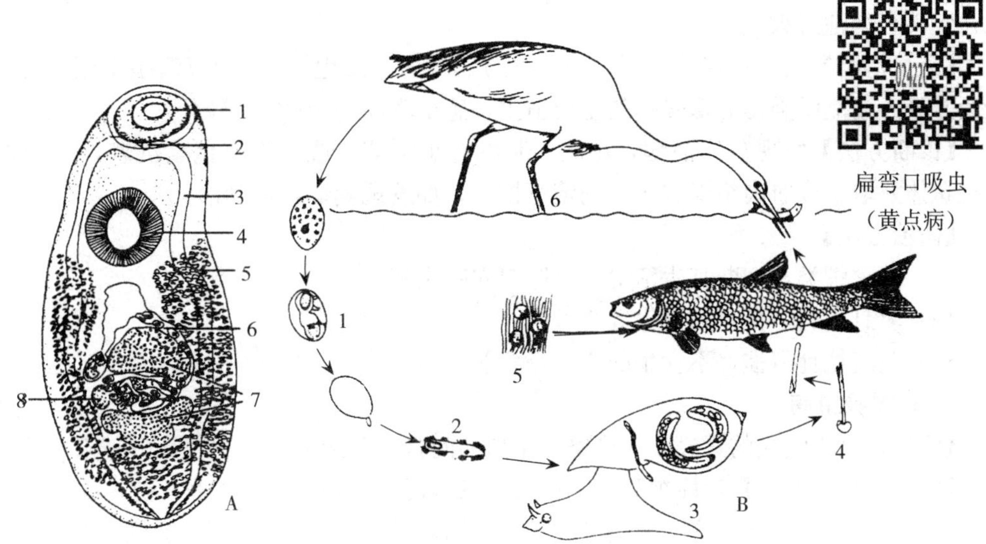

A. 扁弯口吸虫结构：扁弯 1. 吸盘　2. 咽　3. 肠　4. 腹吸盘　5. 卵黄腺　6. 子宫　7. 精巢　8. 卵巢（山口）
B. 扁弯口吸虫生活晚：1. 卵　2. 毛蚴　3. 在螺内形成胞蚴、雷蚴　4. 尾蚴　5. 在鱼体上形成囊蚴　6. 在鸟体内发育为成虫

图6-58　扁弯口吸虫结构及其生活史

（廖翔华）

生活史（图6-58B）：成虫寄生于鹭科鸟类的咽，当鹭在啄食鱼虾时，卵便可排至水中，并发育成毛蚴。毛蚴钻入萝卜螺或土蜗体内后，在外套膜上发育为胞蚴。胞蚴发育为1个雷蚴，迁移至螺的肝，经无性繁殖形成数百个子雷蚴，然后形成叉尾型尾蚴。尾蚴有强烈的趋光性，遇到鱼后，钻入鱼的皮肤，至肌肉发育为囊蚴并形成包囊。鹭吞食病鱼后，囊蚴从胞囊中逸出，从食道迁回至咽，发育为成虫。

【症状和病理变化】扁弯口吸虫的囊蚴寄生在鱼的肌肉以及头部、鳃等处，形成圆形小包囊，呈橙黄色或白色，直径约2.5mm（彩图6-16）。大量寄生可致鱼苗、鱼种死亡。

【流行情况】近年来，扁弯口吸虫病在全国各地均有发现。该病主要危害草鱼、鲢、鳙、鲤、鲫、麦穗鱼和斗鱼等淡水鱼类。流行季节为5—8月。

【诊断方法】取患病鱼寄生部位的疑似包囊压片，镜检，并结合症状、病变与流行病学可确诊。

【防治方法】参照双穴吸虫病。

5. 异形吸虫病

【病原】异形吸虫的囊蚴。虫体较小，长度仅为1～2mm，体表有鳞棘。具有生殖吸盘，无阴茎囊。精巢两个，卵巢在精巢之前。卵黄腺在虫体后端的两侧。

生活史：其成虫寄生在吃鱼鸟类和哺乳类的消化道内。卵随终宿主粪便排出，落入水中的虫卵已含成熟的毛蚴，虫卵被锥形小塔螺等腹足类吞食，而后孵化出毛蚴。毛蚴在螺体内发育成胞蚴，并经两代雷蚴后形成尾蚴。尾蚴离开螺体侵入鲻科鱼类的肌肉中寄生并发育为囊蚴。当吃鱼鸟类或猫、犬等吞食了带有囊蚴的病鱼时，便在其消化道内发育为成虫。人吃了这种生鱼片或未煮熟的鱼，也会被感染。

【症状和病理变化】病鱼身体消瘦，肌肉或皮肤上有由囊蚴所形成的小结节，其寄生数量在不同宿主差异很大。有时可引起鱼体变形和刺激局部黑色素细胞增生。严重时病鱼大批死亡，甚至全池毁灭。

【流行情况】我国一些养殖鲻、梭鱼类的地区均有发生，在地中海沿岸国家、美国等也较为常见。商品鲻类是异形吸虫的主要宿主，感染率高达100%。

【诊断方法】发现鱼体消瘦，皮肤、肌肉有小结节，或局部黑色素沉着，可初步诊断；剖检鱼体并取少许肌肉组织置于解剖镜下检视，如发现囊蚴，可确诊。

【防治方法】

（1）消灭螺类，切断其生活史（参照双穴吸虫病）。

（2）驱赶水鸟，控制猫或犬等终寄主。

（3）改变饮食习惯，不食生的或未经煮熟的鱼。

6. 乳体吸虫病

【病原】乳体吸虫的囊蚴。囊蚴寄生于鱼的间脑，并形成0.8～0.9mm球形包囊。

【症状和病理变化】鱼体被乳体吸虫的尾蚴入侵后，开始时在水面狂游，继而身体痉挛，不断旋转，严重者引起死亡。从寄生部位（间脑）看，其周围神经可受到压迫、变性或坏死。死亡率最高达20%。

【流行情况】该病发生于日本，流行季节自8月上旬至9月上旬，水温为24～27℃。主要危害鰤、条石鲷外、红鳍东方鲀等鱼的当年鱼种，死亡率5%～20%。我国目前尚无报道。

【诊断方法】养殖的鱼如出现游动异常、身体痉挛现象，可做出初步诊断；解剖鱼体取出间脑，置于解剖镜下检视，如发现囊蚴即可诊断。

【防治方法】消灭养殖水体内的海螺或驱除鸥鸟等。

三、由绦虫引起的疾病

（一）概述

绦虫隶属于扁形动物门、绦虫纲，有1 500种左右，全部营寄生生活。成虫绝大多数寄生于脊椎动物的消化道或体腔内，是鱼类常见的寄生虫。绦虫无体腔，循环系统和呼吸系统退化，不具消化系统，借体表的渗透作用来吸取寄主的营养。

1. 外部形态 身体通常背腹扁平，极少数为圆筒状，体长数毫米至数米，除单节绦虫亚纲是1节外，多节绦虫亚纲的种类一般是由多数节片组成。整条虫体由头节、颈部和体节三部分构成。

头节（图6-59）位于虫体的前端，其上有各式各样的附着器，用以固着在宿主的器官组织上，如吸盘、吸沟、吸叶。有的种类还有可伸缩的吻和钩子等构造。头节之下为颈部，颈一般细长，内有发生细胞，末端能不断分生出新的体节。颈之后为体节，节片由前而后，按其性器官成熟程度，区分为未成熟节片、成熟节片及妊娠节片。多节绦虫类，每个节片各具1套（少数有2套）生殖器官。

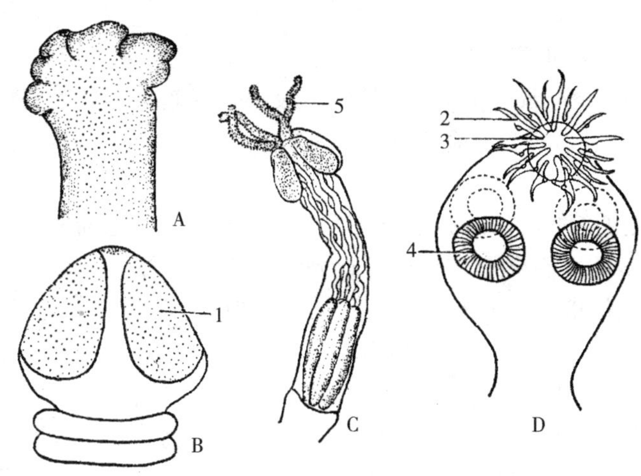

A. 核叶目　B. 假叶目　C. 锥吻目　D. 圆叶目
1. 吸沟　2. 钩子　3. 顶突　4. 吸盘　5. 触手
图6-59　各类绦虫的头节
（湖北省水生物研究所，1973. 湖北省鱼病病原区系图志）

2. 内部构造

（1）体壁。体壁由皮层和皮下层组成。皮下层由环肌和纵肌所构成。

（2）排泄系统。焰细胞分布于身体各处。焰细胞和细管相连，各细管汇于背腹各1对排泄总管，贯通于各节片。当该节片脱落后，则两侧排泄管以自己的孔通向外面。

（3）神经系统。位于虫体前端，头节有较集中的神经结。在吸盘附近，常有环状神经及横走接合神经连着。从这里纵走的神经索，分背、腹、侧3对，伸向体的后方。

（4）生殖系统。大多数为雌雄同体，通常每个节片内有1套或2套生殖器官，一般雄性生殖器官先成熟。绦虫的生殖方式为自体受精和异体受精。

3. 生活史 绦虫的发育需经过变态和更换寄主。第一中间寄主通常为水生无脊椎动物，如剑水蚤、颤蚓等，也有陆生无脊椎动物、脊椎动物；第二中间寄主通常是脊椎动物，如鱼类、爬行类、两栖类等。

许氏绦虫病症状

（二）常见绦虫病

1. 许氏绦虫病

【病原】许氏绦虫（图6-60B、彩图6-17）。虫体细长，不分节；只有1

套生殖器官，卵黄腺在皮部，而卵巢后卵黄腺则在髓部。卵巢呈 H 形，位于虫体的后方。中华许氏绦虫的头节明显扩大，前端边缘呈鸡冠状皱褶。

许氏绦虫

中间寄主是颤蚓，原尾蚴在颤蚓的体腔内发育。鲤吞食感染有原尾蚴的颤蚓而感染，在肠中发育为成虫。

【症状和病理变化】轻度感染时无明显症状，寄生多时可见肠道被堵塞，并引起炎症和贫血，以至死亡（彩图 6-18）。

【流行情况】许氏绦虫分布广，主要危害鲤、鲫，尤以 2 龄以上的鲤感染率较高，但未见大量寄生的报道。

【诊断方法】剖开鱼腹，取出肠道，小心剪开，即可见到寄生在肠壁上的绦虫。

【防治方法】

（1）彻底清塘，杀灭虫卵。

（2）用加麻拉（Kanaara）或棘蕨粉拌饲料投喂，有效果，且无副作用。每千克鱼用量前者为 20g，后者（1 份根、3 份地下叶芽）为 32g。

2. 鲤蠹病

【病原】鲤蠹绦虫（图 6-60A）。虫体不分节，只有 1 套生殖器官；头节不扩大，前缘皱褶不明显或光滑；精巢呈椭圆形，向后延伸到阴茎囊的两侧；卵巢呈 H 形，在虫体后方；卵黄腺呈椭圆形，比精巢小，分布在髓部。生活史同许氏绦虫。

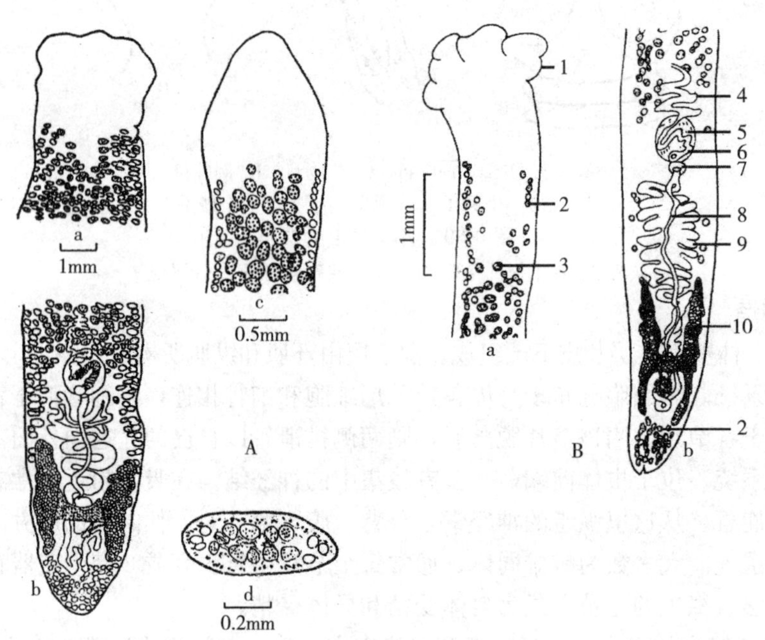

A. 短颈鲤蠹（a、b）和微小鲤蠹（c、d）
a. 虫体前段 b. 虫体后段，示生殖器官 c. 虫体前段 d. 横断面，示卵巢前方的卵黄腺和睾丸的分布
B. 中华许氏绦虫
a. 虫体前段，示头部及部分生殖器官 b. 虫体后段，示生殖系统
1. 头部 2. 卵黄腺 3. 精巢 4. 输卵管 5. 阴茎囊 6. 阴茎 7. 生殖孔 8. 阴道 9. 子宫 10. 卵巢
图 6-60 中华许氏绦虫的鲤蠹绦虫
（湖北省水生物研究所，1973. 湖北省鱼病病原区系图志）

【症状和病理变化】同许氏绦虫病。

【流行情况】在我国东北、湖北、江西等地发现，主要寄生在鲫及 2 龄以上的鲤肠内，大量寄生的病例不多。在东欧此病较多见，流行于 4—8 月。

【诊断方法】剖开鱼腹，取出肠道，小心剪开，即可见到寄生在肠壁上的绦虫。

【防治方法】同许氏绦虫。

3. 头槽绦虫病

【病原】头槽绦虫种类很多，有 200 余种。九江头槽绦虫（图 6-61）虫体呈带状，体长 20～250m，头节有 1 个明显的顶盘和 2 个较深的吸沟。精巢呈球形，每个节片内有 50～90 个，分布在节片的两侧。卵巢呈双叶翼状，横列在节片后端 1/4 的中央处。子宫弯曲成 S 状。卵黄腺比精巢小，散布在节片的两侧。梅氏腺位于卵巢的前侧（彩图 6-19）。

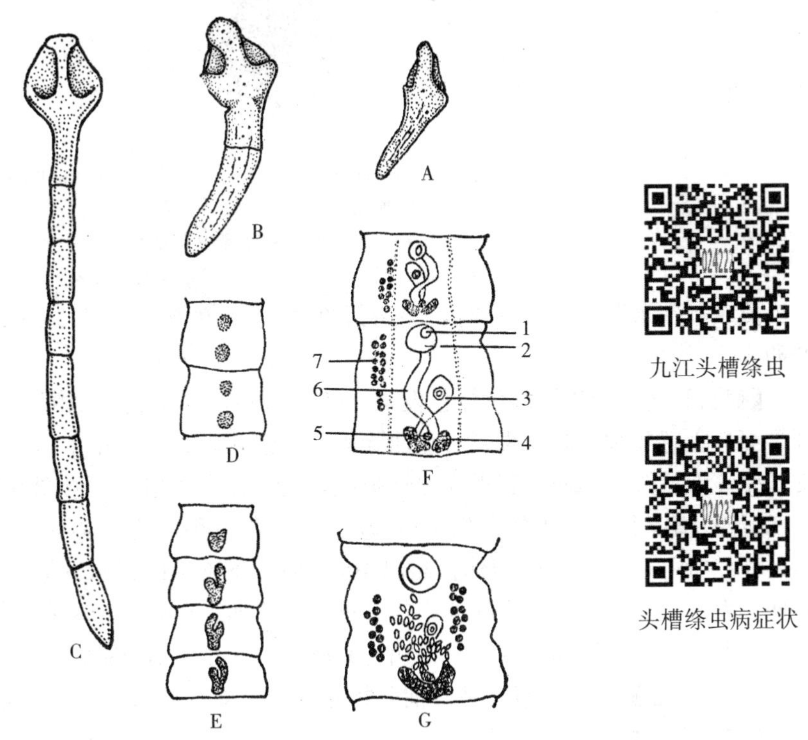

A. 裂头蚴　B. 幼虫　C. 未成熟节片，示原始生殖器官　D. 未成熟节片　E. 成熟节片　F. 孕卵节片
1. 子宫孔　2. 子宫囊　3. 阴茎囊　4. 卵巢　5. 精巢　6. 子宫　7. 卵壳腺（梅氏腺）

图 6-61　九江头槽绦虫

（廖翔华、施鎏章，1956）

生活史（图 6-62）：经卵、钩球蚴、原尾蚴、裂头蚴及成虫 5 个阶段。

卵：呈椭圆形，有卵盖。卵随寄主粪便一同落到水中，并孵化成钩球蚴。

钩球蚴：呈圆形，后端有钩 3 对，虫体上密布纤毛，生活时纤毛不断地颤动，孵化后约 1d 即停止颤动，在水中生活的时间约为 2d，在这期间内，如不为剑水蚤吞食就会死亡。

原尾蚴：钩球蚴被中间寄主剑水蚤吞食后，穿过其消化道到达体腔，发育为原尾蚴。

裂头蚴：感染了原尾蚴的剑水蚤，被草鱼鱼种吞食后，原尾蚴即在肠内蠕动，脱下尾器，发育为裂头蚴，这时期的幼虫，在夏天经 11d，虫体长出节片，逐渐发育为成虫。

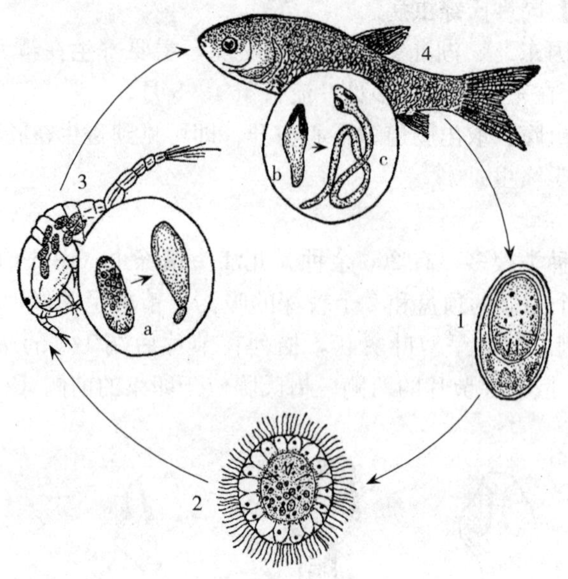

1. 卵　2. 钩球蚴　3. 感染原尾蚴的剑水蚤　4. 感染九江头槽绦虫的幼龄草鱼
a. 原尾蚴　b. 裂头蚴　c. 成虫

图 6-62　九江头槽绦虫生活史

（刘健康，何碧梧，1992. 中国淡水鱼类养殖学）

成虫：在水温 28～29℃时，裂头蚴在幼龄草鱼肠内经过 21～23d 达到性成熟，初次产卵。

【症状和病理变化】病鱼体色发黑，体重减轻，不摄食，消瘦，离群独游水面，口常张开。当严重感染时，前肠段第一盘曲膨大成胃囊状，直径较正常增大约 3 倍，并使前肠壁异常扩张，形成皱褶萎缩，表现为慢性炎症，肠道被虫体堵塞（彩图 6-20）。

【流行情况】该病主要危害 8cm 以下的草鱼鱼种，团头鲂、青鱼、鲢、鳙、鲮也可感染。死亡率可达 90%。但当体长超出 10cm 时，感染率即开始下降，在 2 龄以上的鱼体内只能偶然发现少数头节和不成熟的个体。该病是广西、广东的地方性鱼病，现贵州、湖北、河南、东北、福建、江苏等地也有发病，东欧一些国家也有该病的报道。

【诊断方法】剖开鱼腹，剪开前肠扩张部位，即可见白色带状虫体。

【防治方法】

（1）用生石灰或漂白粉清塘。

（2）吡喹酮，每千克鱼每天用 48mg 拌料饲喂，每间隔 3～4d 1 次，连用 2 次。

（3）硫双二氯酚（别丁）按与饵料 1∶400 的比例配制成药饵，以鱼体重量 5%的量投喂，每天 2 次，连喂 5d。

（4）阿苯达唑，每千克鱼每天用 40mg 拌料饲喂，每天投喂 2 次，连续 3d。

4. 舌型绦虫病（又称舌形绦虫病）

【病原】舌状绦虫和双线绦虫（图 6-63）的裂头蚴。虫体肉质肥厚，呈白色长带状，俗称“面条虫”。长度从数厘米到数米，宽可达 1.5cm。双线绦虫的前端钝尖，但比后端稍宽；背腹面各有 2 条陷入的平等纵槽，在腹面中间还有 1 条中线；每节节片有 2 套生殖器官。舌状绦虫的头节尖细，略呈三角形，在背腹面中线各有 1 条凹陷的纵槽，每节节片有 1 套生殖

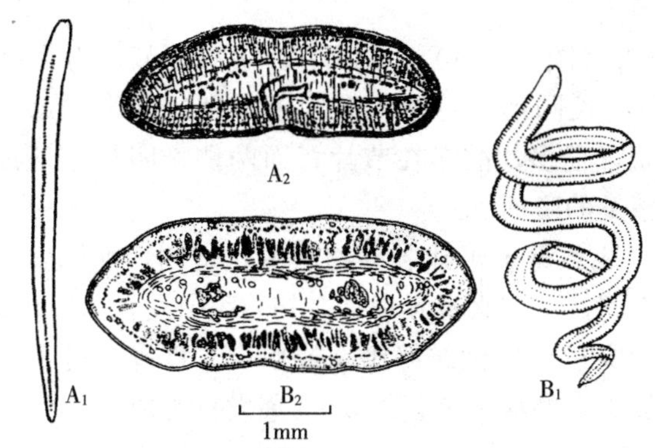

A. 舌状绦虫：A_1. 舌状绦虫的裂头蚴　A_2. 虫体横切面，示部分生殖器官
B. 双线绦虫：B_1. 虫体一般形态　B_2. 虫体横切面，示部分生殖器官
图 6-63　舌型绦虫
（刘健康，何碧梧，1992. 中国淡水鱼类养殖学）

器官。

生活史（图 6-64）：终末寄主为鸥鸟。虫卵随寄主粪便排入水中，孵出钩球蚴，钩球蚴被细镖水蚤吞食后，在其体内发育为原尾蚴，鱼吞食带有原尾蚴的水蚤后，原尾蚴穿过肠壁到体腔，发育为裂头蚴，病鱼被鸥鸟吞食，裂头蚴就在鸥鸟肠中发育为成虫。

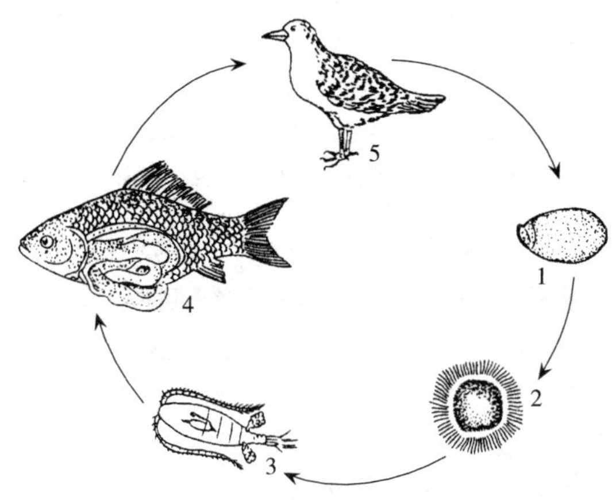

1. 卵　2. 六钩蚴　3. 感染原尾蚴的细镖水蚤　4. 感染裂头蚴的鲫　5. 鸥鸟
图 6-64　舌型绦虫生活史

【症状和病理变化】病鱼腹部膨大，鱼侧游上浮或腹部朝上，剖检可见鱼体腔中充满大量白色带状的虫体，内脏受压挤，产生变形萎缩，引起鱼体发育受阻，鱼体消瘦，丧失生殖能力。有的裂头蚴可以从鱼腹部钻出，直接造成病鱼死亡。

【流行情况】该病分布极为广泛，尤其是大型水域较为流行。主要危害鲫、鲢、鳙、鲤、鳊、草鱼、青鱼等鱼类。感染率随寄主年龄的增长而有所增加，一般发生于夏季。

【诊断方法】剖开鱼腹可见腹腔内充塞着白色卷曲的虫体即可确诊。

【防治方法】大水面对此病目前尚无有效防治方法。在较小水体中，可用以下防治方法。

（1）用清塘方法杀灭虫卵及第一中间宿主。

（2）驱赶终末宿主。

5. 裂头绦虫病

【病原】阔节裂头绦虫（图 6-65A），虫体呈带状，分节，为大型绦虫，体长 2～20m，有 4 000 多个节片。头节呈长圆形，背腹各有 1 条深裂的吸沟。每个节片内有 1 套生殖器官；精巢呈圆形，泡沫状，很多，散布在节片背面两侧，卵巢呈两瓣状。卵黄腺呈小圆粒状，散布在节片的两侧精巢的腹面。

生活史（图 6-65B）：成虫寄生于哺乳动物的消化道内，卵随寄主的粪便排出，卵在水中孵出钩球蚴，被第一中间寄主剑水蚤吞食，在其体腔中发育为原尾蚴，剑水蚤被第二中间寄主（鱼）吞食，原尾蚴穿过胃壁到结缔组织或肌肉、性腺、肝等内脏发育成长形的裂头蚴。哺乳动物吞食感染裂头蚴的淡水鱼，经 3～6 周发育为成虫。

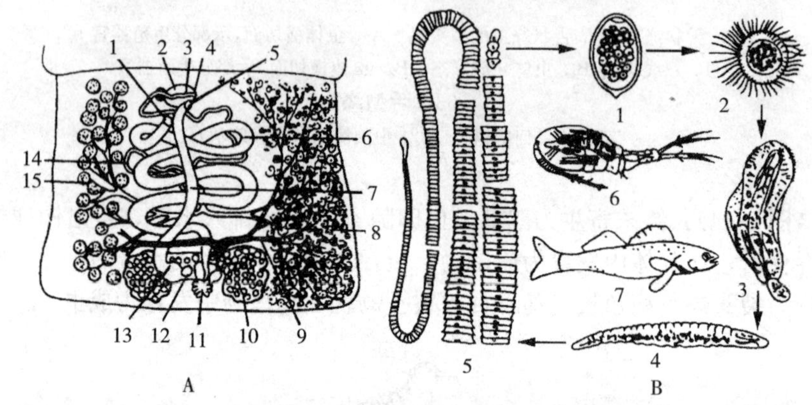

A. 成熟节片　1. 子宫孔　2. 阴茎囊　3. 阴茎　4. 雄性生殖孔　5. 雌性生殖孔　6. 子宫　7. 阴道　8. 卵黄腺　9. 卵黄管　10. 卵巢　11. 梅氏腺　12. 输卵管　13. 受精囊　14. 精巢　15. 输精管
B. 生活史　1. 卵　2. 钩球蚴　3. 原尾蚴　4. 裂头蚴　5. 成虫　6. 第一中间寄主剑水蚤　7. 第二中间寄主淡水鱼

图 6-65　阔节裂头绦虫的成熟节片及其生活史

【症状和病理变化】裂头蚴在鱼类的寄生部位有季节性，春天多在内脏，秋天则多在肌肉。第二中间寄主为小鱼时，当肉食性鱼类吞食感染原尾蚴或裂头蚴的小鱼，裂头蚴可侵入此鱼的肌肉和组织内。有时一条大鱼有 1 000 多个裂头蚴。

【流行情况】该病主要对人类造成危害。流行于欧洲一些国家，如芬兰、法国、意大利、俄罗斯。我国黑龙江、台湾有少数病例。虫体可寄生于多种淡水鱼类，如狗鱼、江鳕、鲈等。

【诊断方法】解剖检查肌肉和内脏，肉眼可见虫体。

【防治方法】采取切断生活史的方法预防。

四、由线虫引起的疾病

（一）概述

线虫隶属线形动物门，线虫纲。寄生在水生动物的线虫种类很多，已报道的有 100 种左右。寄生在消化道、鳍条、鳞下、腹腔、鳔和其他组织内，对水生动物的危害一般不严重，但大量寄生时可破坏组织的完整性，引起继发性疾病；有些种类吸食血液，夺取营养，使寄主消瘦，影响生长和繁殖，甚至死亡。

1. 外部形态 线虫一般呈圆筒形，虫体不分节，通常透明无色。

2. 内部构造

(1) 体壁。由角质层、真皮层和纵肌层组成，并与消化道等内脏器官之间形成空隙，称之为假体腔。

(2) 消化系统。包括口腔、食道、中肠和直肠，以及开口于尾端腹面的肛门。

(3) 神经系统。由神经环、神经结、神经干和神经连索组成。感觉器官主要有乳突、化感器和尾感器。

(4) 排泄系统。一般有 2 条排泄管，自后向前在虫体前面汇合成 1 个小管。

(5) 生殖系统。雌雄异体，通常雌虫大于雄虫。雄性生殖器官为单管，由精巢、输精管、储精囊和射精管组成，最后由泄殖腔开口；雌性生殖器官多数为双管，由卵巢、输卵管、受精囊、子宫、阴道和阴门等组成。有的线虫在成熟时阴道萎缩。

3. 生活史 多数为卵生，也有卵胎生或胎生；肠道寄生线虫不需要中间寄主，组织内寄生的线虫需要中间寄主，中间寄主一般为桡足类、寡毛类等；从幼虫发育到成虫要蜕皮 2～4 次。

(二) 常见线虫病

1. 毛细线虫病

【病原】毛细线虫（图 6-66）。虫体细小如纤维，前端尖细，后端稍粗大，体表光滑；口端位，没有唇和其他构造；食道细长，由 26～36 个单行排列的食道细胞组成；肠前端稍膨大，肛门和泄殖孔开口在体后端。雌虫体长 4.99～10.13mm，具 1 套生殖器官。雄虫体长 1.93～4.15mm，具 1 细长的交合刺，外包交合刺鞘。

生活史：卵生，体内受精。卵呈柠檬状，两端各有 1 瓶塞状的卵盖，卵随寄主粪便排入水中，并在卵壳内发育为幼虫，形成含胚卵。鱼吞食含有幼虫的卵而感染。

【症状和病理变化】毛细线虫以其头部钻入寄主肠壁黏膜层，破坏组织，引起肠壁发炎。解剖鱼体，可见肠道内有白色细线状的虫体。病鱼消瘦，体色发黑，离群独游，严重感染时可引起青鱼、草鱼死亡。

【流行情况】毛细线虫寄生于青鱼、草鱼、鲢、鳙、鲮及黄鳝肠中，主要危害当年鱼种，广东的夏花草鱼及鲮常患此病，在草鱼中又常与九江头槽绦虫病并发。湖北曾发生几十万尾鱼苗死亡的病例。

【诊断方法】剪开鱼肠，用解剖刀刮下肠内含物和黏液，并用解剖镜检查，便可做出诊断。

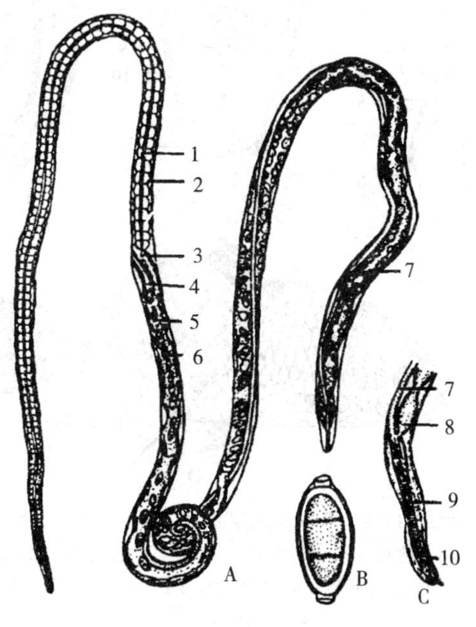

A. 成熟的雌虫，虫体中段为侧面观，尾部为腹面观
B. 卵 C. 成熟的雄虫尾端侧面观
1. 食道 2. 食道细胞 3. 前肠 4. 阴道 5. 子宫
6. 卵 7. 直肠 8. 射精管 9. 交合刺

图 6-66 毛细线虫

（刘健康，何碧梧，1992. 中国淡水鱼类养殖学）

【防治方法】

(1) 先使池底晒干，再用漂白粉加生石灰彻底清塘，杀灭虫卵。

(2) 每千克鱼每天用90%晶体敌百虫0.2～0.3g，拌饲投喂，连喂6d。

(3) 每千克鱼每天用中药5.8g（贯众：土荆介：苏梗：苦楝树皮＝16：5：3：5）煎汁拌饲投喂，连喂6d。

2. 嗜子宫线虫病

【病原】嗜子宫线虫（彩图6-21）。常见种类有：鲫嗜子宫线虫（图6-67），雌虫寄生在鲫的尾鳍；鲤嗜子宫线虫（图6-68），雌虫寄生在鲤鳞囊内；藤本嗜子宫线虫（图6-69），雌虫寄生于乌鳢、斑鳢等鱼的背鳍、臀鳍和尾鳍；鲕嗜子宫线虫，寄生在鲕肌肉内；鲷嗜子宫线虫，寄生在真鲷、黑鲷的性腺；鳍居嗜子宫线虫，寄生在赤点石斑鱼的鳍。

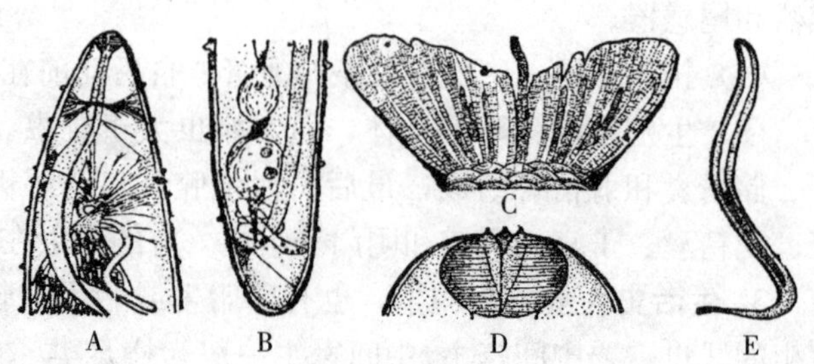

A. 雌虫前端 B. 雌虫后端 C. 病鱼尾部 D. 雌虫口囊 E. 幼虫

图6-67 鲫嗜子宫线虫

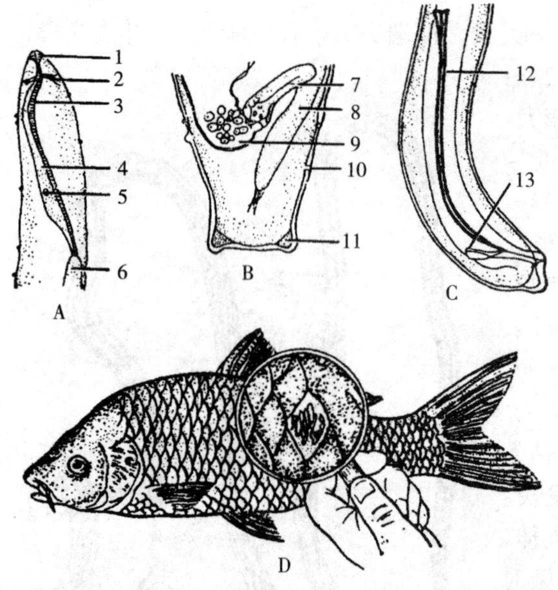

A. 雌虫的头部 B. 雌虫的尾部 C. 雄虫的尾部 D. 寄生情况
1. 肌肉球 2. 神经环 3. 食道 4. 食管腺 5. 腺体核
6. 肠 7. 卵巢 8. 直肠 9. 子宫 10. 乳突 11. 尾叶
12. 交接刺 13. 引刺带

图6-68 鲤嗜子宫线虫

（刘健康，何碧梧，1992. 中国淡水鱼类养殖学）

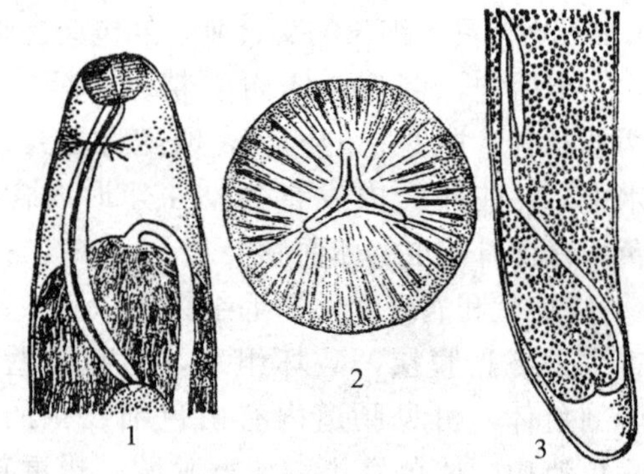

1. 成熟雌虫的头端 2. 成熟雌虫的头部，顶面观
3. 成熟雌虫的尾端

图6-69 藤本嗜子宫线虫

雌虫较雄虫大很多，虫体呈线状，两端圆形，活体时呈肉红色，俗称“红线虫”；体长从2～3cm到50cm不等。食道短，呈圆筒形，前端膨大呈球状；肛门退化，没有阴道和阴门；成熟雌虫的子宫里充满发育的卵和幼虫。雄虫体小如丝，体表光滑，透明无色；尾端膨

大，在泄殖腔的末端，有2个半圆形的尾叶，2根细长的交合刺等长，有引带。

生活史（图6-70）：生殖方式为胎生。成熟的雌虫从体腔或组织中钻出，钻破寄主的皮肤浸泡于水中，由于渗透压的关系，虫体壁破裂，子宫也随之破裂，子宫中的幼虫落入水中，被中间寄主萨氏中镖水蚤等大型水蚤吞食后，幼虫便在其体腔中发育。鱼吞食了带有幼虫的水蚤后而被感染，在体腔中经过一段时间的发育，雌、雄虫体交配后，雌虫迁移至寄生部位并发育成熟。

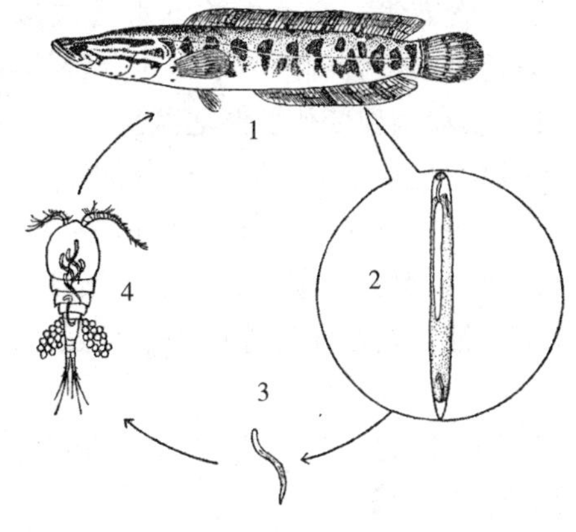

1. 雌虫寄生在乌鱼的鳍条中，雄虫极小，在乌鱼的腹腔里 2. 成熟的雌虫钻出鳍条，由于渗透压的关系而使虫体破裂，子宫里的幼虫进入水中 3. 幼虫在水中游动 4. 幼虫被中间宿主剑水蚤吞食后，进入水蚤的体腔中，乌鱼因吞食中间宿主而感染

图6-70 藤本嗜子宫线虫的生活史

（湖北省水生物研究所，1973. 湖北省鱼病病原区系图志）

【症状和病理变化】嗜子宫线虫对寄主和寄生部位有专一性，表现的症状也不尽相同。但在虫体寄生处，组织充血、发炎、溃疡甚至坏死，并在病灶处可见红色虫体盘曲其中。

【流行情况】该病主要危害养殖和自然水域中多种海、淡水鱼类。通常发生于5—6月，一般不引起死亡，仅降低其商品价值，但可引起细菌、真菌的感染，严重时可引起死亡。

【诊断方法】在病灶处可见红色虫体，即可诊断。

【防治方法】

（1）用生石灰带水清塘，杀灭幼虫及中间寄主。

（2）在虫体的繁殖季节全池泼洒90%晶体敌百虫，使池水浓度为0.3～0.5mg/L，以消灭幼虫及中间寄主。

（3）对于寄生于体表和鳍上的虫体，可用1%高锰酸钾、碘酒涂抹病鱼体表病灶。

3. 鳗居线虫病

【病原】球状鳗居线虫（图6-71）及粗厚鳗居线虫。成虫呈圆筒形，透明无色。头部呈圆球状（或不膨大），无乳突，没有唇片。食道前段1/3处膨大成葱球状（或花瓶状），后2/3处呈圆筒状，由肌肉和腺体组成。肠粗大，无直肠和肛门。雄性生殖孔位于尾端腹面，没有交接刺和引刺带。生殖孔附近有尾突6对。雌虫体长44mm，卵巢在子宫前后各一。

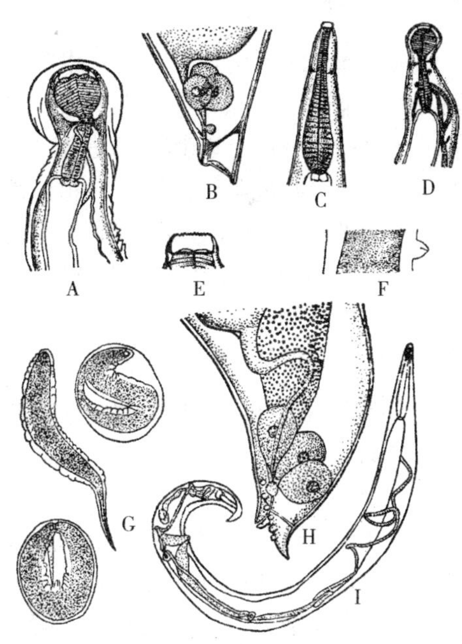

A. 雌虫前端侧面观 B. 雌虫后端侧面观 C. 后期感染的幼虫前端，背腹面观 D. 雄虫前端背腹面观 E. 后期感染幼虫的口腔背腹面观 F. 雌虫阴门侧面观 G. 刚产生幼虫 H. 雄虫后端侧面观 I. 雌性后期感染性幼虫的生殖器官侧面观

图6-71 球状鳗居线虫

（伍惠生）

生活史：生殖方式为胎生。成熟的卵呈椭圆形，并在子宫的后段已发育为幼虫，幼虫停留在卵中蜕皮1次，形成第一期幼虫。幼虫通过鳔管进入消化道，随寄主的粪便排出落入水中，并在

水中发育为第二期幼虫。当第二期幼虫被剑水蚤吞食后，便穿过肠壁进入体腔，发育为第三期幼虫。含有第三期幼虫的剑水蚤被鱼类吞食后，幼虫穿过肠壁进入体腔，附着于鳔的表面，随后侵入鳔管到鳔腔中寄生，经第四期幼虫而发育为成虫。

【症状和病理变化】鳗居线虫寄生于鳔腔内，吸食鱼的血液。大量寄生时可引起鳔发炎，鳔壁增厚，病鱼食欲下降，体色加深，生长受阻，严重时鳔腔壁破裂，线虫进入腹腔引起腹膜炎。病鱼腹部膨大，肛门红肿，甚至有虫体从肛门或尿道口爬出体外。

【流行情况】在湖北、福建、浙江、上海、江苏等地都有流行。主要发生于土池或沙石底的养鳗池，在水泥池养殖中较少发生，全年各种鳗均可感染，高温季节（6—10月）易引起死亡。

【诊断方法】剖开鳔腔可见虫体。

【防治方法】

（1）彻底清塘，杀死中间寄主及虫卵，切断其生活史。

（2）用90%晶体敌百虫全池遍洒，使池水浓度为0.3～0.5mg/L，杀灭池中的剑水蚤。

（3）内服盐酸左旋咪唑或阿苯达唑或复方甲苯达唑，每千克饲料添加0.5～1.0g，加维生素C 0.5 g，连喂7～10d。

五、由棘头虫引起的疾病

棘头虫1

（一）概述

棘头虫属于线形动物门，棘头虫纲。是一类具有假体腔而无消化系统、两侧对称的蠕虫，已知大约有500种。全部营寄生生活，成虫寄生于脊椎动物的消化道内。棘头虫以其吻钻进寄主肠黏膜，破坏肠壁，引起发炎，严重时可造成肠穿孔或肠管被堵塞，鱼体消瘦，有时还可引起贫血和死亡。

棘头虫2

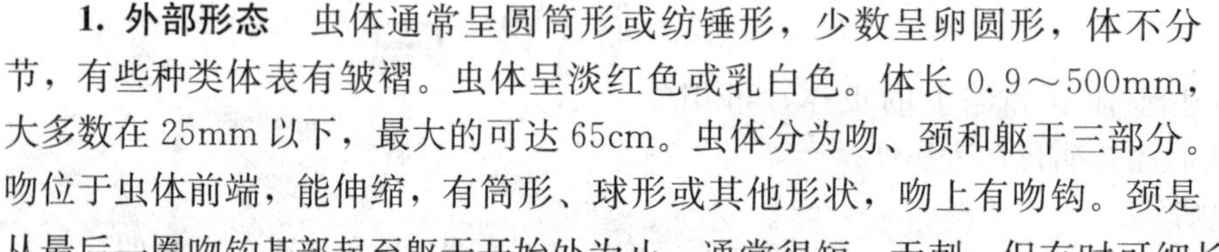

1. 外部形态 虫体通常呈圆筒形或纺锤形，少数呈卵圆形，体不分节，有些种类体表有皱褶。虫体呈淡红色或乳白色。体长0.9～500mm，大多数在25mm以下，最大的可达65cm。虫体分为吻、颈和躯干三部分。吻位于虫体前端，能伸缩，有筒形、球形或其他形状，吻上有吻钩。颈是从最后一圈吻钩基部起至躯干开始处为止，通常很短，无刺，但有时可细长。躯干较粗大，体表光滑或具刺。

2. 内部构造

（1）体壁。由角质层、真皮层和肌肉层组成。

（2）消化与排泄系统。无消化道，借体表的渗透作用吸收宿主的营养。多数种类缺乏排泄器官，只有少数种类，在生殖器官附近具有作为排泄器官的原肾。

（3）神经系统。在吻鞘的基部或中部有一神经节，由神经节发出神经至吻及身体各处。

（4）生殖系统。雌雄异体，一般雌虫大于雄虫。雄虫（图6-72）生殖器官由精巢、输精管、前列腺、生殖鞘和交配器官组成。雌性生殖器官由卵巢、子宫钟、输卵管、子宫和阴道组成。

3. 生活史（图6-73） 成虫寄生于脊椎动物的消化道内。成熟卵随宿主粪便排入水中，被中间宿主（软体动物、甲壳类或昆虫）吞食后，卵中的胚胎幼虫出来，钻过肠壁到体腔中，继续发育。经过棘头蚴、前棘头体和棘头体3个阶段。感染有幼虫的中间宿主被终末宿

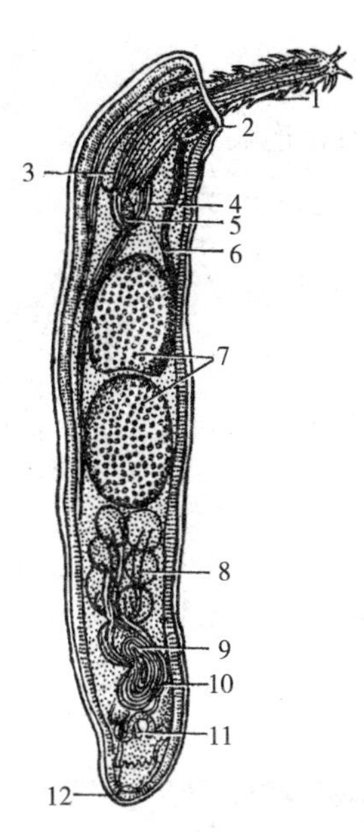

1. 吻　2. 颈　3. 吻腺　4. 吻鞘　5. 神经节
6. 收缩肌　7. 精巢　8. 黏液腺　9. 输精管
10. 交接伞　11. 阴茎　12. 生殖孔

图 6-72　棘头虫（雄）

（黄琪琰）

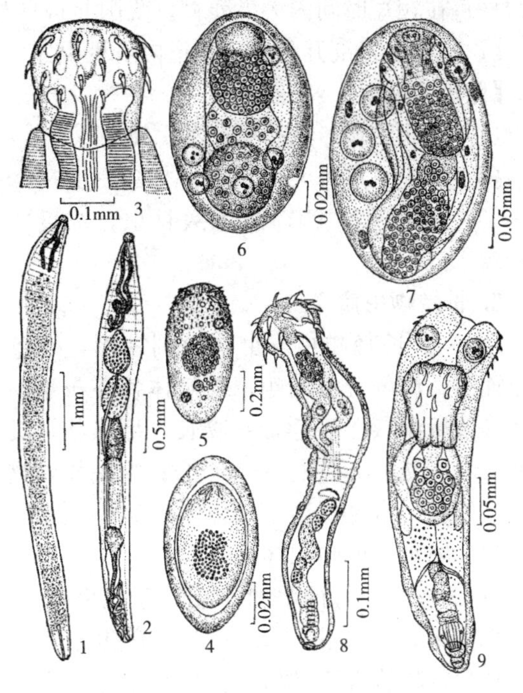

1. 雌虫　2. 雄虫　3. 成虫吻部　4. 虫卵　5. 初孵出的棘头蚴
6. 发育 4d 的棘头蚴　7. 发育 6d 的前棘头体　8. 前棘头体
9. 成熟的棘头体

图 6-73　新棘虫的形态和生活史

主吞食，发育为成虫，从而完成其生活史。

（二）常见棘头虫病

1. 似棘头吻虫病

【病原】乌苏里似棘头吻虫（图 6-74）。雄虫较短小，略呈香蕉形，前部向腹面弯曲，体长 0.7～1.27mm。体表披有横行小棘。吻短小，吻鞘单层。吻钩 18 个，排成 4 圈，前三圈各 4 个，第四圈为 6 个，吻腺等长或亚等长，长为吻鞘的 2 倍以上；体壁巨核背面 5～6 个，腹面 2 个。雌虫长 0.9～2.3mm，体细长呈黄瓜形。

生活史：成虫寄生于草鱼、鲢、鳙及鲤，在气泡介形虫体腔中发育成棘头体，草鱼吞食感染介形虫，在肠道中发育为成虫。

【症状和病理变化】成虫寄生于鱼的肠道内。病鱼拒食、发黑、离群靠边缓游，前腹部膨大呈球状，肠道轻度充血，呈慢性炎症。解剖时可见病鱼肠道内有大量虫体寄生。

【流行情况】该病主要危害草鱼鱼种，大量寄生时可

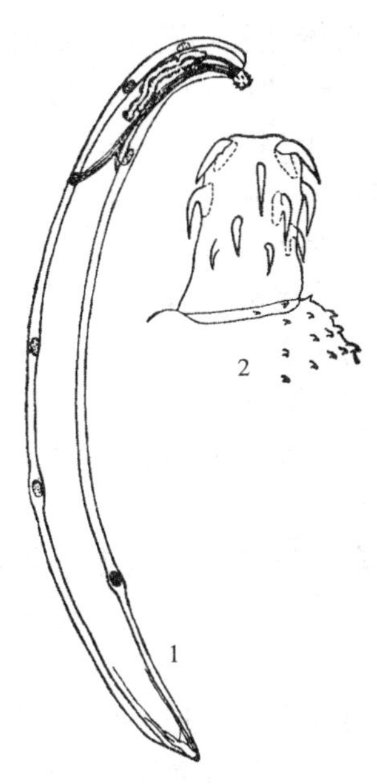

1. 雌虫　2. 吻

图 6-74　乌苏里似棘头吻虫

（湖北省水生物研究所，1973. 湖北省鱼病病原区系图志）

引起病鱼在较短时间内大批死亡。我国北自乌苏里江，南至湖北、江西均有此虫分布。

【诊断方法】剖开鱼体、肠道内可见虫体。

【防治方法】

(1) 彻底清塘，杀死虫卵和中间寄主。

(2) 每千克鱼每天用 90%晶体敌百虫 0.3～0.4g，拌饵投喂，连喂 5～6d。

(3) 全池遍洒 90%晶体敌百虫，浓度为 0.7mg/L。

2. 长棘吻虫病

【病原】长棘吻虫。虫体呈圆柱形，体壁核小而多；体棘分成两组，前组体棘环布于整个体表，后组仅限于腹面；吻长，呈棒状，具吻钩 8～26 纵行，每行 8～36 个；吻鞘长，吻腺通常细长。常见有：

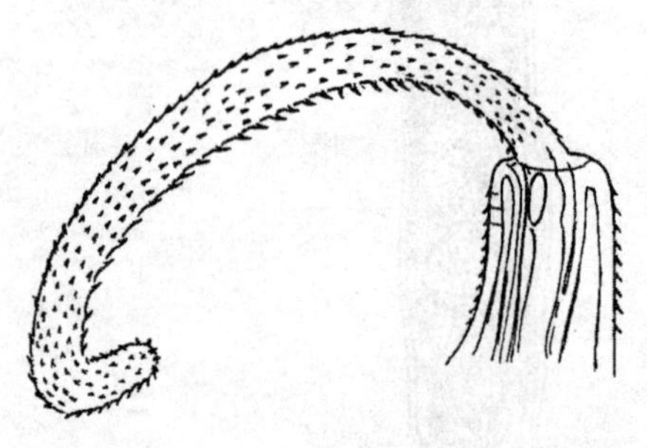

图 6-75 细小长棘吻虫

(1) 细小长棘吻虫（图 6-75）。寄生于鲫，吻钩有 12 纵行，每行 32 个。分布于北京。

(2) 鲤长棘吻虫（图 6-76）。寄生于鲤、鲃、草鱼，吻钩有 12 纵行，每行 20～22 个，黏液腺 8 个。雌虫长 1.9～2.0mm，雄虫长 8.4～11mm。分布于福建、江西、广东、江苏、湖北、辽宁等地。

(3) 崇明长棘吻虫（图 6-77）。寄生于鲤，虫体呈乳白色，少数雌性老虫呈黄色；吻上有吻钩 14 纵行，每行有吻钩 29～32 个。雌虫全长 13.32～38.4mm，雄虫 12.42～26.45mm。中间寄主是模糊裸腹溞。分布于上海崇明岛。

(4) 海鲇长棘吻虫。寄生于海鲇、黄颡鱼。分布于福建。

(5) 长江长棘吻虫。寄生于长吻鮠、粗长鮠、钝吻鮠、黄颡鱼、中华鲟和白鲟等。分布于长江。

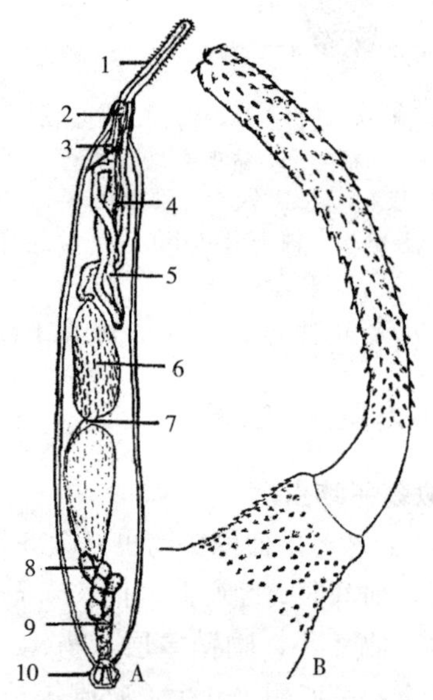

A. 雄性鲤长棘吻虫 B. 虫体前部放大图
1. 吻部 2. 神经节 3. 神经纤维 4. 吻鞘 5. 吻腺
6. 精巢 7. 输精管 8. 黏液腺 9. 储精囊 10. 交合伞
图 6-76 鲤长棘吻虫
（刘健康，何碧梧，1992. 中国淡水鱼类养殖学）

【症状和病理变化】长棘吻虫寄生于鱼的肠道内，以其吻部钻入肠壁，躯干部游离于肠腔内。大量寄生时可引起肠管膨大，肠壁变薄，出现慢性卡他性炎，肠腔内充满黄色黏液而没有食物。严重时病鱼肠道被虫体堵塞，肠壁外有很多肉芽肿结节，内脏器官粘连而无法剥离。有时虫的吻部钻透肠壁，进入体腔，并钻入其他内脏器官或体壁，引起体壁溃烂，甚至穿孔。

【流行情况】长棘吻虫寄生于多种海、淡水鱼类，幼鱼至成鱼均可被寄生。夏花被 3～5 条虫体寄生即可引起死亡，大量寄生时也可引起 2kg 以上的成鱼死亡。发病时感染率为

70%，一般呈慢性死亡，累计死亡率为60%。

【诊断方法】根据症状并剖开病鱼肠道，肉眼见到乳白色虫体，即可诊断。

【防治方法】

(1) 用生石灰或漂白粉清塘，杀灭池中虫卵及中间寄主。

(2) 每千克鱼每天用四氯化碳0.6mL拌饵投喂，连喂6d，疗效较好。

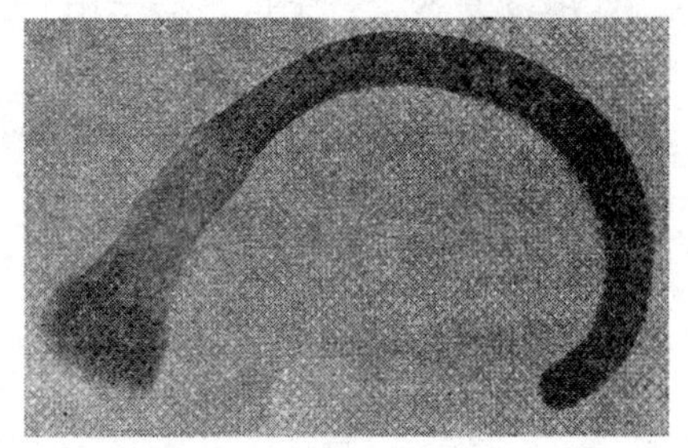

图6-77 崇明长棘吻虫的吻及颈部

3. 长颈棘头虫病

【病原】鲷长颈棘头虫（图6-78）。虫体呈长圆柱形，体长10～20mm，体表无棘，吻和颈呈白色，躯干部呈橘黄色。吻短，为圆柱状。吻钩11～15纵行，每行9～12个，各钩形态不一。颈长，无棘，明显膨大而且有螺旋扭曲，不呈球状。吻鞘壁双层，伸入躯干前部。吻腺退化呈短囊状。

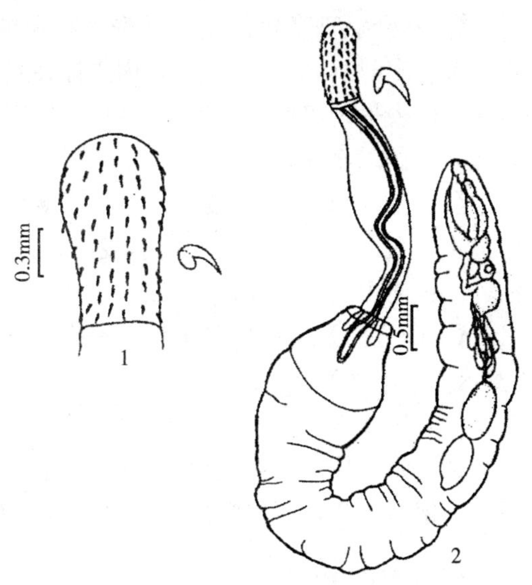

1. 吻与吻钩 2. 雄虫
图6-78 鲷长颈棘头虫
（王溥钦）

【症状和病理变化】鲷长颈棘头虫寄生在真鲷直肠内，其吻刺入直肠内壁，破坏肠壁组织，引起炎症、充血或出血。病鱼食欲减退，消瘦，成长缓慢。

【流行情况】该病发现于中国和日本天然和养殖的真鲷、黑鲷，感染率为70%～80%。幼虫的感染期一般为6—7月。

【诊断方法】对瘦弱的鱼进行解剖检查，如发现直肠内有虫体，可以诊断。

【防治方法】投喂经过冷冻处理的鱼或配合饵料，可预防棘头虫的感染。

4. 隐藏新棘虫病

【病原】隐藏新棘虫（彩图6-22）。虫体呈筒形，吻钩排列成4圈，每圈8个。第1圈钩最大，渐次变小。虫体前部有棘，分为两组，前组体棘4～7圈，后组为9～11圈。再往后还有分散而不成圈的体棘。吻鞘呈袋状，两条吻腺呈长筒形，长度接近等长，每个吻腺内有一卵圆形巨核。

【症状和病理变化】虫体常寄生于黄鳝、黄颡鱼、鲇等鱼类的前肠，病鱼消瘦，食欲减退，生长缓慢，严重时引起死亡。剖解见前肠腔内有大量虫体，致肠壁损伤发炎，或因大量寄生而引起肠梗阻，肠穿孔。

【流行情况】该病主要危害黄鳝、黄颡鱼、鲇等鱼类，一年四季都可发生。

【诊断方法】根据流行病学、症状可初步诊断；剖开病鱼肠道，镜检后可确诊（彩图6-23）。

【防治方法】

(1) 全池泼洒90%晶体敌百虫，使池水浓度为0.3～0.5mg/L。

(2) 伊维菌素，每千克鱼每天用0.04mg，每天1次，连用3d。

六、由环节动物引起的疾病

(一) 鱼蛭病

【病原】尺蠖鱼蛭（彩图6-24）。体型窄长，呈圆柱形，体长2～5cm。虫体由32环节组成，前吸盘占3节，后吸盘占7节。前后吸盘位于虫体两端，后吸盘较前吸盘为大。体色常随寄主皮肤颜色的变化而变化，一般为褐绿色。在前吸盘背面有2对黑色的眼点。雌雄同体，异体受精或自体受精。

【症状和病理变化】虫体常寄生在鱼的体表、鳃及口腔，少量寄生时对鱼的危害不大。寄生数量多时（尤其是鱼种），因虫体在鱼体上吸血和爬行，鱼表现不安，常跳出水面。被破坏的体表呈现出血性溃疡，严重时则坏死；鳃被侵袭时，引起呼吸困难。病鱼消瘦，生长缓慢，贫血以至死亡。

【流行情况】该病主要危害鲤、鲫等底层鲤科鱼类。在我国该病感染率不高，对养鱼生产危害不大。俄罗斯、日本均有发生。尺蠖鱼蛭常离开鱼体到另一尾鱼体营暂时性寄生生活，是锥体虫及微生物传播者。

【诊断方法】肉眼可见虫体，寄生在鳃盖内表面。

【防治方法】

(1) 用2.5%氯化钠溶液浸洗病鱼0.5～1h。

(2) 将鱼体用二氯化铜（100L水中加5g）浸浴15min。治疗后的鱼蛭可从鱼体上脱落下来，但尚未死，所以浸洗后的水不应倒入池中，应采用机械方法将鱼蛭消灭。

(二) 中华颈蛭病

【病原】中华颈蛭，又称为中华气囊蛭，虫体呈长椭圆形，大小为（3.4～5.5）cm×（0.8～2.2）cm，体扁，背部稍隆起，呈淡黄或灰白色，环带区呈粉红色。虫体可分为前后两部分，前部较后部窄而短，前端有1个前吸盘，下接一狭而短的颈部。口就在前吸盘内，眼2对，在前吸盘的背面，呈“八”字形排列，前1对显著，后1对很小。后吸盘较前吸盘大，其大小仅次于体宽。肛门开口于后吸盘的背侧。虫体两侧有11对、呈膜质圆形的搏动囊，具呼吸作用，并能有节律地搏动。

【症状和病理变化】虫体寄生在鱼鳃盖内表皮，吸取鱼血，被寄生处的表皮组织受破坏，引起贫血和继发感染，影响生长。个别严重病例，常因呼吸困难和失血过多而死亡。

【流行情况】该病主要危害鲤、鲫，感染率不高，危害不大。常在春季流行，在我国分布广。

【诊断方法】肉眼可见虫体寄生在鳃盖内表面。

【防治方法】用2.5%氯化钠溶液浸浴病鱼0.5～1h。

第三节　寄生甲壳类疾病

甲壳动物属于节肢动物门、甲壳纲。因体外被有一层几丁质外壳，被称为甲壳动物。身体分节，分头、胸、腹三部分。寄生在鱼类体上的甲壳动物主要有三类，即桡足类、鳃尾类和等足类。

一、由桡足类引起的疾病

桡足类的身体小，一般无背甲，体节明显，头部常与第1或前面二三个胸节融合成头胸部，头部、胸部有附肢，腹部无附肢，雌体常携带卵囊，幼体发育经过变态。

（一）中华鳋病

【病原】中华鳋属。寄生在鱼的鳃上，只有雌鳋成虫才营寄生生活，而雄鳋与雌鳋幼虫营自由生活。

1. 外部形态 虫体长、大，分节明显，分头、胸、腹三部分（图6-79）。头部呈三角形或半卵形，头部与第1胸节间有颈状假节。胸部6节，第6胸节狭小，为生殖节，除生殖节外，每一胸节上各有1对游泳足，双肢型。腹部3节，每节间有假节，第3节分为2支，并向后延伸形成尾。头部有1中眼和6对附肢（即2对触肢、1对大颚、2对小颚及1对颚足）。第2触肢特别强大，末端特化成锐利的钩或爪，用以钩住寄主组织。

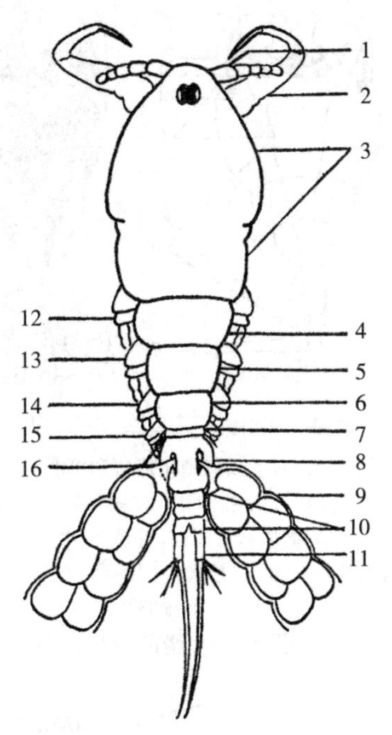

1. 第1触角 2. 第2触角 3. 头胸部 4. 第2胸节 5. 第3胸节 6. 第4胸节 7. 第5胸节 8. 生殖节 9. 卵囊 10. 腹部 11. 尾叉 12. 第1游泳足 13. 第2游泳足 14. 第3游泳足 15. 第4游泳足 16. 第5游泳足

图6-79 鳋的背面观，示虫体的外部形态

（湖北省水生物研究所，1973. 湖北省鱼病病原区系图志）

2. 内部构造

（1）消化系统（图6-80A）。大致为上宽下狭的直管。

（2）排泄系统（图6-80A）。为1对弯曲的细管。

（3）生殖系统。雌鳋的生殖器官（图6-80B）包括卵巢、子宫、输卵管、黏液腺和受精囊等5部分。雄鳋的生殖器官（图6-81）包括精巢、输精管、储精囊、黏液腺及精荚等。交配时雄鳋将精荚从生殖节腹面中央的生殖孔排出体外，悬挂在雌鳋的阴道孔上。

3. 生活史 雌鳋在未寄生到寄主体上之前与雄鳋进行交配，交配完成后，雌鳋寻找寄主营寄生生活，而雄骚仍然营自由生活，雌鳋一生只交配1次。卵在子宫中受精，进入卵囊。卵随脱落的卵囊进入水体孵化，成无节幼体。经5次蜕皮后成为第1桡足幼体（图6-82），此时具有剑水蚤的雏形。再经4次蜕皮成为第5桡足幼体，再蜕1次皮，即成为幼鳋（图6-83）。雌虫即可在宿主上寄生，并迅速长大，之后逐渐发育成熟。

4. 我国危害较大的种类

（1）大中华鳋（图6-84A）。虫体较细长，体长2.54～3.30mm。头部呈半卵形，头胸间假节甚长，第1至第4胸节宽度相等，生殖节特小，腹部极长，卵囊细长，含卵4～7行，卵小而多。寄生在草鱼、青鱼、鲶、赤眼鳟、鳡和淡水鲑等鱼的鳃丝末端内侧。

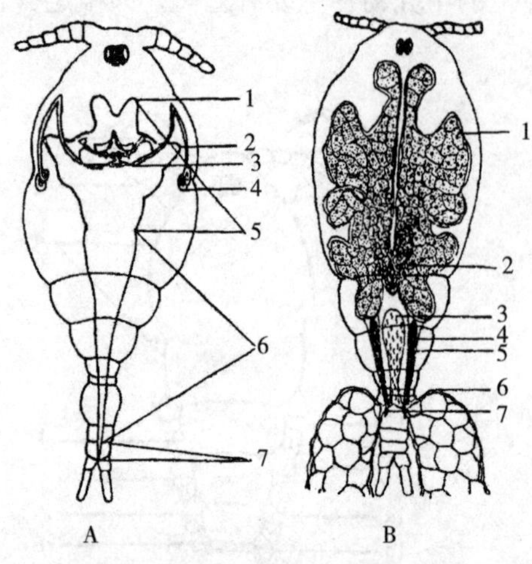

A. 日本新鳋消化器官和排泄器官

1. 胃前叶 2. 胃侧叶 3. 排泄孔 4. 排泄管 5. 胃 6. 肠 7. 直肠

B. 掘凿鳋背面观，示雌性生殖器官

1. 子宫 2. 卵巢 3. 受精囊 4. 输卵管 5. 黏液腺 6. 卵囊 7. 排卵孔

图 6-80 鳋的内部构造

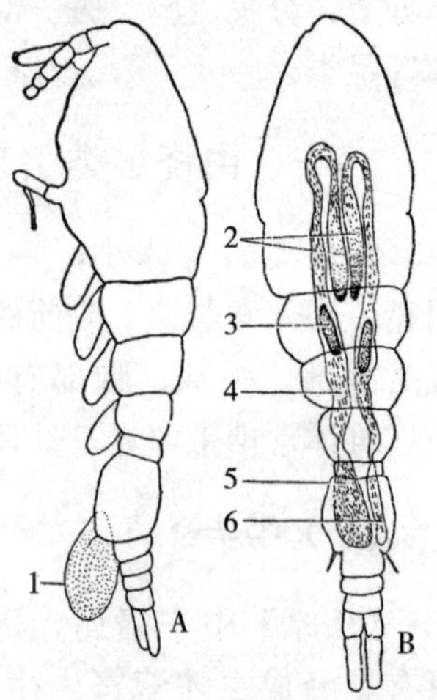

A. 侧面观 B. 背面观

1. 精荚 2. 精巢 3. 黏液腺 4. 输精管 5. 储精囊 6. 排出精荚后

图 6-81 大中华鳋（雄）生殖器官

（尹文英）

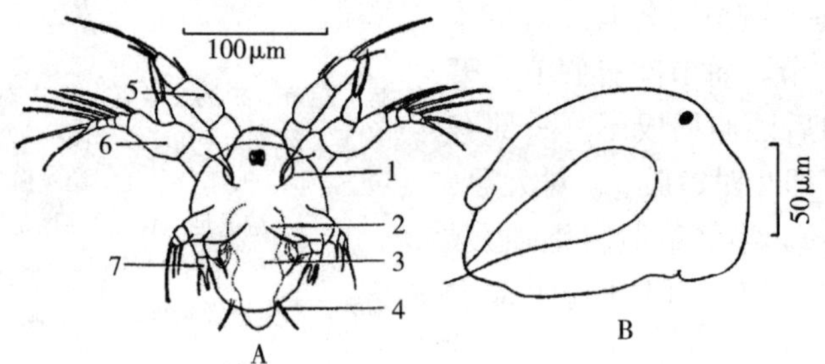

A. 腹面观 B. 侧面观

1. 上唇 2. 胃 3. 肠 4. 平衡器 5. 第 2 附肢 6. 第 1 附肢 7. 第 3 附肢

图 6-82 第 1 无节幼体

（尹文英）

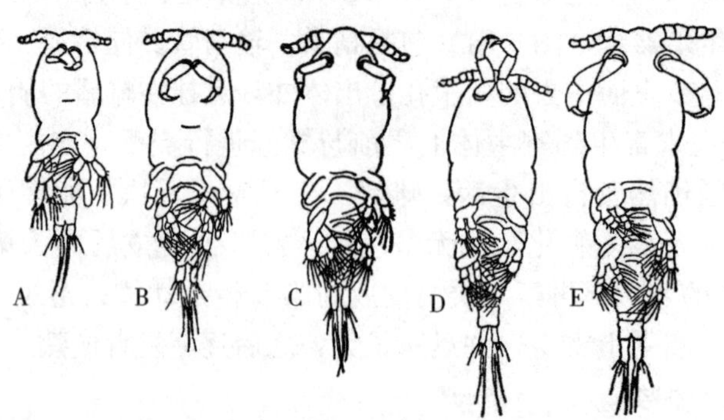

A. 第 1 桡足幼体 B. 第 2 桡足幼体 C. 第 3 桡足幼体 D. 第 4 桡足幼体 E. 第 5 桡足幼体

图 6-83 大中华鳋的桡足幼体腹面观

（尹文英）

（2）鲢中华鳋（图 6-84B）。虫体长 1.83～2.57mm，身体呈圆筒形，比大中华鳋短而粗。头部略呈钝菱形，第 2 对触角变成的大钩短而宽。头部与胸节之间的假节不显著。胸部前四节宽而短，这与大中华鳋明显不同。第 5 胸节很小，只有前节宽度的 1/3，通常被前节掩盖，从背后不易观察到。卵囊粗大，含卵 6～8 行，卵小而多。寄生于鲢、鳙的鳃丝末端内侧以及鲢的鳃耙。

（3）鲤中华鳋（图 6-84C）。虫体长 2.21～2.53mm，体型与鲢中华鳋相似，唯颈状假节略向外突出，胸部第 4 节略狭小，生殖节略膨大。寄生在鲤、鲫的鳃丝上。

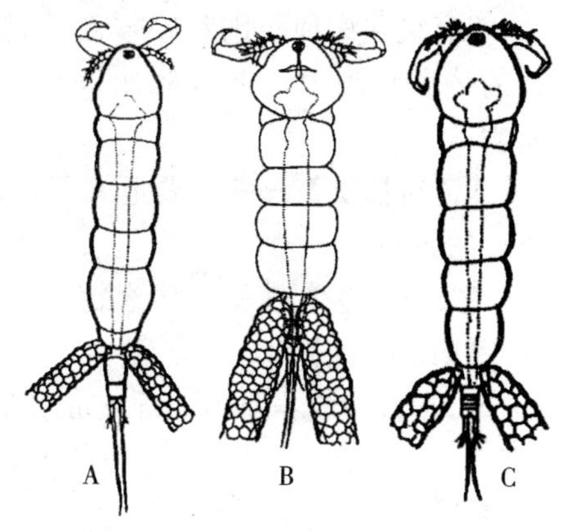

A. 大中华鳋　B. 鲢中华鳋　C. 鲤中华鳋
图 6-84　中华鳋

【症状和病理变化】中华鳋靠其第 2 触角特化成的爪或钩插入鱼的鳃组织，造成机械损伤和导致慢性炎症，引起鳃丝末端组织增生、肿胀、发白，鳃上黏液增多。病鱼呼吸困难，焦躁不安。有大中华鳋寄生的草鱼可见白色"蛆"样的虫体悬挂于鳃丝，谓之"鳃蛆病"。鲢中华鳋寄生于鲢、鳙可引起游动失常，病鱼在水面打转或狂游，尾鳍上叶往往露出水面，谓之"翘尾巴"病（彩图 6-25、彩图 6-26）。

【流行情况】该病危害多种淡水养殖鱼类，对寄主有选择性。大中华鳋主要危害 2 龄以上草鱼，鲢中华鳋主要危害 2 龄以上鲢、鳙，严重时均可引起病鱼死亡。全国各地均有发生，一年四季都有寄生，5 月下旬至 9 月上旬最为流行。

【诊断方法】用镊子掀开病鱼的鳃盖，肉眼可见鳃丝末端内侧有乳白色虫体即可诊断。

【防治方法】

（1）根据病原体对寄主有选择性，可采用轮养方法进行预防。

（2）全池遍洒硫酸铜和硫酸亚铁合剂（比例为 5∶2），浓度为 0.7mg/L。

（3）全池遍洒 90%晶体敌百虫，浓度为 0.3～0.5mg/L。

（二）新鳋病

【病原】日本新鳋（图 6-85）。雌鳋全长为 0.61～0.73mm，头部略呈三角形，第 1 胸节宽大，其后 4 个胸节依次急剧缩小，第 2 胸节背面两侧各有 1 个圆形突起，第 5 胸节极小，生殖节膨大，如坛状，宽大于长。腹部 3 节，尾叉细长，卵囊中的卵 4～5 行。第 1 游泳足特大，内、外肢末端可达第 5 胸节；基部后缘有一向后伸展的三角形锥状齿，位于内、外肢之间，近内肢基部有一排三角形小齿；在外肢第 2 节的外侧向后生出一袋状"拇指"，表面光滑透明，较外肢第 3 节长 1/3。

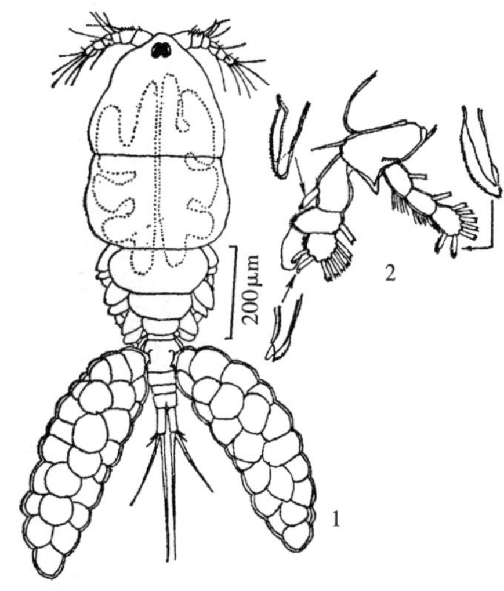

1. 背面观　2. 第 1 游泳足
图 6-85　日本新鳋
（尹文英）

【症状和病理变化】日本新鳋雌虫大量寄生在草鱼、青鱼、鲢、鳙、鲤、鲫、鲇等鱼的体表和鳃上，造成鳃组织出血、水肿等现象，影响鱼的呼吸，严重时可引起鱼种死亡。

【流行情况】该病主要危害草鱼、青鱼鱼种，湖北、广东、上海曾发生草鱼、青鱼鱼种死亡的病例。

【诊断方法】镜检观察诊断。

【防治方法】

（1）鱼种放养前用生石灰带水彻底清塘。

（2）放养时，用浓度为 10mg/L 的高锰酸钾溶液浸洗，水温 21～30℃时，浸洗 1～1.5h。

（3）发病时，全池泼洒晶体敌百虫（90%），浓度为 0.3～0.5mg/L。

（三）锚头鳋病

【病原】锚头鳋（图 6-86、图 6-87）。寄生在鱼的鳃、皮肤、鳍、眼、口腔、头部等处，只有雌性成虫才营永久性寄生生活，而雄虫和无节幼体营自由生活，桡足幼体营暂时性寄生生活。

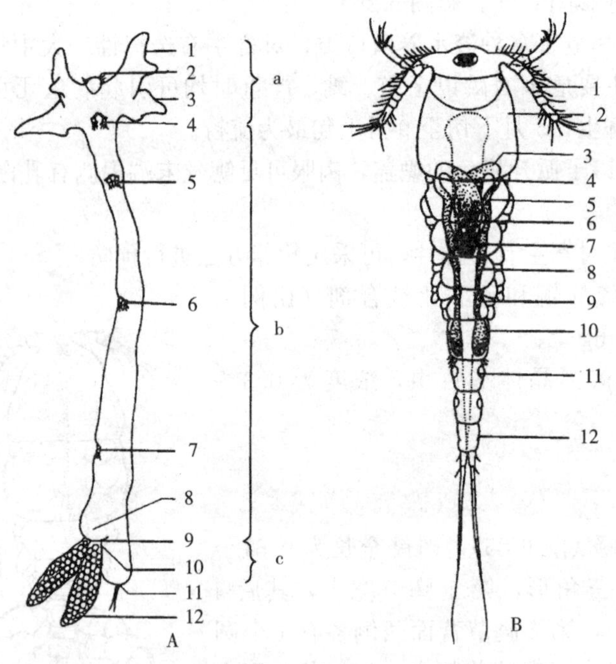

A. 雌体　a. 头胸部　b. 胸部　c. 腹部

1. 腹角　2. 头叶　3. 背角　4. 第 1 胸足　5. 第 2 胸足　6. 第 3 胸足　7. 第 4 胸足　8. 生殖节前突起　9. 第 5 胸足　10. 排卵孔　11. 尾叉　12. 卵囊

B. 雄体　1. 第 1 触角　2. 头胸部　3. 输精管　4. 精子带　5. 精细胞带　6. 增殖带　7. 睾丸　8. 黏液腺　9. 第 5 胸节　10. 精荚囊　11. 呼吸窗　12. 第 3 腹节

图 6-86　锚头鳋

（尹文英）

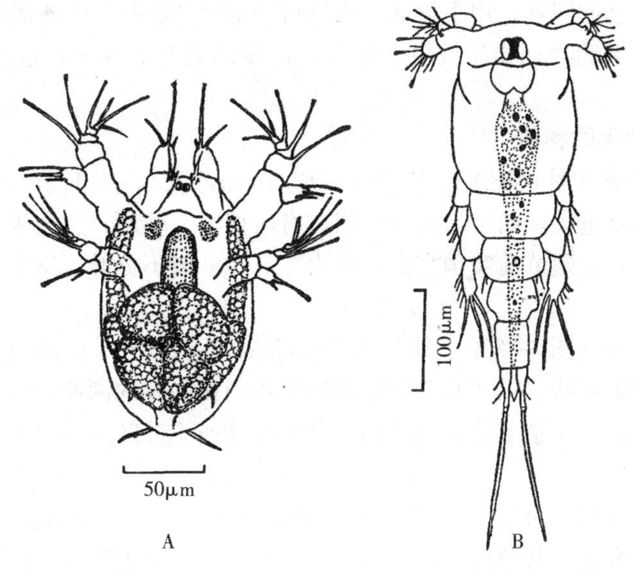

A. 多态锚头鳋的第 1 无节幼体
B. 多态锚头鳋的第 1 桡足幼体
图 6-87 锚头鳋的无节幼体及桡足幼体
（尹文英）

1. 外部形态 虫体分头、胸、腹 3 部分。雄性锚头鳋始终保持剑水蚤型的体型；而雌性锚头鳋在开始营永久性寄生生活时，体型就发生了巨大的变化，虫体拉长，体节融合成筒状，且扭转，头胸部长出头角。头角的形式和数目因种类不同而异。头胸部由头节和第 1 胸节融合而成，顶端中央有 1 个半圆形的头叶，在头叶中央有 1 个由 3 个小眼组成的中眼。在中眼腹面着生 2 对触肢和口器。口器由上、下唇及大颚、小颚和颚足组成。胸部和头部之间没有明显的界线，一般自第一游泳足之后到排卵孔之前为胸部，通常胸部自前向后逐渐膨大，至第 5 游泳足之前最为膨大，形成生殖节前突起，5 对游泳足均为双肢型。在繁殖季节，雌性锚头鳋的生殖孔处常悬挂着 1 对绿色的卵囊，卵多行，内含卵粒几十个至数百个。腹部短小，在末端有 1 对细小的尾叉和数根刚毛。

2. 内部构造

（1）消化系统。自口至肛门大体上是 1 条直管。

（2）生殖系统。与中华鳋属相似。

（3）分泌腺体。有涎腺及皮下腺。

3. 生活史 雌性锚头鳋成熟后向体外排出卵囊，并在水中孵化出无节幼体。无节幼体在水中自由游动，蜕 4 次皮后为第 5 无节幼体，再蜕皮 1 次而为第 1 桡足幼体。桡足幼体蜕 4 次皮后，即为第 5 桡足幼体。锚头鳋在第 5 桡足幼体时进行交配，一生只交配 1 次。纳精后的雌虫就寻找合适的寄主，行永久性寄生生活，雄虫则应自由生活。雌虫从口中分泌溶解酶，溶解寄主表皮组织，借此把头部钻入寄主组织中，吸收寄主营养，并逐渐长出头角，很快发育成熟，产卵繁殖。

锚头鳋寄生到鱼体后，根据其不同发育阶段，可将虫体分为“童虫”“壮虫”和“老虫”

3 种形态。“童虫”状如细毛，白色，无卵囊。“壮虫”虫体透明，肉眼可见体内肠蠕动，在生殖孔处有 1 对绿色的卵囊，用手触动，虫体可竖起。“老虫”虫体混浊不透明，变软，体表常着生着许多原生动物，如累枝虫、钟虫等，显得老态的样子，这样的虫体不久即死亡脱落。

4. 我国危害较大的种类

（1）多态锚头鳋（图 6-88A）。体长 6～12.4mm，宽 0.6～1.1mm。头部背角呈“一”字形，与身体的纵轴垂直，向两端逐渐尖削，有时稍向上翘起。腹角极为短小，位于背角腹面中央，呈乳头状。生殖节前突稍突出，分为左右两叶或不分叶。寄生于鳙、鲢、团头鲂的体表和口腔等处。

（2）草鱼锚头鳋（图 6-88B）。体长 6.6～12mm，宽 0.6～1.25mm。背角呈 H 形，腹角 2 对，前一对为蚕豆状，以“八”字形或钳形排列在头叶的两侧，后一对基部宽大，向前方伸出拇指状的尖角。生殖节前突稍隆起，分为 2 叶或不分叶。寄生于草鱼体表、鳍和口腔等处。

（3）鲤锚头鳋（图 6-88C）。虫体细长，全长 6～12mm。头胸部具有背、腹角各 1 对，腹角细长，末端不分支；背角的末端成 T 形分支。生殖节前突起一般较小，稍突出，分左右两叶。寄生在鲤、鲫、鲢、鳙、乌鳢、青鱼等鱼体表、鳍及眼上。

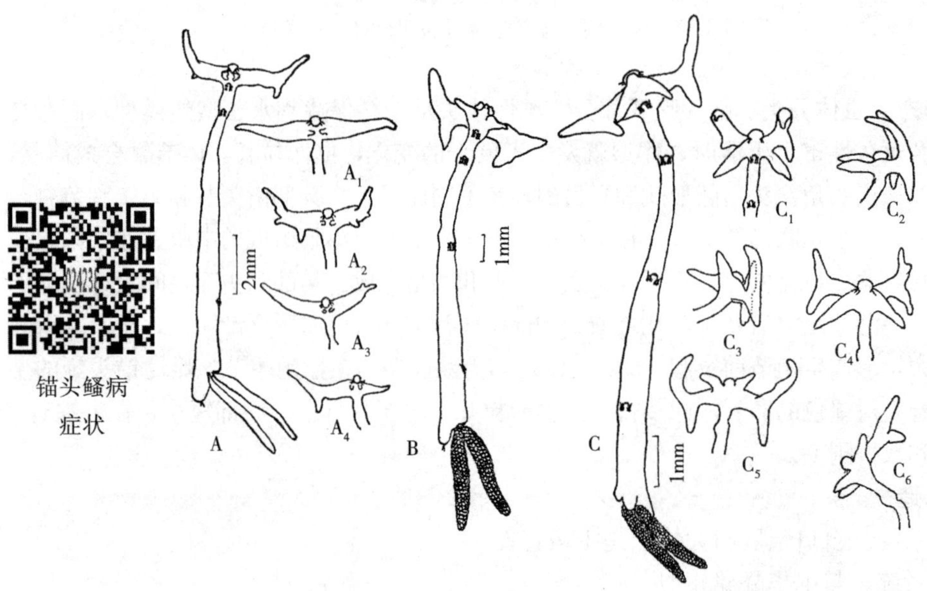

锚头鳋病症状

A. 多态锚头鳋　A_1、A_2、A_3、A_4. 头胸部分角的变化

B. 草鱼锚头鳋　C. 鲤锚头鳋　C_1、C_2、C_3、C_4、C_5、C_6. 头部分角的变化

图 6-88　锚头鳋

（尹文英）

【症状和病理变化】锚头鳋寄生于鱼的体表、鳍和口腔等处（彩图 6-27）。病鱼焦躁不安，消瘦，食欲减退，游动缓慢，直至死亡。由于其头胸部钻入寄主组织内，而大部分胸部和腹部露在鱼体外，呈针杆状，当大量寄生时，鱼体似披了蓑衣，故称“蓑衣病”。虫体寄生处周围组织出血发炎，寄生部位出现红斑，鳞片常被蛀成缺口。幼鱼被虫体寄生可引起鱼体畸形弯曲，失去平衡；寄生于口腔内时，可引起口腔不能关闭，摄食困难，

饥饿而死。

【流行情况】主要养殖鱼类从鱼种到成鱼都可感染，尤其对鱼种的危害最大，当有四五只虫寄生时，即能引起病鱼死亡。繁殖水温为12～23℃，春、夏、秋三季均有流行。锚头鳋分布地区广泛，全国各地均有流行。

【诊断方法】肉眼可见病鱼体表一根根似针状的虫体，即可诊断。

【防治方法】

（1）因锚头鳋对寄主有选择性，可采用轮养法预防该病的发生。

（2）鱼种放养前用浓度为10～20mg/L的高锰酸钾溶液浸洗10～20min，可杀死暂时性寄生的桡足幼体。如是成虫寄生，则需用浓度为10mg/L的高锰酸钾溶液浸洗1～2h。

（3）全池遍洒90%晶体敌百虫，浓度为0.3～0.7mg/L，每周1次，连用2～3次。

（四）狭腹鳋病

【病原】狭腹鳋属。雌性成虫营永久性寄生生活，无节幼体营自由生活，桡足幼体营暂时性寄生生活。我国已发现有8种，常见的有2种。

1. 鲫狭腹鳋（图6-89A）　寄生在鲫鳃上。虫体短而粗，体长1.3～2.15mm，分头、胸、腹三部分，腹部约为全长的1/4，腹宽为腹长的1/2。胸部无分节现象，但两侧有凹陷，代表其原来分节的痕迹；有游泳足5对，均为双肢型，前4对内、外肢均由两节组成。腹部较短，比胸部狭窄得多，呈棒状而不分节，有尾叉1对。卵囊长度约为虫体全长的3/4。

2. 中华狭腹鳋（图6-89B）　寄生在乌鳢的鳃上。体长2.4～4.09mm，头部呈圆形，颈部两侧呈弧形凸起，较头宽大。胸部不分节。腹部特别长，共3节，第3腹节为前两腹节长度的和。卵囊与虫体等长，或稍短，卵排成单行。前4对游泳足的内、外肢均由2节组成。

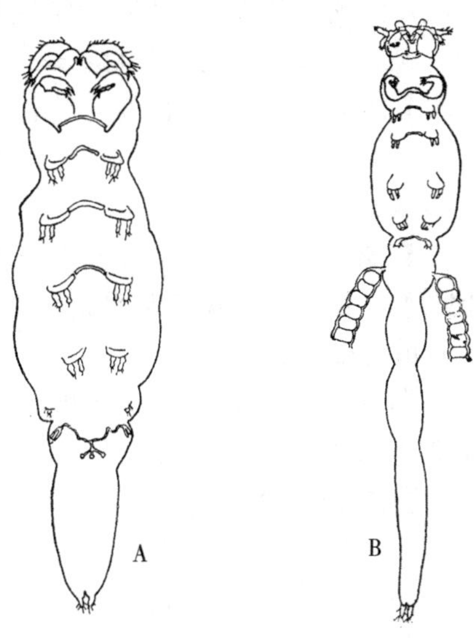

A. 鲫狭腹鳋　B. 中华狭腹鳋
图6-89　狭腹鳋
（湖北省水生物研究所，1973. 湖北省鱼病病原区系图志）

【症状和病理变化】病鱼外表症状不明显，在发病季节，观察其鳃丝的末端可看到乳白色的虫体。

【流行情况】中华狭腹鳋在我国从南至北都有发现，鲫狭腹鳋至今仅在长江中、下游发现。长江流域狭腹鳋的产卵季节为4—11月。

【诊断方法】与中华鳋病相同。

【防治方法】与中华鳋病相同。

（五）鱼虱病

【病原】鱼虱。常见的有东方鱼虱（图6-90），寄生于鲻、梭鱼的体上；鰤鱼虱，寄生于石斑鱼的鳃上；刺鱼虱，寄生于鲫的鳃弓和鳃耙上；南海鱼虱，寄生于石斑鱼的鳃。

雌、雄虫形状相似，均营寄生生活。头部与前三个胸节愈合，头胸甲呈卵圆形，额板上具前月面。第4胸节无背甲。腹部1～4节。卵囊呈带状，卵一列。第1、第2触角有2节，有直的颚钩。小颚简单，呈刺棘状，上具触毛。第1颚足成为一强大的抓握器官。第1、第4胸足为单肢型，第2、第3胸足为双肢型，第3胸足的基节膨大呈板状。第4胸足3或4节。生殖节的后侧角有退化的第5胸足，有时还有退化的第6胸足。

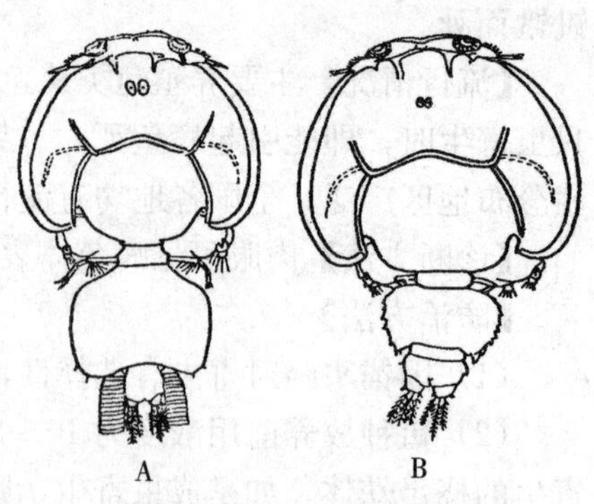

A. 雌体　B. 雄体
图6-90　东方鱼虱

生活史：从卵内孵出无节幼体，蜕皮1次后为第2无节幼体，再蜕皮1次，即成为桡足幼体。桡足幼体找到寄主后即用第2触肢固着在寄主的体表或鳍上，蜕皮1次，变成附着幼体。附着幼体的前端有额丝吸附于鱼体，蜕皮4次后成为第5附着幼体，再蜕皮1次即为成虫。

【症状和病理变化】鱼虱寄生于鱼的体表、鳃上和口腔，病鱼黏液增多，鳃丝苍白，急躁不安，往往在水中狂游或跃出水面；以后病鱼食欲减退，身体瘦弱，严重时体表充血，体色变黑。

【流行情况】该病主要危害海水鱼或咸淡水鱼，世界各地都有分布。养殖的鲻、梭鱼、比目鱼、鲷类、石斑鱼及罗非鱼等受害最为严重。流行季节5—10月，水温25～30℃的7—8月最为流行。

【诊断方法】此病较易诊断，通常在鱼体表或鳍上肉眼可观察到体色透明、前半部略呈盾形的虫体。

【防治方法】

（1）养鱼前彻底清池。

（2）放养鱼种时如发现鱼虱，用90%晶体敌百虫（2～5mg/L）浸洗20～30min。海水鱼可用淡水浸洗15～20min。

（3）全池泼洒90%晶体敌百虫，浓度为0.3～0.5mg/L。

（六）类柱鱼虱病

【病原】长颈类柱鱼虱（图6-91）。雌体长1.8～2.2mm。雄体小，体长0.4～1mm，吸附在雌体的头胸部。头胸部长2.0～3.5mm，向背面弯曲，头部不膨大。第1触角分节不明显，大颚有8齿。小颚末端有2刺，颚须有1刺，在颚须的对侧有2个圆丘隆起，其上有数根小刺。第1颚足合并。第2颚足基节内缘中部有一锐刺，无刺垫。卵囊呈香肠形，长1.75mm，每一卵囊内含2列卵。

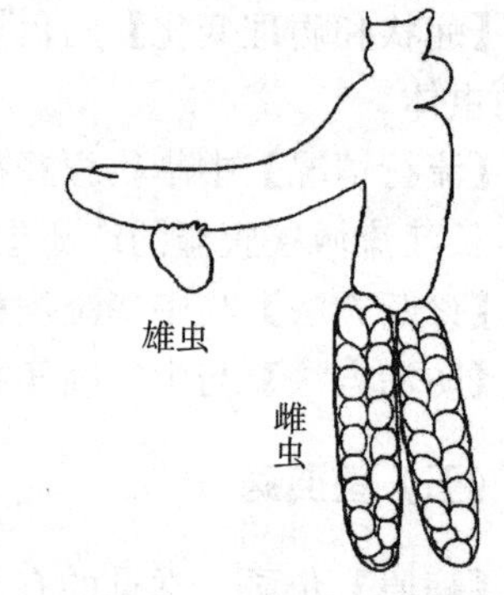

图6-91　长颈类柱鱼虱
（宋大祥）

【症状和病理变化】长颈类柱鱼虱的雌体以第1颚足末端的蕈状泡吸附在黑鲷鳃上，并伸入鳃丝软骨组织中，造成机械损伤。摄食宿主的鳃上皮和血细胞，导致肉眼可见的鳃丝末端缺损。病鱼鳃丝发炎、肿胀、贫血，常因呼吸困难而死亡。

【流行情况】该虫体对宿主有很强的选择性，仅寄生于黑鲷鳃上，适宜的水温为15～20℃，12℃以下的冬季和23℃以上的夏季幼虫不孵化。盐度低于8.6时，幼虫全部死亡。日本和我国黄、渤海天然产或人工养殖的黑鲷均可被侵袭，在流行季节，感染率高达100%。

【诊断方法】取病鱼鳃于解剖镜下观察，如发现虫体，可以诊断。

【防治方法】

（1）同鱼虱病。

（2）利用该虫体在12℃以下、23℃以上或盐度8.6以下幼虫不孵化的特点来控制。

（七）人形鱼虱病

【病原】人形鱼虱，常见的种类有鲻人形鱼虱（图6-92）和黑鲷人形鱼虱。人形鱼虱雌雄同形，但雄体小。虫体头部与第1胸节愈合，形成长方形或梨形的头胸部。头胸甲的侧缘弯向腹面。躯干部分前后两部分，前部由第2、3胸节组成，后部由第4、5胸节、生殖节及腹部组成。生殖节和腹部通常被胸节形成的背甲覆盖，腹部末端有尾叉，尾叉上又有数根刚毛。卵囊呈带状，卵呈单行排列，悬挂于生殖节两侧。

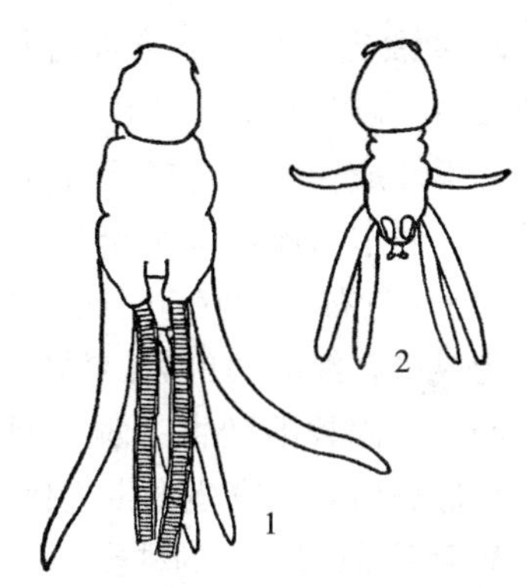

1. 雌虫　2. 雄虫
图6-92　鲻人形鱼虱

【症状和病理变化】人形鱼虱用其第2触角较深地插入寄主的鳃丝上，造成机械损伤，大量寄生时，引起鳃组织肿胀、出血、发炎、增生。病鱼鳃上黏液增多，呼吸困难，常衰竭而死。

【流行情况】人形鱼虱种类很多，全国沿海均有分布，对寄主有严格的选择性，如鲻人形鱼虱仅寄生于鲻、梭鱼；黑鲷人形鱼虱仅寄生于黑鲷。流行季节为5—10月。

【诊断方法与防治方法】同鱼虱病。

二、由鳃尾类引起的疾病

鱼鲺

鲺病

【病原】鲺。鲺寄生在鱼的体表、口腔、鳃。成虫、幼虫均营寄生生活。

1. 外部形态　虫体背腹扁平，略呈椭圆形或圆形，活体时颜色与寄主体色相近，具保护作用（彩图6-28）。雌、雄虫均营寄生生活，通常雌虫大于雄虫。虫体分头、胸、腹三部分。头部与第1胸节愈合成头胸部，并向后延伸形成马蹄形或盾形的背甲。在其背面有1对复眼和1个中眼，在腹面有附肢5对（图6-93），即触角2对，大颚、小颚和颚足各1对。口器由上、下唇和大颚组成。大颚呈三角形或镰刀形，内缘有许多的齿；在口器的前面有1个圆形的口管，其内有一口前刺（图6-94），基部有一堆多颗粒毒腺细胞。成虫时，1对小颚变成1对吸盘，位于口前刺的两侧。胸部有4节，第1胸节与头部愈合，第2～4节为自由胸节，游泳足4对，均为双肢型。雄性的后3对游泳足上具有副性器官。腹部不分节，为

1对扁平的长椭圆形的节片，具呼吸功能，在二叶中间凹陷处有1对很小的尾叉，其上有数根刚毛。

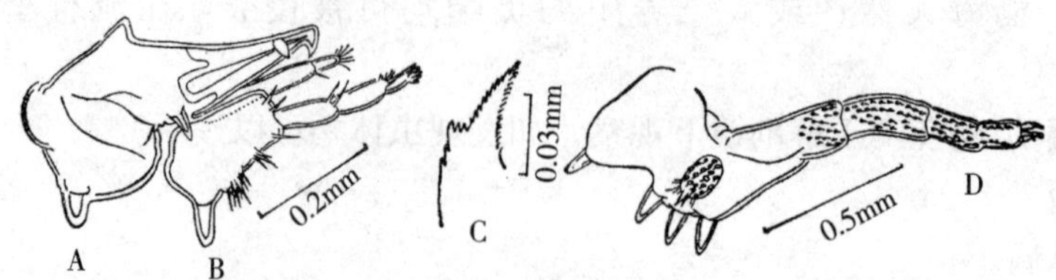

A. 第1触角 B. 第2触角 C. 大颚 D. 颚足

图 6-93 鲺头部附肢

（湖北省水生物研究所，1973. 湖北省鱼病病原区系图志）

2. 生活史 雌虫成熟后离开寄主，独自在水中游泳，寻得合适的地方后，以吸盘吸附于附着物上开始产卵。每次产卵数十粒到数百粒，不形成卵囊，直接产在水中的植物、石块、螺蛳壳、竹竿及木桩上，遇水后卵粒即牢牢粘在附着物上。刚孵出的幼鲺，体长只有0.5mm左右，体节与附肢的数目和成虫相同，蜕皮6～7次后即发育为成虫，鲺的幼虫孵出后需立即找寻寄主，在平均水温23.3℃时，如48h内找不到寄主就会死亡。幼鲺多寄生在寄主的鳃、鳍，待吸盘形成后，才寄生到寄主体表的其余部分。

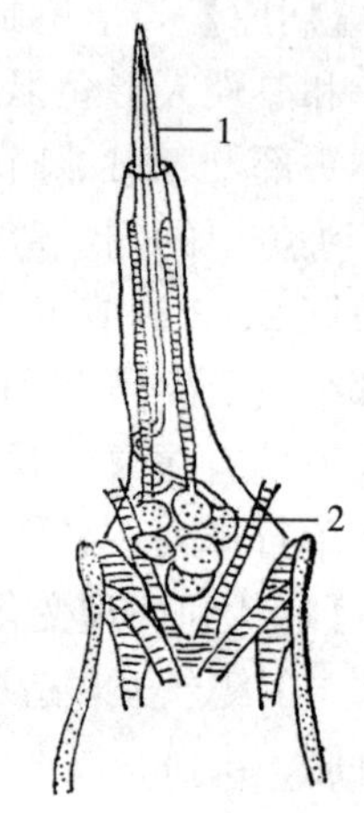

1. 刺 2. 毒腺细胞

图 6-94 鲺口刺

3. 我国危害较大的种类

（1）日本鲺（图6-95、图6-96）。寄生在草鱼、青鱼、鲢、鲤、鲫、鳊及鲮等鱼的体表和鳃上。活体时颇为透明，呈淡灰色，侧叶上的树枝状色素明显，雌鲺全长3.78～8.3mm，雄鲺全长2.7～4.8mm。

（2）喻氏鲺（图6-97）。寄生在青鱼、鲤的体表和口腔。活体时呈绿色，色素主要布于背甲的边缘。雌鲺全长6.09～12mm。

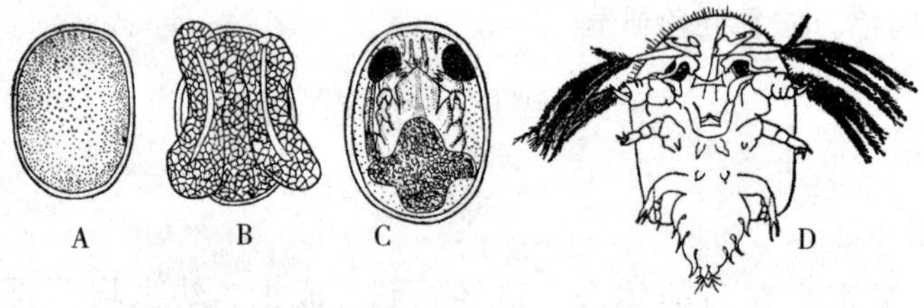

A. 卵腹面观 B. 卵背面观 C. 将孵出幼鲺的卵 D. 幼鲺

图 6-95 日本鲺的卵及幼虫

（南海水产研究所）

（3）大鲺（图6-98）。寄生在草鱼、鲢、鳙的体表。活体时颜色极漂亮，背甲呈半透明的浅荷叶绿色，腹部二叶各自纵分为内、外两部分，外半部呈橄榄绿色，内半部为橘黄色，但固定后橘黄色很快就消退不见。雌鲺全长8～16mm。

（4）椭圆尾鲺（图6-99）。寄生于鲤、草鱼体表。活体时非常透明，略呈嫩绿色。雌鲺全长2.6～5.6mm。

（5）鲻鲺（图6-100）。寄生在鲻、梭鱼的体表。

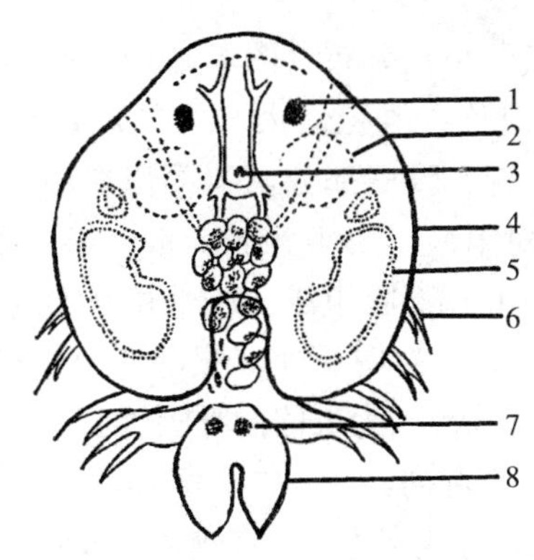

1. 复眼　2. 吸盘　3. 中眼　4. 背甲
5. 呼吸区　6. 游泳足　7. 受精囊　8. 腹部

图 6-96　日本鲺雌性背面观
（湖北省水生物研究所，1973. 湖北省鱼病病原区系图志）

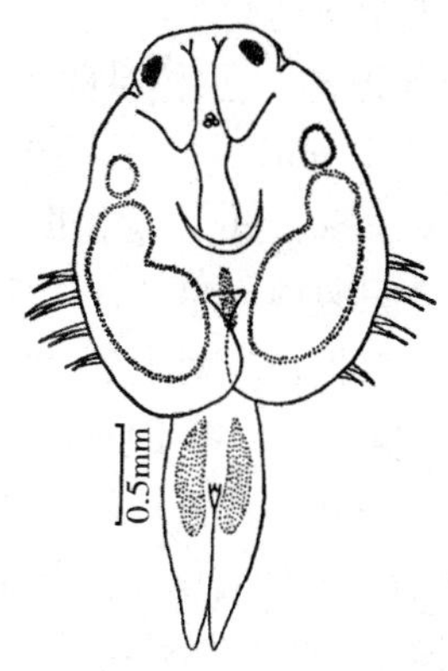

图 6-97　喻氏鲺背面观（雄性）
（湖北省水生物研究所，1973. 湖北省鱼病病原区系图志）

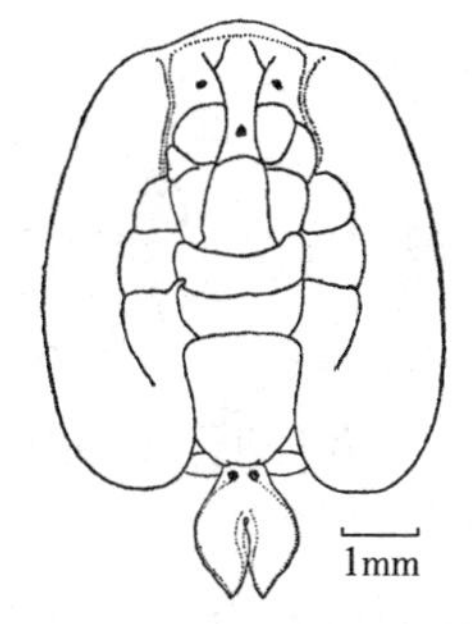

图 6-98　大鲺背面观（雌性）
（王耕南）

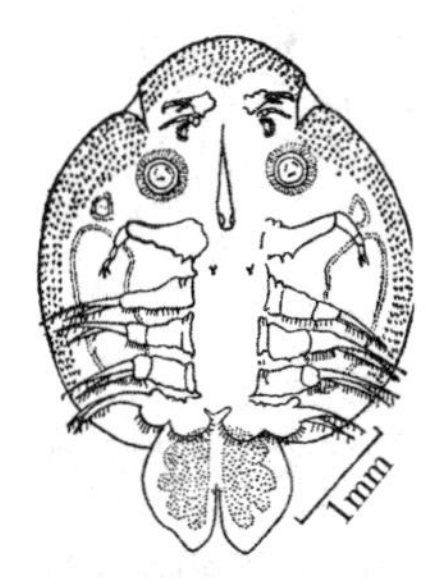

图 6-99　椭圆尾鲺腹面观（雄性）
（湖北省水生物研究所，1973. 湖北省鱼病病原区系图志）

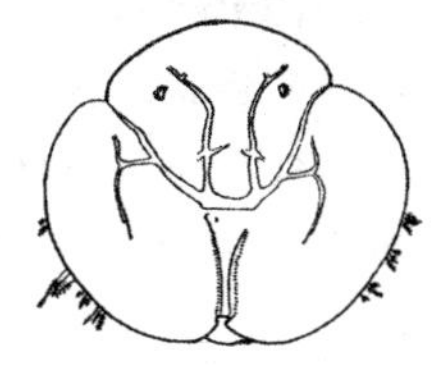

图 6-100　鲻鲺
（匡溥人）

【症状和病理变化】鲺寄生在鱼的体表，由于鲺的腹面有许多倒生的小刺，在鱼体上不断爬行，再加上大颚的撕咬、口刺的刺伤，使鱼体形成许多伤口，造成寄生部位出血、发炎，病鱼极度不安，急剧狂游和跳跃，严重影响食欲，消瘦，且容易并发白皮病、赤皮病，常引起幼鱼大批死亡。

【流行情况】淡水鱼、咸水鱼及咸淡水鱼均受害，从稚鱼到成鱼均可发病，幼鱼、小鱼受害较为严重。流行季节为 5—10 月。

【诊断方法】肉眼仔细观察鱼的体表，如能看到圆形或椭圆形的虫体附着，即可诊断。

【防治方法】

（1）彻底清塘，杀死虫卵和幼虫。

（2）全池遍洒 90%晶体敌百虫，浓度为 0.3～0.5mg/L。

三、由等足类引起的疾病

鱼怪病

【病原】日本鱼怪。一般成对地寄生在鱼的胸鳍基部附近孔内（偶有 2 对或 3 只以上成虫寄生在 1 个洞内)。

1. 外部形态　虫体呈卵圆形、乳酪色，上有黑色小点分布（图 6-101）。雄鱼怪大小为（0.60～2.00）cm×（0.34～0.98）cm，一般左右对称；雌鱼怪大小为（1.40～2.95）cm×（0.75～1.80）cm，常扭向左或右。身体分头、胸、腹三部分，头部似“凸”字形，背面两侧有 2 只复眼，呈“八”字形排开；腹面有 6 对附肢，第 1 触肢 8 节，第 2 触肢 9 节，上具刚毛；口器由 1 对大颚、2 对小颚、1 对颚足及上、下唇组成。胸部由 7 节组成；胸足 7 对，均有执握力，第 7 胸足最大，前 3 对向前伸，后 4 对向后伸。腹部 6 节，第 1、2、3 腹节两侧常被胸节覆盖，前 5 节各有腹肢 1 对，属双肢型，为虫体的呼吸器官。

2. 生活史　卵自第 5 胸节基部的生殖孔排出至孵育腔内，在其中发育为第 1 期幼虫、第 2 期幼虫（图 6-102），然后离开母体，在水中自由游泳，寻找寄主，并在鱼体上发育为成虫。

鱼怪病症状（胸鳍基部有 1～2 个黄豆大小的孔洞）

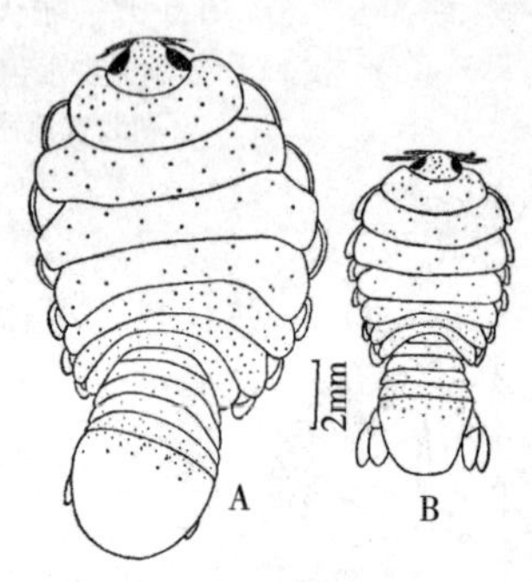

A. 雌虫　B. 雄虫
图 6-101　日本鱼怪（成虫）背面观

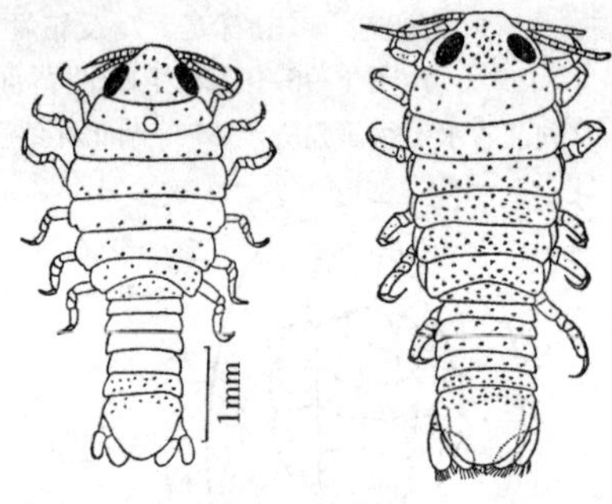

图 6-102　第 1 期幼虫（左）及第 2 期幼虫（右）

【症状和病理变化】鱼怪成虫寄生在鱼的胸鳍基部附近围心腔后的体腔内，病鱼腹面靠近胸鳍基部有 1～2 个黄豆大小的孔洞（彩图 6-29），从洞处剖开，通常可见一大一小的雌虫和雄虫，个别可见 3 只或 2 对鱼怪。严重影响鱼的生长和性腺的发育，使病鱼完全丧失生殖能力。鱼怪幼虫寄生在幼鱼体表和鳃上时，鱼表现极度不安，大量分泌黏液，皮肤破损，体表充血。鳃小片黏合，鳃丝软骨外露，严重时引起鱼种死亡。

【流行情况】该病主要危害鲫和雅罗鱼，鲤也有寄生。该病在全国均有流行，但多见于湖泊、河流、水库，池塘中极少发生，其中尤以黑龙江、云南、山东为严重。对鱼类的感染率可达 70%，低者也有 30%～40%。

【诊断方法】胸鳍基部见到虫体即可确诊。

【防治方法】鱼怪病多发生于较大的水体，鱼怪成虫的耐药性比寄主强，且又寄生在寄生囊内，因此在防治上有一定的困难。但在鱼怪的生活史中，释放于水中的第 2 期幼虫是一个薄弱环节，杀灭第 2 期幼虫，切断传播途径，是防治鱼怪病的有效方法。

（1）在鱼怪的繁殖季节或释放幼虫高峰期，在网箱中挂晶体敌百虫袋或在网箱内及其周围按 1.5mg/L 浓度泼洒晶体敌百虫，可有效杀死鱼怪幼虫。

（2）鱼怪幼虫有强烈的趋光性，大部分分布在岸边 30cm 内的一条狭而浅的水带中。在鱼怪的繁殖季节，沿岸泼洒晶体敌百虫，使其浓度为 0.5mg/L，每隔 3～4d 施药 1 次，以杀灭岸边密集的鱼怪幼虫。

（3）患鱼怪病的鱼丧失生殖能力，因此，在雅罗鱼繁殖季节，有生殖能力的鱼都到上游产卵繁殖时，可在水库中加大捕捞量，以捕出因被鱼怪寄生而丧失生殖能力的病鱼，减少该病的传播。

钩介幼虫
染色标本

四、由软体动物引起的疾病

钩介幼虫病

【病原】钩介幼虫（图 6-103），是软体动物双壳类蚌的幼虫。虫体长 0.26～0.29mm，高 0.29～0.31mm。体被 2 片几丁质壳，略呈杏仁形。每瓣壳片的腹缘中央有个鸟喙状的钩，钩上排列着许多小齿，背缘有韧带相连。侧面观可看到发达的闭壳肌和 4 对刚毛，在闭壳肌中间有 1 根细长的足丝。

生活史：蚌的受精和发育在母蚌的外鳃腔中进行。长江流域一带，通常在春季和夏季，受精卵发育为钩介幼虫后，才离开母蚌漂悬于水中，一旦和鱼体接触，则寄生在鱼体上。在寄生期间吸取鱼体营养进行变态，发育成幼蚌，然后破包囊而沉入水中，营底栖生活。

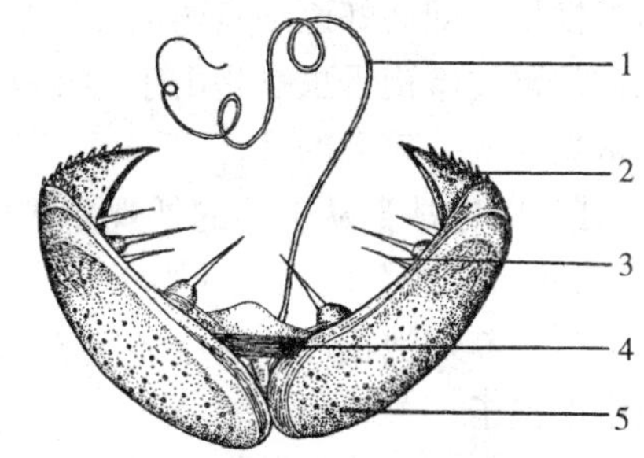

1. 足丝 2. 钩 3. 刚毛 4. 闭壳肌 5. 壳
图 6-103 钩介幼虫
（湖北省水生物研究所，1973. 湖北省鱼病病原区系图志）

【症状和病理变化】钩介幼虫用足丝黏附在鱼体，用壳钩钩在鱼的嘴、鳃、鳍及皮肤上。因钩介幼虫的寄生，鱼体受到刺激，周围组织增生，色素消退，逐渐将幼虫包在里面，形成乳白色或黄色包囊。夏花鱼种往往因几个钩介幼虫寄生，产生较大的影响，特别是寄生在嘴角、口唇或口腔里，能使鱼苗丧失摄食能力而饿死；寄生在鳃上，因妨碍呼吸，可引起窒息死亡。病鱼往往出现红头白嘴现象，因此该病也常被称为“红头白嘴病”。

【流行情况】钩介幼虫对寄主无特别的选择性，可感染多种鱼类，特别是草鱼、青鱼、鲤、鳙。在我国是鱼苗、鱼种中危害较大的病害之一，特别是在适合蚌类生存繁衍的湖滨地区，钩介幼虫病常有发生，且引起养殖鱼类大量死亡。该病流行季节在春末夏初。

【诊断方法】肉眼可以看到病鱼的皮肤、鳍、鳃上有许多白色小点，即为该虫体。用解剖镜检查，就可清楚看到寄生的钩介幼虫。

【防治方法】

（1）用生石灰彻底清塘，清除河蚌。

（2）鱼苗及夏花培育池内不能混养蚌，进水必须经过过滤，以免钩介幼虫被带入鱼池。

（3）全池遍洒硫酸铜，浓度为 0.7mg/L，每隔 3～5d 施一次，灵活掌握，待鱼生长到 4.5cm 以上，危害性较小。

第四节 其他水生动物寄生虫性疾病

一、虾、蟹类寄生虫性疾病

1. 微孢子虫病

【病原】微孢子虫。

寄生在虾体上的微孢子虫，已报告的有 4 种：奈氏微粒子虫、对虾匹里虫、桃红对虾八孢虫、对虾八孢虫。

寄生在海蟹中的微孢子虫主要有 5 种：米卡微粒子虫、蓝蟹微粒子虫、普尔微粒子虫、微粒子虫一种、卡告匹里虫。

【症状和病理变化】对虾的 4 种微孢子虫中有 3 种主要感染横纹肌，使肌肉变白、混浊、不透明，失去弹性。对虾八孢虫主要感染卵巢，使卵巢肿胀、变白、混浊不透明。因蟹类的甲壳较厚，隔着甲壳不易看清内部肌肉的颜色，但在附肢关节处的肌肉变混浊、白色比较容易观察到。感染严重时，蓝蟹横纹肌纤维被溶解。

【流行情况】池塘养殖的墨吉对虾和长毛对虾，体长在 6cm 以上者，常患八孢虫病，但为慢性型，即病虾逐渐衰弱消瘦，最后死亡。北方养殖的中国对虾曾患微粒子虫病发生大批死亡。蟹类微孢子虫病是由于吞食病蟹的肌肉或孢子而感染。微孢子虫病是两广地区一种较为常见和危害较大的病。

【诊断方法】从上述的外观症状可以初诊；确诊可通过镜检。

【防治方法】此病目前尚无治疗方法，主要应加强预防。

（1）养虾池在放养前应彻底清淤，并用含氯消毒剂或生石灰彻底消毒，以杀灭散落在底泥中的孢子。

（2）发现受感染的虾、蟹或已病死的虾、蟹时，应立即捞出并销毁，防止被健康的虾吞食，或死虾腐败后微孢子虫的孢子散落在水中，扩大传播。

2. 固着类纤毛虫病

【病原】属于纤毛门、寡膜纲、缘毛目、固着亚目中的许多种类。最常见的有聚缩虫、钟虫、单缩虫等。这些纤毛虫的身体构造大致相同，都呈倒钟罩形（图 6-104）。前端为口盘，口盘的边缘有纤毛。胞口在口盘顶面，先是从口沟按时针方向盘曲，口沟两缘各有 1 行纤毛。口沟末端进入细胞内，即为胞口。体内有 1 个带状大核，大核旁边有 1 个球形小核。有 1 个伸缩泡，另外有位置和数目不定的食物泡。虫体后端有柄，柄的基部附着在基物上。有些种类的柄呈树枝状；有些种类的柄内有柄肌，使柄能伸缩。无柄肌的种类，其柄不能伸缩（彩图 6-30）。

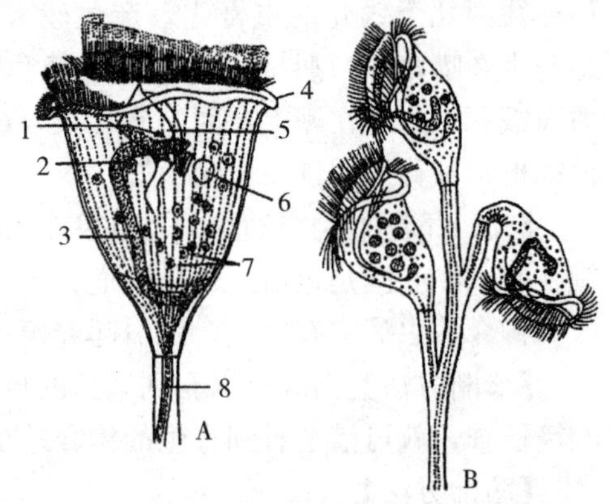

A. 钟虫　B. 单缩虫
1. 前庭　2. 小核　3. 大核　4. 口盘边缘
5. 波动膜　6. 伸缩泡　7. 原纤维　8. 柄肌
图 6-104　固着类纤毛虫的基本构造
（孟庆显）

【症状和病理变化】固着类纤毛虫是以细菌或有机碎屑为食，并不直接侵入宿主的器官或组织，仅以宿主的体表和鳃作为生活的基地，因此，不是寄生虫，而是共栖动物。虫体在体表和鳃丝大量附生时，肉眼看去体表有一层灰白色或灰黑色绒毛状物，鳃部变黑（是虫体和污物的颜色）。患病的成虾或幼体，游动缓慢，摄食力降低，生长发育停滞，不能蜕壳，更促进了固着类纤毛虫的附着和增殖，结果会引起宿主大批死亡。

虫体附着在蟹体表、附肢上，大量附生时如棉绒状。病蟹反应迟钝，行动缓慢，呼吸困难。幼蟹发育缓慢，不能蜕壳，严重者死亡。

【流行情况】该病危害海淡水中的各种虾、蟹的卵、幼体和成体，尤其对虾、蟹的幼体危害最大。当水中有机质含量多、换水量少、溶氧量较低时，可引起虾、蟹大批死亡，残存的商品价值也大大降低。在我国沿海各地区的虾、蟹养殖场和育苗场经常发生。

在虾、蟹养殖池中，此病的发生主要是因为池底污泥多，投饵量及放养密度过大，水质污浊，水体交换不良等条件引起的。

【诊断方法】从外观症状基本可以初诊，但确诊必须通过镜检。

【防治方法】

（1）放养前清除池底污物，彻底消毒，放养后经常换水，投饲要适量。

（2）对卤虫卵进行消毒，可用50～60℃的热水浸泡5min左右。

（3）在成虾池泼洒硫酸铜0.5mg/L，同时投喂蜕皮素，促进蜕壳。

（4）亲虾越冬期，用25mg/L福尔马林浸洗病虾24h。

3. 拟阿脑虫病

【病原】蟹栖拟阿脑虫（图6-105）。虫体呈葵花籽形，前端尖，后端钝圆。虫体大小平均为46.9μm×14.0μm。全身具均匀一致的纤毛，身体后端正中有1条较长的尾毛。体内后端靠近尾毛的基部有1个伸缩泡。身体前端腹面有1个胞口。大核呈椭圆形，小核呈球形。

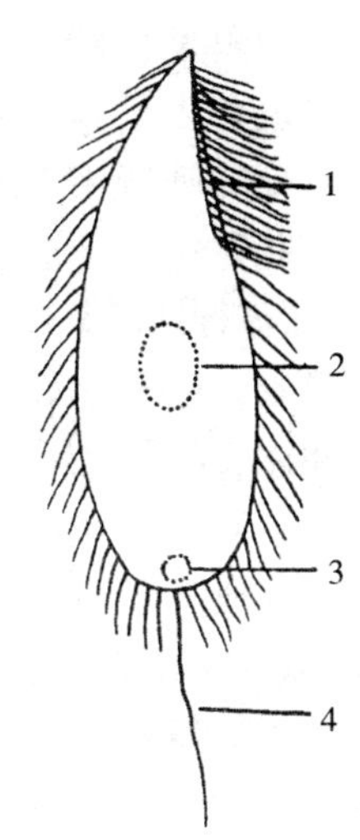

1. 纤毛 2. 胞核
3. 伸缩泡 4. 尾毛
图6-105 蟹栖拟阿脑虫活体

【症状和病理变化】病虾外观无特有症状。濒临死亡病虾可在血淋巴中看到大量拟阿脑虫游动，血细胞几乎全被虫体吞食，且体表有伤口或溃疡口。拟阿脑虫最初是从伤口侵入虾体，虫体在鳃和其他器官组织不停地转动，使鳃及其他组织受到严重的机械损伤，造成呼吸困难，窒息而死。受感染的蟹症状与虾相同。

【流行情况】蟹栖拟阿脑虫为兼性寄生虫，为机会入侵者。拟阿脑虫对环境的适应力很强，其生长和繁殖的最适水温为10℃左右。发病期一般从12月上旬开始，一直延续至3月亲虾产卵前。感染率和死亡率可高达100%，死亡高峰在1月。该病流行于河北、辽宁、山东和江苏北部各对虾越冬场。

【诊断方法】用镊子从头胸甲后缘与腹部交界处刺破，再用吸管插入围心窦吸取血淋巴，镜检看到虫体，就可确诊。

【防治方法】

（1）亲虾在放入越冬池前，先用淡水或300mg/L福尔马林浸洗3～5min。

（2）鲜活饵料应先放入淡水中浸洗10min再投喂。

（3）全池泼洒福尔马林，浓度为25mg/L，12h后换水。

4. 吸管虫病

【病原】多态壳吸管虫和莲蓬虫（图6-106）。虫体正面观呈倒钟罩形，外被透明的壳，前端左右两侧角上各有1束吸管，吸管末端膨大呈球形。壳长50～93μm，宽31.3～50μm。侧面观略呈橄榄形，两端较尖，多数个体壳后部往往收缩变形，因而使虫体呈四方形、僧帽形等多种形状。壳后端有1条很短的柄，但多数虫体柄不明显。生殖方式为内出芽。

莲蓬虫虫体呈莲蓬状或球形，体表无壳，长度为42.8～145.4μm，宽度为47.8～171μm。虫体前端有20～50条呈放射状的触手及2～6根吸管，吸管末端较膨大。虫体后部有一透明的长柄，柄的基部附着在宿主上。生殖方式分为有性生殖和无性生殖两种。有性生殖为接合生殖。无性生殖为外出芽生殖（图 6-106B）。

【症状和病理变化】两种吸管虫都共栖在对虾体表和鳃上，少量虫体共栖不显症状。在大量共栖时，由多态壳吸管虫引起的疾病，病虾体表和鳃呈淡黄色；由莲蓬虫引起的疾病，病虾体表和鳃呈铁锈色。附着在虾鳃和体表，影响对虾的呼吸和蜕壳，在池水溶氧量不足时，可引起死亡。

【流行情况】各种对虾的各个生活阶段都可被附着，对宿主无严格选择性。若虫体密布对虾鳃和体表，严重影响对虾生长，有时引起部分虾死亡。流行季节为夏季和秋季。全国各养虾场都可能发现。

【诊断方法】刮取病虾体表附着物或剪取部分鳃丝，做成水浸片镜检，看到大量虫体就可诊断。

【防治方法】参考固着类纤毛虫病。

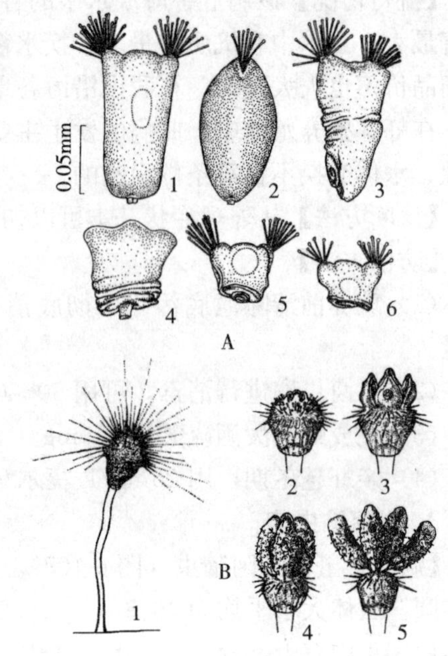

A. 多态壳吸管虫：1. 充分伸展的虫体正面观　2. 侧面观　3～6. 收缩成各种形状的虫体（孟庆显）
B. 莲蓬虫：1. 生活的虫体　2～5. 外出芽生殖的过程，虫体顶端为形成的芽体

图 6-106　吸管虫
（Grell，1973）

5. 蟹奴病

【病原】蟹奴。成虫已完全失去了甲壳类的特征（图 6-107）。露在宿主体外的部分呈囊状，以小柄系于蟹腹部基部的腹面，所以也称为蟹荷包。蟹奴为雌雄同体。其他器官包括体外的所有附肢均已完全退化。伸入宿主体内的部分为分支状突起。分支遍布宿主全身各器官组织一直到附肢末端。蟹奴就用这些突起吸收宿主体内的营养。

蟹奴的生活史（图 6-108）：与其他甲壳类颇相似。成虫产的卵孵化出无节幼体，经 4 次蜕壳后到第五幼虫期，称为介虫幼虫。介虫幼虫遇到适宜的宿主蟹时就用第 1 触角附着上去。游泳足和肌肉从两瓣的背甲之间脱落，仅剩下一团未分化的细胞，形成一个独特的幼虫，称为藤壶幼虫。此幼虫的身体好像一个注射器，用其尖细的前端，从宿主刚毛的基部或其他角质层薄而脆弱的地方穿入，将体内的细胞团注射入宿主体内，吸收宿主营养，开始生长，并伸出许多分支的吸收突起，遍布宿主全身各器官组织。

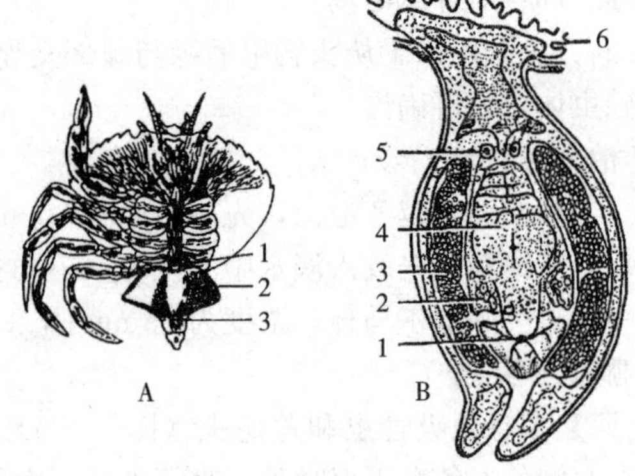

A. 感染蟹奴的黄道蟹：1. 蟹奴的柄　2. 蟹奴　3. 外套腔开口
B. 成虫的纵切面：1. 神经结　2. 副生殖腺　3. 外套深处的卵块　4. 卵巢　5. 精巢　6. 根状突起

图 6-107　蟹奴
（Calman 等）

【症状和病理变化】蟹奴附着在蟹腹部，使病蟹的脐部略显臃肿，揭开脐盖，可看到许多个乳白色或半透明的颗粒状虫体。蟹不能蜕壳，生长发育受到严重阻碍，病蟹失去生殖能力，一般不能长到商品规格。患病严重的蟹，肉味恶臭，不能食用。病蟹生殖腺发育缓慢和完全萎缩，不能繁殖。

【流行情况】蟹奴在世界上的分布很广，种类也多，能侵害许多种蟹类。我国上海、安徽等地时有发生，且在滩涂养的河蟹发病率特别高。流行季节为7—10月。

【诊断方法】掀开蟹的腹部，肉眼就可看到蟹奴。

【防治方法】

(1) 从无蟹奴寄生的地区引进蟹苗，或选健康亲蟹进行人工繁殖。

(2) 检查蟹苗时发现蟹奴可将其剔除。在养蟹池中发现蟹奴，可用硫酸铜和硫酸亚铁合剂（5∶2）全池泼洒，浓度为0.7mg/L。

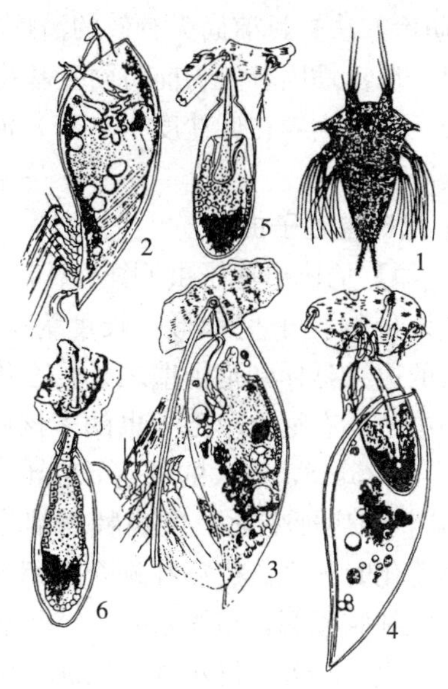

1. 无节幼体 2. 介虫幼虫 3. 介虫幼虫用第1触角附着到宿主上，其他器官脱落 4. 藤壶幼虫 5～6. 藤壶幼虫钻入宿主

图6-108 蟹奴的发育

（Baer，1952）

二、贝类寄生虫性疾病

（一）寄生原虫疾病

1. 派金虫病

【病原】海水派金虫（图6-109）。孢子近于球形，直径3～10μm，多数孢子大小为5～7μm。细胞质内有1个大液泡，偏位于孢子的一边。液泡内有较大的、形状不规则的折光性内含体，称为液泡体。

【症状和病理变化】患病牡蛎全身所有软体部的组织都可被寄生并受到破坏，但主要伤害结缔组织、闭壳肌、消化系统上皮组织和血管。在感染早期，虫体寄生处的组织发生炎症，随之发生纤维变性，最后发生广泛的组织溶解，形成组织脓肿或水肿。慢性感染的牡蛎，逐渐消瘦，生长停止。感染严重的牡蛎壳口张开，特别是在环境条件恶化时死亡更快。

【流行情况】该病在水温（30℃）和盐度（30）较高的情况下流行。盐度在15以下，温度低于20℃或高于33℃时，即使有派金虫寄生，牡蛎也不会死亡。

【诊断方法】组织切片染色后鉴定。

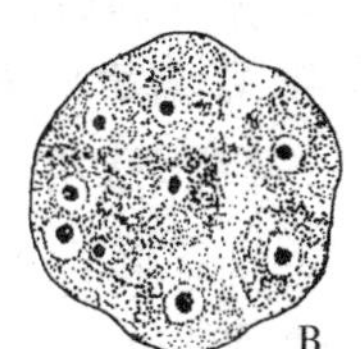

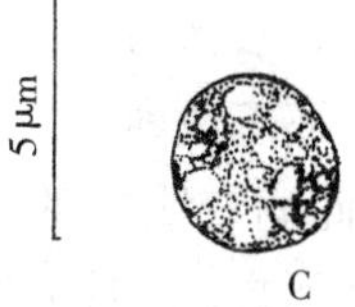

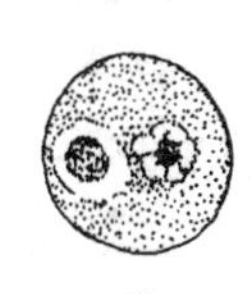

A. 成熟孢子，具明显的液泡体、胞质内含物和很大的液泡 B. 复分裂，形成数个子细胞 C. 双核期，染色质弥散，胞质开始液泡化 D. 未成熟孢子，具小液泡和囊状核

图6-109 海水派金虫

（Andrews，1988）

【防治方法】目前尚无有效的治疗方法，主要以预防为主。

（1）在牡蛎固着生长前将附着基物彻底清刷干净。

（2）将牡蛎养在低盐度（<15）海区，可使疾病停止发展减少死亡。

2. 尼氏单孢子虫病

【病原】尼氏单孢子虫（图 6-110），以前称为尼氏明钦虫。该虫的孢子呈卵形，长度为 6～10μm，一端具盖，盖的边缘延伸到孢子壁之外。在患病牡蛎的各种内部组织中，都有尼氏单孢子虫的多核质体。多核质体的大小为 4～25μm，最大的可达 50μm。

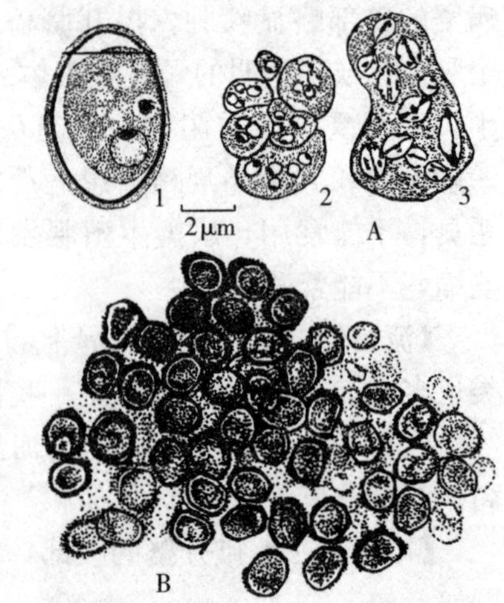

A. 尼氏单孢子虫 1. 孢子 2. 具分裂期间的多核质体 3. 核进行有丝分裂的多核质体
B. 患病牡蛎组织中的尼氏单孢子虫的孢子
图 6-110 贝类尼氏单孢子虫
（Sindermann，1977）

【症状和病理变化】患病牡蛎消瘦，生长停止，并在环境恶化时死亡。患病牡蛎全身组织感染，组织中有白细胞状细胞浸润，组织水肿。严重感染的牡蛎组织细胞萎缩，组织坏死。肝小管中因充满大量的成熟孢子而呈微白色，色素细胞增加。

【流行情况】6—7 月为该病发病高峰期，8—9 月为死亡高峰期。发病时的盐度为 15～35。死亡率在低盐区一般为 50%～70%，在高盐区则为 90%～95%。此病流行于美国的美洲巨蛎，我国和朝鲜的太平洋巨蛎也发现类似的寄生虫。

【诊断方法】染色组织切片，发现所有组织中有多核质体。

【防治方法】

（1）将已受感染的牡蛎移到低盐度（15 以下）海区养殖，疾病可以得到控制。

（2）在疾病流行的海区中只养殖牡蛎种苗，从病后幸存的牡蛎中选育抗病力强的作为亲体，繁殖的后代一般具有抗病力。

3. 沿岸单孢子虫病

【病原】沿岸单孢子虫（图 6-111）。孢子较尼氏单孢子虫小，长 3.1μm，宽 2.6μm，具盖。盖的边缘突出在孢壳之外。多核质体很小，在 5μm 以下，呈球形，具 1～2 个核。

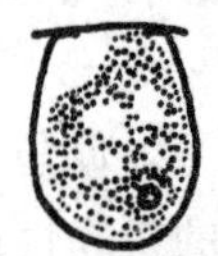

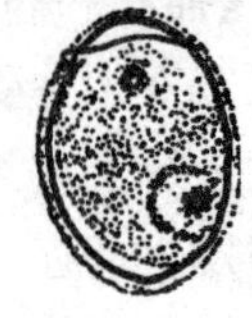

图 6-111 沿岸单孢子虫
（Couch，1970）

【症状和病理变化】患病牡蛎全身的结缔组织都可受到多核质体的破坏，生长停止，身体瘦弱。孢子形成于牡蛎死亡之前，壳口张口的牡蛎，孢子往往还不成熟。

【流行情况】此病有明显的季节性，在 5 月发展很快，5 月中旬到 6 月初发生大批死亡。7 月突然下降，以后很少再生病。死亡率为 20%～50%。该流行病来势猛烈，但持续时间短，消失得快。受害的主要为 2～3 年的老牡蛎。该病发生于美国维尼亚海湾沿岸水体中的美洲巨蛎，发病海区限定于沿岸的高盐度水体，盐度通常为 30 左右，低限约为 25，所以也称为高盐度疾病。

【诊断方法】取病牡蛎结缔组织作切片，染色后用显微镜检查多核质体、孢子囊和孢子。

【防治方法】

（1）尽量加速牡蛎的生长，在流行病发生的季节以前收获。

（2）在4月时将老牡蛎转移到低盐度海区中。

（二）寄生蠕虫病

1. 缢蛏泄肠吸虫病

【病原】食蛏泄肠吸虫的幼虫（图6-112）。其生活史要经过成虫、虫卵、毛蚴、母胞蚴、子胞蚴、第3～4代胞蚴、尾蚴、囊蚴和童虫等世代发育，要经过两个中间宿主和一个终末宿主。缢蛏是作为该虫的第一中间宿主而受害。

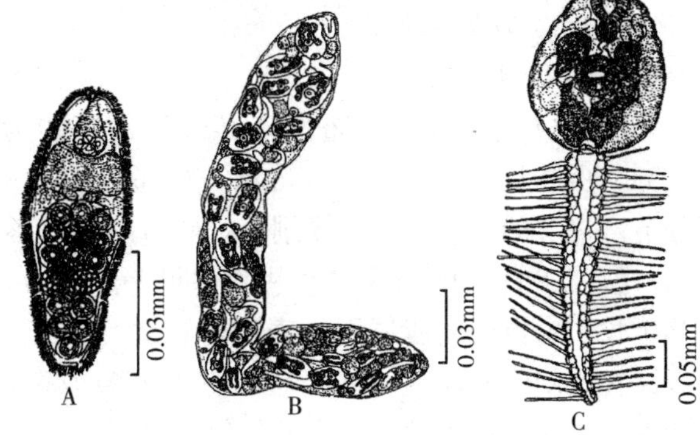

A. 毛蚴　B. 子胞蚴　C. 成熟尾蚴

图6-112　食蛏泄肠吸虫

（唐崇惕等，1975）

虫卵随鱼类粪便排到滩涂上，经4～7d的发育，毛蚴从卵中孵化出来，在水中游泳经缢蛏的进水管进入蛏体，使缢蛏受到感染。毛蚴在蛏的鳃瓣附近脱去纤毛，钻入附近的结缔组织中发育成胞蚴，并通过无性繁殖形成大量的子胞蚴，以至尾蚴。尾蚴从蛏体钻出在海水中游泳，被各种幼鱼或脊尾长臂虾吞食后，发育成囊蚴。这些幼鱼或脊尾长臂虾被终宿主吞食后，就在终宿主肠道内发育为成虫。

【症状和病理变化】一年蛏的内脏组织几乎被虫体消耗殆尽，使缢蛏不能繁殖；二年蛏的肥满度明显受到影响，病蛏的肥满度显著低于正常蛏，病蛏体重只有正常蛏的1/5～1/4，严重的病蛏常常只剩下一层变色、干扁的外皮，蛏体的全部结缔组织几乎都被成堆的子胞蚴所代替。病蛏外观也由灰白色变成淡黄色、土褐色乃至灰黑色。从外套膜边缘可以见到颜色变化，因此，人称“黑根病”。

【流行情况】该病发现于我国浙江、福建和广东等地区。二年蛏在立夏就开始消瘦，芒种后出现大量死亡。感染率30%左右，死亡率50%以上。低潮区和沙底质养殖条件下的感染率一般低于高潮区、土质底的养殖条件。

【诊断方法】剖开病蛏，几乎看不到内脏团组织，病蛏肉体只剩下一层变色、干硬的外皮，内部包裹着大量的胞蚴和尾蚴，病蛏由灰白色变为淡黄色、土褐色乃至灰黑色。

【防治方法】

（1）根据寄生虫的发育季节，在缢蛏病症暴发之前收获。

（2）采用在中潮区以下沙质地养殖二年蛏的方法，以减小受害程度。

2. 缢蛏鳗拟盘肛吸虫病

【病原】鳗拟盘肛吸虫的囊蚴。寄生于缢蛏鳃上的囊蚴形态近于圆形，直径为0.5～0.58μm，囊蚴以身体纵轴向腹面弯折蜷曲于囊内，排泄囊弯成明显的C形。

缢蛏及鸭嘴蛤等贝类，是鳗拟盘肛吸虫的第二中间寄主。患病的缢蛏被蛇鳗等鱼类吞食后，后尾蚴在鱼的肠道内发育为成虫。

【症状和病理变化】少量寄生时没有明显症状，大量寄生时，可引起缢蛏鳃上黏液增多，生长缓慢，呼吸困难，甚至死亡。

【流行情况】在缢蛏鳃上，寄生有鳗拟盘肛吸虫的囊蚴，当年5月放养的小蛏，至7月以后，感染率可高达100%，感染强度平均每个蛏为98只（27～174只）。此外，鳗拟盘肛吸虫的囊蚴还可感染鸭嘴蛤，感染率为40%左右。此病最早发现于日本。

【诊断方法】镜检，在缢蛏鳃部发现有大量鳗拟盘肛吸虫的囊蚴时，即可确诊。

【防治方法】未见报告。

3. 扇贝才女虫病

【病原】才女虫。分布最广又最为常见的为凿贝才女虫（图6-113）。虫体长一般为10～35mm，头部有一对长、大的触手。虫体分节，每节的两侧都有一簇刚毛，尾节呈喇叭形，背面有缺刻。

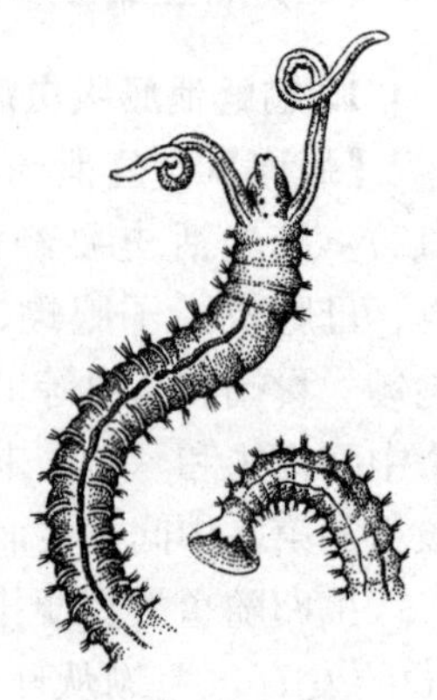
图6-113 凿贝才女虫
（Campbell等，1979）

【症状和病理变化】才女虫对扇贝一般不会直接致死，但能妨碍其生长。扇贝闭壳肌周围的壳变得脆弱，在养殖操作过程中容易破裂。在收割闭壳肌时，闭壳肌的组织也会破裂，并且还能产生一种特殊的臭味，严重地降低商品价值。

【流行情况】才女虫病世界流行，我国也不例外。有些地区危害相当严重，如日本北海道增殖的虾夷扇贝有60%以上受其害，陆奥湾中的虾夷扇贝受害的达80.6%。

【诊断方法】从壳内、外的症状，基本可以诊断，如果用镊子从管中将虫体轻轻取出，便可确诊。

【防治方法】目前尚无有效的治疗方法，主要以预防为主。

（1）摸清才女虫在当地的附着期，扇贝放流时应避开附着期，放流的地点应尽量避开才女虫喜欢生活的多泥和沙泥质海区。

（2）适时洗刷贝壳外面的沉泥和杂藻，使才女虫无法附着和造管。

（三）寄生贝壳类疾病

1. 贻贝蚤病

【病原】危害贝类的贻贝蚤有3种：东方贻贝蚤（图6-114A）、肠贻贝蚤（图6-114B）和伸长贻贝蚤。

【症状和病理变化】贻贝蚤寄生在牡蛎消化道内，虫体呈微红色，被寄生处的组织受到损害。病牡蛎生长不良，肌肉消瘦，失去商品价值，呈散发性死亡。

【流行情况】东方贻贝蚤寄生在日本和美国的太平洋巨蛎、青牡蛎、紫贻贝和厚壳贻贝。肠贻贝蚤发现在英国、法国、德国等许多欧洲国家的贻贝中。伸长贻贝蚤寄生在墨西哥湾的下弯贻贝。从贻贝的种苗到不同大小的成体都能因此病发生死亡。

【诊断方法】解剖贝类肠道，发现蠕虫状虫体。

【防治方法】

（1）从国外引进种苗时应严格检疫。

（2）将贻贝养殖架放在水流较快的地方或河口的两边养殖，并且要距离海底较远。

2. 豆蟹病

【病原】豆蟹。寄生在我国贝类中的豆蟹有4种：中华豆蟹（图6-115A）、近缘豆蟹、戈氏豆蟹（图6-115B）和玲珑豆蟹。

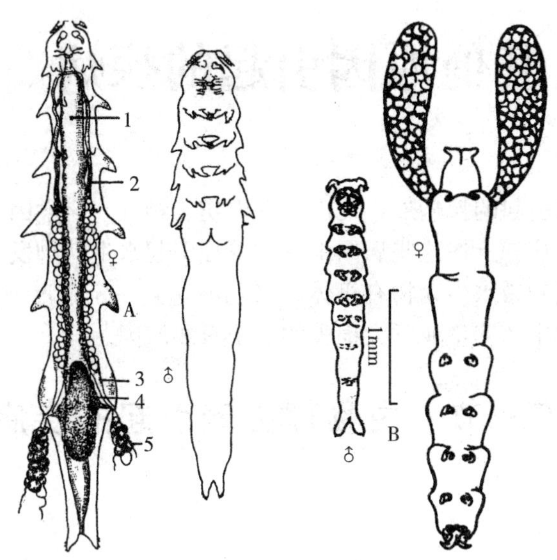

A. 东方贻贝蚤（腹面观） 1. 消化管 2. 卵巢 3. 输卵管 4. 受精囊 5. 卵囊
B. 肠贻贝蚤
图 6-114 危害贝类的贻贝蚤
（Mori，1935）（Sindermann，1970）

【症状和病理变化】豆蟹寄生在牡蛎、扇贝、贻贝、杂色蛤子等瓣鳃类的外套腔中，能夺取宿主食物，妨碍宿主摄食，伤害宿主的鳃，并使触须发生溃疡，使贝类身体瘦弱，还可使雌牡蛎变为雄牡蛎，重者可引起死亡。

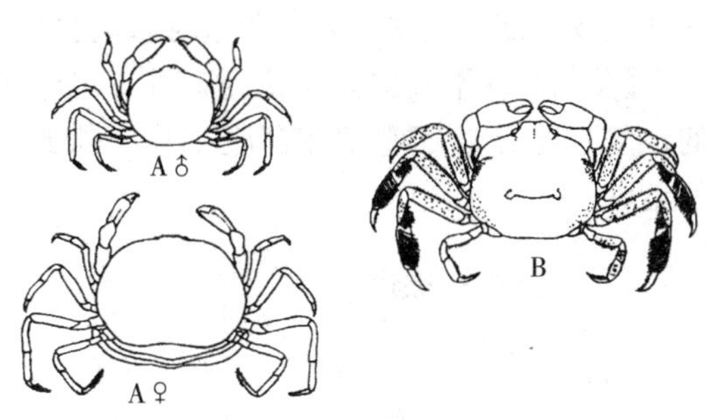

A. 中华豆蟹 B. 戈氏豆蟹
图 6-115 贝类寄生豆蟹
（沈嘉瑞，戴爱云，1964. 中国动物图谱——甲壳动物）

【流行情况】被豆蟹寄生的贻贝肉的重量比正常的贻贝减少 50%左右，能降低养殖贝类的产量和质量，是我国贻贝养殖的主要病害。据国外报道，牡蛎豆蟹寄生在美洲牡蛎体内，感染率高达 90%，每只牡蛎最多有 4～6 只豆蟹寄生，可引起牡蛎死亡。

【诊断方法】将贝壳掀开，就可发现豆蟹。

【防治方法】此病尚无治疗方法，只能预防。

（1）查明当地海区豆蟹的繁殖季节，当观察到出现幼蟹后，立即在贝类养殖架上悬挂敌百虫药袋，每袋装药 50g，挂袋数量视养殖密度和幼蟹数量而定。

（2）在豆蟹的生殖季节开始以前就将贝类收获，使豆蟹没有繁殖的机会，可以降低感染率或消灭豆蟹。

第七章　其他原因引起的疾病

除微生物、寄生虫引起的疾病外，凡由机械损伤、物理、化学因素及非寄生性生物引起的疾病统称非寄生性疾病。上述这些病因中有的单独引起水生动物发病，有的由多个因素互相依赖、相互制约共同刺激水生动物有机体，当刺激达到一定强度时就引起水生动物发病，非寄生性疾病也是造成水产养殖业巨大损失的一个重要原因。

第一节　由物理因素引起的疾病

（一）内伤

【病因】由于操作不当，造成水生动物损伤过重，使内部组织或器官受损害；或当压力长时间加在水生动物某一部位时，这部分组织的血液流动受到阻碍，而导致该部位组织缺氧后萎缩，甚至死亡。

【症状】组织萎缩、坏死。如越冬的鲤以胸鳍和腹鳍的基部作支点靠在池底，时间太长往往导致该部位皮肤坏死，严重时肌肉也坏死。

【防治方法】在养殖生产过程中，操作应小心谨慎，避免损伤机体。选择底质不过硬的池塘过冬；越冬前做好育肥工作，亲虾越冬池底要衬以底网，水泥鳖池底部应铺适量的细沙。

（二）碰伤和擦伤

【病因】在捕捞、选鱼、过筛、催产、运输和饲养过程中，常因使用的工具不合适或操作不慎而给水生动物带来不同程度的损伤，该病也是物理因素引起的疾病中的常见病。

【症状】碰伤和擦伤后，常表现为鳞片脱落，鳍条、附肢折断，体表红肿。这些损伤如果程度不深，面积不大，一般可自愈；反之，可引发继发性疾病，导致大量死亡。

【防治方法】尽量减少对水生动物不必要的分筛、捕捞和运输；而必要的操作，要选择合适的工具，操作小心谨慎。

（三）麻痹休克

【病因】水体的剧烈震动，或运输时长期的强烈摆动，都会破坏水生动物神经系统，使水生动物呈麻痹状态，失去正常的活动能力。

【症状】腹部朝上或侧游在水面。如刺激不严重，则刺激解除后，水生动物仍可恢复正常的活动能力。

【防治方法】运输水生动物时，应根据路途远近，选择适合的盛装容器和运输工具，运输密度也要适中。

（四）感冒

【病因】水生动物是变温动物，其体温随水温变化而变化，且略高于水温 0.1℃，当水温急剧改变时会刺激其体表的神经末梢，引起功能紊乱，器官活动失调，发生感冒。

【症状】病鱼皮肤失去原有光泽，颜色变淡，行动异常，体表黏液分泌增多，严重时呈休克状态，侧浮于水面或沉于水底。

【防治方法】

（1）水生动物搬运时必须注意温差，应力求保持原来的水温，苗种温差应小于 2℃，成鱼温差应小于 5℃。

（2）立即调节水温或将病鱼转移到适温水体中。

（五）冻伤

【病因】当水温下降至水生动物不能忍受时，水生动物会被冻伤，引起疾病，甚至死亡。

【症状】鱼类受冻后，可引起麻痹、僵直和平衡失调，也可引起体壁血管收缩、缺血，鳃丝末端肿胀，甚至可因肌肉组织的低温脱水而被冻死。

【防治方法】越冬前应加强育肥饲养管理，在秋冬季节，多投脂肪性饵料，加强机体抗寒能力；做好防寒工作，加深池水，对不耐低温的种类在温度降低前移入室内。

第二节　由水质引起的疾病

（一）浮头和泛池

泛池

如果水中溶氧量降低到不能满足水生动物生理上最低需要量时，水生动物就会感到呼吸困难，游到水的上层，将口伸出水面吞咽空气，这种现象就称为“浮头”。浮头严重时，将出现大批窒息死亡的现象，称之为泛池或泛塘。

【病因】

（1）水生动物放养密度高，或其他水生生物繁殖过度，造成溶氧供量应不足。

（2）连绵的阴雨天或大雾天，池中浮游植物光合作用弱，造成池水溶氧量不足。

（3）北方的越冬池因水生动物较密集，水表面又结有一层厚冰，池水与空气隔绝，光合作用低，溶解在水中的氧气因不断消耗而减少，易引起泛池。

（4）夏季，尤其在久打雷而不下雨的天气。如仅下短暂的雷雨，池水的温度表层低，底层高，引起水体对流，使池底的腐殖质翻起，加速分解，消耗大量氧气，易导致水生动物因缺氧而死亡。

（5）夏季黎明前，尤其在水中腐殖质积聚过多和藻类繁殖过多的池塘。一方面，腐殖质分解时要消耗水中大量氧气；另一方面，藻类在晚上进行呼吸作用也要消耗大量氧气。

（6）过量施放有机肥或池塘底泥较厚的池塘，因有机物分解要消耗大量的氧气，特别是在连绵雨天更易缺氧而泛池。

【症状】鱼类在水面或池边呼吸，长期缺氧的个体下唇突起，背部色泽变淡，泛池严重时，全池鱼多狂游乱窜，或浮于水面，或头撞岸边，呈现奄奄一息状态，并开始死亡。虾类在缺氧条件下，也会浮到水的表面，有蹿跳的现象，蟹则可能爬到池边。

【防治方法】

（1）冬季干塘时应除去塘底过多淤泥。

（2）合理施肥。施肥应施发酵过的有机肥，且应根据气候、水质等情况掌握施肥量。

（3）放养密度及搭配比例应合理。投饲应掌握“四定”原则，残饵应及时捞除。

（4）越冬池水面结有一层厚冰时，可在冰上打几个洞。

（5）闷热夏天应减少投饲量，并加注清水，中午开动增氧机。

（6）在没有增氧机及无法加水的地方，可施增氧剂。

（二）气泡病

【病因】

（1）溶解氧过饱和。水中浮游植物过多时，在阳光强烈照射的中午，水温高，藻类进行光合作用旺盛，可引起水中溶解氧过饱和，使水中原有气体析出而形成气泡。

（2）甲烷、硫化氢过多。池塘中施放过多未经发酵的肥料，肥料在池底不断分解，消耗大量氧气，在缺氧情况下，分解放出很多细小的甲烷、硫化氢气泡，鱼苗误将小气泡当浮游生物吞入而引起气泡病，此危害比氧过饱和更严重。

（3）地下水含氮过饱和，或地下有沼气，也可引起气泡病。

（4）在运输途中人工送气过多，或抽水机的进水管有破损时吸入了空气，或水流经过拦水坝成为瀑布，落入深水潭中，将空气卷入，均可使水中气体过饱和。

【症状】发病初期，水生动物感到不适，在水面混乱而无力地游动，在体表或体内出现气泡，浮于水面或身体失衡，随气泡的增大及体力的消耗，水生动物便上浮水面失去游泳能力，口常张开，不久即死亡。剖检及显微镜检查，可见皮肤、血管或肠内有大量的气泡，引起栓塞而死亡（彩图 7-1）。

【防治方法】

（1）注意水源，不用含有气泡的水（有气泡时必须经过充分曝气），池中腐殖质不应过多，不用未经发酵的肥料。

（2）平时掌握投饲量，注意水质，不使浮游生物繁殖过多。

（3）水温相差不要太大，进水管要及时维修，北方冰封期，应在冰上打一些洞等。

（4）如发现气泡病，应立即加注清水，同时排出部分原池水，或将水生动物移入清水中，病情轻的能逐步恢复正常。

（三）弯体病

【病因】

（1）鱼苗阶段受机械损伤。

（2）在胚胎发育时受外界环境干扰。

（3）重金属中毒。重金属对鱼类的毒性，最大的为汞，依次为铜、锌、镉、铅、镍、铁、钴、锰。

（4）营养缺乏症。蛋白质（包括氨基酸）缺乏会引起鱼脊柱弯曲，如色氨酸缺乏，鱼会长成S形。维生素缺乏，会引起弯体，畸形症状。维生素D缺乏，鱼会出现弯体和短体。维生素C缺乏，会引起鱼脊柱弯曲。矿物质缺乏，会引起脊柱畸形。缺乏钙、磷、锰、镁、铜、锌等，会出现弯体、短体。

（5）某些寄生虫的长期侵入会引起弯体病。复口吸虫除了引起白内障外，由于吸虫的尾蚴侵入脑，会使鱼在1d后出现身体弯曲，几天后弯体现象严重。

【症状】患病鱼体呈S形弯曲，有时有2～3个弯曲，鳃盖凹陷或嘴部上下颚和鳍条等出现畸形，鱼发育缓慢，消瘦，严重时引起病鱼死亡。淡、海水鱼类及名优养殖品种均出现此病，主要发生于胚胎期和仔鱼期（彩图7-2）。

【防治方法】

（1）平时加强饲养管理，多投喂些含钙多、营养丰富的饲料。

（2）新开辟鱼池，最好先放养1～2年成鱼以后，再放养鱼苗、鱼种。

（3）鱼卵孵化过程注意水温、水质、溶解氧含量等变化，谨慎操作。

（4）发病鱼池要经常换水，同时投放营养丰富的饵料，由寄生虫引起的畸形，可按防治寄生虫的方法处理。

第三节　由生物因素引起的疾病

（一）赤潮

【病因与危害】赤潮是在特定的环境条件下，海水中某些浮游植物、原生动物或细菌暴发性增殖或高度聚集而引起水体变色的一种有害生态现象。能引起赤潮的生物称为赤潮生物。这些赤潮生物分泌的毒素有些可直接导致海洋生物大量死亡，有些甚至可以通过食物链传递，造成人类食物中毒。通常水体颜色因赤潮生物数量、种类的不同而呈红、黄、绿和褐等不同颜色。

赤潮造成水生动物致死的原因有：①大量赤潮生物集聚于鱼类的鳃部，使鱼类因缺氧而窒息死亡。②赤潮生物死亡后，藻体在分解过程中消耗大量水中的溶解氧，导致鱼类及其他海洋生物因缺氧死亡。③鱼类吞食大量有毒藻类。④有些赤潮生物可分泌有毒物质使水体污染导致鱼类死亡。

【防治方法】对于赤潮现象目前尚无比较理想的治理方法，应坚持“以防为主”的对策。

（1）改善富营养化海区的水体和底质，对富营养化海区可利用不同生物的吸收、摄食、固定、净化、分解等功能，加速各种营养物质的利用与循环来达到生物净化的目的。如养殖海带、裙带菜、紫菜等大型藻类即可净化水体，又有较高的经济价值。

（2）重视海域的环境保护工作，控制富营养化物质入海的负荷量。加强对气象、水文、理化指标和生物指标的监测与综合分析，及时对赤潮发生的可能性进行预测。

（3）控制海区自身污染，主要途径：一是规划养殖面积的合理布局，避免出现局部过度养殖的局面；二是通过建立生态养殖系统来减轻养殖水体自身污染。

（二）三毛金藻中毒

【病因】由于水中三毛金藻大量繁殖，产生大量鱼毒素、细胞色素、溶血毒素、神经毒素等，这些毒素通过鳃进入鱼、虾体内，破坏鱼、虾的神经系统，使鱼、虾产生麻痹性中毒。

【症状】中毒初期，鱼焦躁不安，呼吸频率加快，游动急促，方向不定。随着中毒时间的延长，中毒的鱼反应迟钝，鳃分泌大量黏液，鳍基部充血，在水面下静止不动，也不浮头，受到惊扰也毫无反应。自胸鳍以后的鱼体麻痹、僵直，尾鳍、背鳍都不能摆动，只有胸鳍尚能缓慢活动，但鱼体不能前进。呼吸极为困难而微弱，鳃盖、眼眶周围、下颌及体表充血，濒死前出现间歇性挣扎呼吸，最后失去平衡而死亡。

【诊断】根据症状，流行情况及检查水中有大量三毛金藻可做出诊断。

【防治方法】

（1）可根据水质情况少量多次施放尿素、氮磷复合肥，使总氨稳定在0.25～1mg/L。

（2）使用0.7～1.0mg/L硫酸铜全池泼洒后，翌日再大量泼洒黏土浆，使水呈5 000mg/L以上，利用黏土颗粒的极性吸附毒素，可以大大缓解鱼类的中毒症状。

（3）pH在8左右时，水温20℃的盐碱地发病鱼池初期，用浓度为20 mg/L含氨20%的硫酸铵或氯化铵或碳酸氢铵的铵盐类药物，或12 mg/L尿素溶液全池遍洒，使水中离子氨浓度达0.06～0.10mg/L，可使三毛金藻膨胀解体，直至全部死亡。铵盐类药物杀灭效果比尿素更好。但鲻、梭鱼的鱼苗池不能用此方法。

（三）微囊藻中毒

【病因】由微囊藻引起，其主要种类有铜绿微囊藻及水花微囊藻。

【症状】微囊藻大量繁殖时，水面形成一层翠绿色的水花，江苏、浙江地区称之为“湖靛”；两广、福建地区称为“铜锈水”。当发生藻类大量死亡后，蛋白质分解，产生大量羟胺及硫化氢等有毒物质，危害淡水养殖动物。微囊藻喜欢生长在温度较高（最适温度为28.8～30.5℃），碱性较高（pH8～9.5）及富营养化的水中。

【防治方法】

（1）合理施肥，氮肥磷肥应该配合使用，避免单用氮肥，高温季节更应少施或者不施氮肥，只施磷肥。向水体投放微生态制剂，促进水体水质良性循环。

（2）池塘应经常加注清水，调节好水的pH，并适当投饵，不使水中有机质含量过高，以控制微囊藻大量繁殖。

（3）微囊藻已大量繁殖时，全池遍洒浓度为0.7mg/L的硫酸铜，或浓度为0.7mg/L的硫酸铜、硫酸亚铁合剂（5∶2）。泼药后立即开动增氧机或冲入新水，以防缺氧。

（四）甲藻中毒

【病因及症状】该病主要是由多甲藻属和裸甲藻属的一些种类大量繁殖引起的。池中甲藻大量繁殖时，池水在阳光照射下，显现红棕色，称“红水”。水生动物不仅消化不了甲藻，而且甲藻死亡后产生的甲藻素可致使鱼类中毒死亡。甲藻喜欢生长在含有机质多、硬度较大、微碱性的水中，以温暖季节较多。甲藻对环境改变很敏感，水温、pH的突然变化，会引起其大量死亡。

【防治方法】

（1）甲藻大量繁殖时，可及时换水，使池水的温度和水质突然改变，抑制其繁殖。

(2) 用 0.7 mg/L 硫酸铜溶液或 22.5 mg/L 的生石灰浆全池遍洒，可有效地杀灭甲藻，翌日换 1/2 新水。

第四节　由营养不合理引起的疾病

一、由饥饿引起的疾病

(一) 萎瘪病

【病因】萎瘪病常发生于放养过密、饵料缺乏的池中，因长期饥饿所造成的。常发生于越冬池。

【症状】病鱼体色发黑、身体极度瘦弱，背部薄如刀刃。鱼体两侧肋骨可数，头大体小，往往在池边缓慢游动，这时鱼已无力摄食，不久即死。

【防治】需先查找病原，分析养殖品种搭配比例以及水体饵料数量后诊断。

(1) 掌握放养密度，搭配比例合理，加强饲养管理，投放足够的饵料。

(2) 越冬前要使鱼吃饱长好，尽量缩短越冬期停止投喂的时间。

(二) 跑马病

【病因】该病通常发生在育苗阶段，若鱼苗下塘后，阴雨连绵，水温低，池水过瘦，经过 10 多天的饲养，池水中缺乏适口的饵料而引起发病（尤其是草鱼、青鱼）。有时池塘漏水，影响水质肥度，鱼苗长期顶水游泳也会引起跑马病。

【症状】病鱼围绕池边成群狂游，驱赶也不散，呈跑马状，故称“跑马病”。由于大量消耗体力，使鱼消瘦、衰竭而死。此病常发生在草鱼、青鱼鱼苗饲养阶段，鲢、鳙发生跑马病的情况较少见。

【防治方法】鱼苗放养密度不宜过高，当密度过大时应该及时增加投喂量，鱼池不能漏水，可在池塘底部铺塑料薄膜预防。发病后，应先镜检确认是否为车轮虫寄生所致，若确认非车轮虫寄生后，可用芦席从池边隔断鱼苗群游的路线，并投喂一些蛋白含量较高的粉末饲料、微胶囊饲料或其他的适口饲料。

二、由营养不良病引起的疾病

在高密度精养的条件下，天然饵料远远不能满足水生动物的需要，人工配合饲料就成为饲养水生动物的营养来源，所以人工配合饲料必须具有效率高、营养全面、新鲜适口的特点，才能使水生动物健康、迅速生长。反之，不但饲料系数高，不利于水生动物的生长，严重时还能引起营养性疾病，甚至导致水生动物死亡。最适合的饲料应含有蛋白质、脂肪、糖类、矿物质、维生素等主要营养成分，饲料中任何一种成分缺乏或过量，都会引起水生动物营养性疾病。

(一) 蛋白质或氨基酸失衡引起的疾病

鱼类对糖的利用能力较低，蛋白质和脂肪是鱼类能量的主要来源。鱼、虾类对蛋白质需要量的高低受多种因素影响，如种类、年龄、水温、饲料蛋白源的营养价值以及养殖方式等。当蛋白质含量不足时，可导致鱼、虾生长发育受阻，体质减弱，抗病力下降。饲料中的蛋白质含量并非越多越好，当蛋白质含量过高时，会使维生素、微量元素与饲料中的蛋白质不成比例，极易导致维生素、微量元素缺乏症，更为严重的是高蛋白饲料易诱发脂肪肝，破坏肝功能，干扰动物体正常生理生化代谢。

在蛋白质适量的基础上，饲料中各种氨基酸含量的平衡也是非常重要的，尤其是10种必需氨基酸的含量。缺乏10种氨基酸的某些种类，水生动物除食欲减退，生长停止，食后吐料等症状外，还会表现出一些特殊症状。例如，饲料中缺乏赖氨酸可导致虹鳟生长缓慢，尾鳍溃烂，死亡率高；缺乏蛋氨酸时，发生白内障现象。鳗在缺乏缬氨酸和赖氨酸时，从第3周开始死亡率升高。鲤在缺乏氨基酸时，会引起体质恶化，平衡失调，脊柱弯曲，并严重影响肝、胰组织。

（二）糖类不足或过多引起的疾病

糖类是鱼、虾类生长所必需的一类营养物质，是3种可供给能量的营养物质中最经济的一种，摄入量不足，则饲料蛋白质利用率下降，长期摄入不足还可导致鱼体代谢紊乱，生长速度下降。长期摄入过量糖，会导致脂肪在肝和肠系膜大量沉积，发生脂肪肝，使肝功能削弱，肝解毒能力下降，鱼体呈病态型肥胖。如果持续供给高糖饲料，会导致血糖增加，尿糖排泄增多。与畜禽相比，鱼饲料的特点之一是蛋白质含量高，而糖类含量低，鱼、虾类饲料中糖类适宜含量依鱼、虾种类有较大差异，一般为20%～50%。

（三）脂肪不足或变质所引起的疾病

脂肪是鱼、虾类生长所必需的一类营养物质。饲料中脂肪含量不足或缺乏，可导致鱼、虾类代谢紊乱，饲料蛋白质利用率下降，同时还可并发脂溶性维生素和必需脂肪酸缺乏症。但饲料中脂肪含量过高，又会导致鱼体脂肪沉积过多，鱼体抗病力下降，同时也不利于饲料的贮藏和成型加工。因此饲料中脂肪含量必须适宜。

（四）维生素缺乏引起的疾病

维生素虽不是构成动物体的主要成分，也不能提供能量，但它们对维持动物体的代谢过程和生理功能，有着极其重要且不能为其他营养物质所替代的作用，是维持动物健康、促进动物生长发育所必需的一类低分子有机化合物。这类物质在体内不能由其他物质合成或合成很少，经常由食物提供。当饲料中某种维生素长期缺乏或不足时，可引起鱼、虾代谢紊乱及出现病理变化，发生维生素缺乏症。维生素缺乏的原因，除饲料中含量不足外，还可能是由于维生素的吸收发生障碍，维生素在饲料贮藏、加工、投喂过程中的损失和破坏或生理需要量增加等引起。不同维生素的缺乏症有其相似的一面（如生长速度下降、饲料效率低、采食量下降、长期缺乏死亡率增加等），但也有与其功能障碍密切相关的典型缺乏症（维生素A缺乏时的眼球突出，维生素E缺乏时的贫血、肌肉萎缩等）（彩图7-3）。而且由于不同种类的鱼、虾在物质代谢方面的差异，因而同一种维生素的缺乏症也因鱼种类不同而稍有差异（表7-1、表7-2）。

表 7-1 鱼类脂溶性维生素缺乏症表现

维生素名称	鳟和鲑	斑点叉尾鮰	鲤
维生素 A	生长失调，眼球突出，眼球晶体移位，视网膜退化，水肿，腹水，色素减退	眼球突出，水肿	色素减退，眼球突出，鳃盖扭曲，鳍和皮肤出血
维生素 D	生长速度下降，体内钙平衡失调、白肌、抽搐	骨中灰分下降	未观察到缺乏症
维生素 E	成活率和生长速度下降，贫血，红细胞大小不一，腹水，肌肉营养不良，脂质氧化，体液增多，色素减退	生长不良，死亡率高，肌肉营养不良，渗出性素质，色素减退，脂肪肝	生长不良，眼球突出，背柱前凸，肌肉营养不良，肾、胰退化
维生素 K	凝血时间延长，贫血，血细胞比容减少	表皮出血	

表 7-2 鱼类水溶性维生素缺乏症表现

维生素	鲑、鳟	斑点叉尾鮰	鲤	真鲷	日本鳗鲡
维生素 B_1	生长不良，死亡率高，厌食，刺激感受亢进，抽搐，平衡失调，红细胞和肾的转酮酶含量下降	体色变深，死亡率高，平衡失调，神经过敏	鳍充血，神经过敏，色素减退，皮下充血	生长不良，皮下出血，鳍充血	鱼体卷曲，皮下出血，鳍充血
维生素 B_2	生长不良，厌食，眼球晶体白内障，眼球晶体角膜粘连，黑色素沉着	厌食，生长不良，鱼体发育不良	厌食，消瘦，死亡率高，心肌出血，前肾坏死	生长不良	生长不良，皮炎，畏光，鳍充血及腹部充血
维生素 B_6	生长不良，死亡率高，厌食，癫痫性惊厥，刺激感受性亢进，搬动时易受损伤，螺旋状浮动，呼吸急促，鳃盖弯曲，死亡后迅速出现尸僵，血红细胞和肌肉转氨酶活性下降	神经失调，抽搐，死亡率高，体呈蓝色	神经失调，皮肤病，出血症，水肿，肝、肾转氨酶活性下降	—	生长不良，厌食，癫痫性惊厥
维生素 B_3	厌食，生长不良，贫血，死亡率高，鳃畸形，外表有渗出液覆盖	厌食，消瘦，鳃畸形，贫血，死亡率高，表皮糜烂	生长不良，厌食，贫血，眼球突出	生长不良，死亡率高	皮炎，表皮充血，生长不良，游动异常
生物素	生长不良，饲料转化率低，死亡率增加，鳃退化，表皮损伤脂肪酸合成受影响，肝脂质浸润，胰腺退化，肾小管储积糖原	色素减退，贫血	生长不良	—	生长减慢，食欲下降，游动异常
烟酸	生长不良，饲料转化率低，厌食，表皮与鳍损伤，结肠损伤贫血，对光敏感	生长不良，表皮与鳍损伤，表皮出血眼球突出，死亡率高，贫血，颌骨变形	生长不良	—	生长不良，游动异常，体色变黑，表皮损伤，贫血
维生素 B_{12}	贫血，红细胞细小	血细胞减少	未发现缺乏症	生长不良	厌食，生长不良
维生素 C	生长缓慢，厌食，脊柱前凸和侧凸，出血性眼球突出，腹水，贫血，肌肉出血，眼、鳃、鳍的支持组织异常	脊柱前凸和侧凸，骨胶原减少，抗病力下降	生长不良	生长不良	鳍和表皮出血，下颌糜烂
胆碱	生长不良，脂肪肝	肝肿大	生长不良，脂肪肝	生长不良，死亡率高	厌食，生长不良，肠呈灰白色
肌醇	厌食，生长不良，饲料转化率低，胃排空缓慢	未发现缺乏症	生长不良，表皮损伤	生长不良	肠呈灰白色

（五）矿物质缺乏引起的疾病

鱼、虾很容易从水环境中吸收矿物质，矿物元素对鱼、虾的营养很重要，但在饲料中添加过多会引起鱼、虾慢性中毒，矿物元素过量可抑制酶的生理活性，从而引起鱼、虾在形态、生理和行为上的变化，对鱼、虾的生长不利，而且通过富集作用，对人体健康产生危害。

钙、磷缺乏症：钙和磷在动物代谢中密切相关，并且在营养上缺乏任何一种时，会同时影响到另一种的营养价值。无论在海水或淡水，鱼都能从水中获取足够量的钙。而磷在水中含量少，又不易被吸收，因此对鱼、虾类而言，磷几乎全部要由饲料中摄取。鲤的磷缺乏症表现是生长差，骨骼发育异常，头部畸形，脊椎骨弯曲，肋骨矿化异常。对虾缺磷则易产生软壳病，生长缓慢，死亡率高。

镁缺乏症：饲料中缺镁时，淡水鱼（如鲤、虹鳟）会出现生长缓慢、肌肉软弱、痉挛惊厥、白内障、骨骼变形、食欲减退、死亡率高等缺乏症。摄食缺镁饲料的虹鳟，还会出现肌肉、幽门垂盲囊和鳃丝发生组织学变化，骨中镁含量下降，钙含量增加。

铁缺乏症：饲料中缺铁时，会产生贫血症。鲤、真鲷缺铁产生的贫血症表现为血红蛋白减少和小红细胞性贫血。鳃呈浅红色（正常为深红色），肝呈白色至黄白色（正常为黄色、褐色至暗红色）。

锌缺乏症：饲料中缺锌则生长缓慢、食欲减退、死亡率增高，血清中锌和碱性磷酸酶含量下降。骨中锌和钙含量下降，皮肤及鳍糜烂、躯体变短。虹鳟会发生白内障。在鱼的孵化期，饲料中缺锌，则可降低卵子的产量及受精卵的孵化率。

第五节　化学物质引起的中毒

随着工业、农业生产的发展，人口的增加，人类向养殖水域排放的废气、废物、废水量也日渐增多。这些有毒物质如不经过处理往往引起水生动物中毒、畸形甚至死亡。外来入侵物质和水体内部循环失调所生成并积累的毒物是水体中有毒有害物质的主要来源途径，水生动物主要是通过以下 3 种途径而发生中毒：①破坏鳃的呼吸导致水生动物窒息而死；②毒物与水生动物身体接触后组织被破坏；③水生动物摄食毒物后新陈代谢被破坏。

（一）氨中毒

【病因】水体中的残饵和鱼类排泄物等有机物，本身是无毒的。有机物被异养性细菌氧化分解后就会产生氨氮；氨氮在水中以分子氨 NH_3 和离子铵 NH_4^+ 2 种形式存在。分子氨加离子铵称为总氨氮。其中，分子氨对鱼类是有毒的，而离子铵几乎无毒。总氨氮中分子氨和离子铵的比例由 pH 和水温决定（表 7-3）。

表 7-3　不同 pH 和水温条件下分子氨所占的比例

	pH	26℃	28℃	30℃
分子氨所占比例/%	6.5	0.2	0.2	0.3

（续）

	pH	26℃	28℃	30℃
分子氨所占比例/%	7	0.6	0.7	0.8
	7.5	1.9	2.2	2.5
	8	1.9	2.2	2.5
	8.5	16.2	18.2	20.3

一般分子氨在0.01～0.02mg/L是安全含量，0.02～0.05mg/L可能会影响鱼的健康，0.05～0.2mg/L就会损伤皮肤和肠道黏膜，造成体表和体内出血，0.2～0.5mg/L就开始引起急性中毒。在酸性水体中，总氨氮量不管多少，分子氨的含量是极低的。氨氮对鱼类中毒的原因主要是阻碍鱼类自身氨的排泄量，使血液和组织中氨浓度升高，从而降低血液携带氧气的能力。

【症状与危害】氨中毒时血液呈现褐色。低浓度慢性中毒，鱼类表现为食欲不振，生长缓慢；高浓度急性中毒，鱼类表现为在水中乱窜，或下沉、侧卧，痉挛，鳍条舒展，基部出血，体色变淡，鳃发黑、体表黏液增多，鳃丝呈紫黑色，最后活力丧失，慢慢沉入水底而死亡。氨中毒多见于育苗池、温室、成鱼池、密养池，不分季节、昼夜和天气好坏。

【防治方法】

（1）增加溶氧量，使氨转化为硝酸态氮和亚硝酸态氮。

（2）注入新水，降低水中氨氮的浓度。

（3）每667m^3水体用17kg食盐遍洒，防止氨氮及硝酸态氮继续侵入淡水鱼血液。

（4）施用沸石粉或活性炭，用量为25～50mg/L，吸附池底有害气体及有毒物质。

（5）中毒得以缓解后，施消毒剂进行杀菌，防止病菌感染。

（6）施用微生态制剂，降低底质和水质的氨氮量。

（二）亚硝酸盐中毒

【病因】亚硝酸盐是氨转化为硝酸盐过程中的中间产物，由NO_2浓度过高而引起水生动物亚硝酸盐中毒。当NO_2在水体中的浓度在0.15mg/L以下时，对鱼体不会造成任何危害，但当NO_2浓度在1mg/L以上时，就会对鱼类产生极大的毒性，氧化鱼类血红蛋白中的亚铁离子使其形成高铁血红蛋白，使之失去与氧结合的能力，使机体缺氧致死。

【症状与危害】病鱼体色发黑，鳃丝充血、肿胀、黏液增多，食欲减退，甚至厌食，呈褐色或暗红色。肝、胆囊肿大，浮于水面，严重者把头伸出水面呼吸空气。鱼呼吸困难，麻痹中毒，最后窒息死亡。发病鱼池一般小野杂鱼首先出现症状。虾中毒主要表现为空胃、缓慢游动于池塘表面或紧靠浅水岸边，尾部、足部和触须略微发红，反应迟钝。刚蜕壳的软虾较容易中毒，蜕壳高峰期常出现急性死亡现象。发病鱼池大多投喂散饲，放养密度较高，且底泥厚水质老化。亚硝酸盐中毒一般发生在午后时或天气突然转暖、大暴雨过后1～2h，严重时发生暴发性死亡。

【防治方法】

（1）排换池水，最好是底层排水、排污，上层注入清水。

（2）增氧，促进亚硝酸盐向硝酸盐的转化，从而降低水体中亚硝酸盐的含量。

（3）使用光合细菌等微生态制剂，降低底质和水质的亚硝酸盐含量。

（三）硫化氢中毒

【病因】硫化氢有臭鸡蛋味，具刺激、麻醉作用，对鱼类有很强的毒性。水体中的硫化氢通过鱼鳃表面和黏膜可很快被吸收，与组织中的钠离子结合形成具有强烈刺激作用的硫化钠，并可与呼吸链末端的细胞色素氧化酶中的铁相结合，使血红素量减少，血液丧失载氧能力，同时可使组织凝血性坏死，导致鱼类呼吸困难，严重影响鱼类的健康生长，有的甚至大批量死亡。我国渔业水质标准规定硫化物的浓度（以硫计）不超过 0.2mg/L。但对于有些特种鱼类或苗种养殖中，硫化物的浓度应在 0.1mg/L 以下。在缺氧条件下，硫化氢的来源途径有二，一是含硫有机物经过嫌气细菌分解而成；二是水中硫酸盐丰富，由于硫酸盐还原细菌的作用，使硫酸盐变成硫化物，在缺氧条件下进一步生成硫化氢。

【症状】鱼鳃呈紫红色，鳃盖和胸鳍张开，鱼体失去光泽，骚动不安，浮于水表层。水中溶解氧含量，特别是底层溶解氧含量特别低。严重时可在下风处闻到臭鸡蛋味。

【防治方法】

（1）及时换水，降低水体中硫化物的含量。

（2）彻底清塘，清除过多含有大量有机物的淤泥。

（3）加强增氧措施，防止硫化物和硫化氢的形成。

（4）使用氧化铁剂，每 667m^2 放入一定量的细小铁屑，使硫化氢成为硫化铁沉淀而消除其毒性。

（5）使用微生态制剂改善水质，降低水体中的硫化物含量。

（四）农药中毒

【症状与危害】我国农药使用普遍，种类很多，主要有有机氯、有机磷、有机汞、有机砷、有机硫和其他无机农药等。施放于农田，往往随地面水流入养殖水体，引起水生动物中毒、畸形和死亡。

（1）有机磷农药。鱼类对有机磷农药非常敏感，毒害作用明显。不同的有机磷农药对鱼类的毒性不同，对鲢、鲤的毒性顺序是：对硫磷＞杀螟松＞甲基对硫磷＞敌敌畏＞马拉硫磷＞敌百虫＞乐果。农药中毒途径主要是通过鱼的呼吸、皮肤接触、吞食受污染地的饲料等。有机磷农药中毒症状是鱼类表现为麻痹，行动缓慢，体色变黑，鱼脑中的胆碱酯酶的活性被有机磷所抑制，使其丧失水解乙酰胆碱的能力，从而引起组织功能的改变，导致骨骼畸形和死亡。同时，有机磷农药还可破坏鱼类的神经系统与生殖功能。对有机磷农药的敏感性随鱼大小的不同而不同。对虾对有机磷农药更为敏感。

（2）有机氯农药。如六六六、DDT，对水生动物的直接毒害作用没有有机磷农药明显，但其化学性质比有机磷农药稳定，可在各种生物体内积蓄，且有致癌作用，往往造成严重隐患。鱼鳃很容易吸收水中的 DDT，而在各种组织中积蓄，5mg/L 的 DDT 残留量能使淡水的鱼苗、鱼种完全不能发育。DDT 可引起湖鳟鱼种的食道及鳔充满空气；引起银大麻哈鱼肾变性，食道黏膜下层液泡化，上皮变性，肾上腺皮质坏死。六六六、五氯酚钠可使草鱼、青鱼、鲢、鳙的亲鱼丧失生殖能力。

（3）有机汞农药。破坏机体神经系统正常生理功能，抑制神经能量的传递和封锁离子的

运动。

（4）有机硫农药。代森铵、代森锌、福美砷、敌诱钠等有机硫农药进入动物体内后，主要损害神经系统，先发生兴奋，以后转入抑制。

【防治方法】健全农药法规标准。加强农药管理，建立农药注册制度。禁止和限制某些农药的使用范围。

（五）重金属盐类中毒

【症状与危害】重金属在水中达到一定的浓度时会对水生动物产生毒害作用。对水生动物毒性最大的重金属是汞，汞污染是目前世界上最严重的重金属污染，银、铜、镉、铅、锌次之，锡、铝、镍、铁、钡、锰等毒性依次降低。

重金属离子能在鱼体内积蓄，浓缩倍数可达千倍以上，肌肉、肝、肾中含量较高，脾、鳃、性腺、脂肪等器官中含量较低。如鱼在含汞0.002 4mg/L的水中23d后，肌肉内含汞达3.38mg/kg，随鱼的年龄和体重的增加，鱼体内汞的积蓄增加。汞的浓度、化学状态及生物本身特性均影响生物。重金属离子铅、锌、银、镍、镉等均可与鳃的分泌物结合起来，使鳃丝间隙填塞，从而导致呼吸困难。锰、铜可引起鱼类红细胞和白细胞减少。一般在土壤中重金属盐类的含量不多，新开鱼池养鱼没有不良影响；但有些地方重金属盐类的含量较高，新挖鱼池饲养鱼种常患弯体病，表现为病鱼瘦弱，生长缓慢、游动不自如，甚至死亡。

重金属对水生动物有内毒和外毒两方面的毒害。内毒为重金属通过鳃及体表或通过饲料进入体内，与体内主要酶类的必要基团（—HS）中的硫结合成难溶的硫醇盐类，抑制酶的活性，妨碍机体的代谢作用，引起死亡。同时硫醇盐本身也具有一定的毒性。在鳃部存在的呼吸酶类，如琥珀酸脱氢酶，可能也直接与制毒有关。外毒为重金属与鳃、体表的黏液结合成蛋白质的复合物，覆盖整个鳃和体表，并充塞鳃瓣间隙里，使鳃丝不能正常活动，鱼窒息而死（彩图7-4、彩图7-5）。

【防治方法】

（1）加强水质监测，严禁未经处理的污水及超过国家规定排放标准的水排入水体。

（2）进行物理方法（包括沉淀法、过滤法、曝气法、稀释法、吸附法等）、化学方法和生物学方法的综合治理。

（3）全池泼洒硫代硫酸钠，连用2d，排换水后，全池泼洒增氧剂。

（4）全池泼洒水体解毒安（主要成分：硫代硫酸钠）和泼洒型应激宁（主要成分：复合维生素、天然植物提取物等），连用2d。

（六）酚中毒

【症状与危害】不经处理的高浓度含酚废水可引起水生动物大批死亡。酚在脂肪里积累易使肌肉产生异味，难以食用。酚类物质能引起鱼鳃发炎致死，使循环系统发生混乱，酚对神经系统也有影响。酚中毒表现可分为4个阶段：潜伏期，鱼开始不安，尾柄颤动；兴奋期，鱼全身强力颤动，呼吸不规则，并出现阵发性冲撞及痉挛；抑制期，鱼失去平衡；致死期，鱼进入麻痹昏迷状态，侧躺在水底呼吸微弱，甚至死亡。

【防治方法】

（1）全池泼洒人尿，每667m^2施300～400kg。

（2）全池泼洒过氧化钙。

思考题

1. 什么是非寄生性疾病？引起非寄生性疾病的原因有哪些？
2. 哪些具体措施可尽量避免由物理性因素引起的疾病？
3. 由水质因素引起的疾病有哪些？各有何症状？如何防治？
4. 赤潮的成因是什么？有何危害性？
5. 饥饿引起的疾病有哪些？各有何症状？如何防治？
6. 营养性不良引起的疾病有哪些？各有何症状？如何防治？
7. 由化学物质中毒引起的疾病有哪些？各有何症状？如何解救？

第八章 敌　　害

水生动物疾病种类繁多，敌害生物主要有藻类、水生昆虫及其他种类的敌害生物。主要表现在残害和捕食水生动物苗种，还争夺水生动物天然饵料和商品饲料，消耗水中营养物质与溶解氧，影响有益浮游生物的生长繁殖和养殖品种生长和品质，因此对水产养殖业有一定程度的危害。

（一）水网藻

【危害】水网藻是绿藻的一种，属于水网藻科，呈大型的网片状或网袋状绿藻，肉眼可见，广泛分布于池塘、沟渠等处。其繁殖能力很强，生长的温度范围较广。生长时，一方面大量消耗水中养料，池水极度贫瘠，浮游生物不能大量繁殖，影响淡水养殖动物的生长；另一方面因其附着在虾、蟹等养殖动物的鳃、颊、额等处，使其活动困难，摄食减少，严重时引起水生动物窒息死亡。另外，水网藻浮张的罗网，还可造成大批淡水养殖动物被缠住游不出而死亡。

【防治方法】

（1）彻底清塘。一般冬、春季每 667m^2 水面用 75～100kg 生石灰干法清塘。

（2）生物预防。一是放养鳙，主食浮游动物，一般 667m^2 放鳙 20 尾（0.5～1kg/尾），保持水体一定透明度防止青泥苔生长；二是施用生物制剂，每月使用微生态制剂 1～2 次，控制水网藻生长。

（3）全池泼洒硫酸铜，浓度为 0.7mg/L，并打开增氧机，翌日加注新水。

（二）青泥苔

【危害】青泥苔包括星藻科中的水绵、双星藻和转板藻，春季温暖时开始繁殖生长。一旦鱼池中出现大量的青泥苔，不仅直接危害鱼苗和早期夏花鱼种，而且青泥苔的滋生会从水中吸收大量的养料，使池水变“瘦”，影响浮游生物、水生植物、底栖生物等的繁殖生长，降低池塘天然饵料生产量。同时，青泥苔会降低水中的溶氧量。同时青泥苔夜间的呼吸作用也会大量消耗池中溶解氧，造成池塘溶氧偏低影响鱼苗的生长。此外，青泥苔还会影响河蟹的生长与品质，主要表现在青泥苔附着河蟹体表，造成河蟹蜕壳困难，成活率下降，色泽不好，影响其生长和商品价值。青泥苔死亡后，藻类蛋白质被微生物分解产生羟胺和硫化氢等有毒物质，会引起水质发黑、发臭，氨氮超标，溶氧量降低，导致水生动物出现中毒或死亡。

【防治方法】防治方法基本与水网藻相似。

（三）水蜈蚣

【危害】水蜈蚣又称水夹子，是龙虱的幼虫。龙虱科的成虫和幼虫均为肉食性，捕食鱼苗、鱼种。在水蜈蚣危害严重的池塘中，细心观察时常可看到水蜈蚣追赶、咬、夹鱼苗的情况，在塘边也可以看到水蜈蚣在水中游动、伺机为害。水蜈蚣是一种非常凶猛贪食的水生害虫，经常用大颚将鱼苗夹死而吸食其体液，遇到同类也互相残杀。一只水蜈蚣一夜之间可夹死鱼苗 16 尾之多，对鱼苗危害很大，但水蜈蚣对 3cm 以上的夏花鱼种危害不大。

【防治方法】

(1) 用生石灰干塘清塘，确保在放养苗种前清灭龙虱科的成虫和幼虫。

(2) 为防止龙虱和水蜈蚣进入鱼池，可在注入新水时在入水口安装过滤设施。

(3) 全池泼洒 90%晶体敌百虫，浓度为 0.3～0.5mg/L。

(4) 夜间可利用灯光诱杀，即用竹、木搭成方形或三角形框，框内放置少量煤油。挂上电灯，夜间水蜈蚣趋光而至，接触煤油会窒息而亡。

(四) 水螅

【危害】水螅是一种腔肠动物，生活在淡水中。身体呈细筒状，一段附着在基物上，另一端隆起如丘，丘顶有一孔为口，口的周围有细而中空的触手，一般 5～6 条。其上有许多刺细胞，特别是触手和口的周围分布较多，这种刺细胞受刺激时，便立即射出刺丝，使其麻醉或杀死，再用触手送入口内，进行细胞内消化。如条件适宜，则进行大量繁殖，栖息在水草或其他物体上，主要以小型甲壳类、昆虫幼虫、蠕虫和其他小型动物为食料，也捕食鱼苗。

【防治方法】

(1) 用生石灰彻底清塘。

(2) 清除池中的水草、树枝、石头等基物，使水螅没有栖息场所，可以减少其危害。

(3) 用 0.7mg/L 硫酸铜全池遍洒，可杀灭水螅。

(五) 螺蚌类

螺类和蚌类均属于生活在淡水、海水中的软体动物。有些种类如三角帆蚌、合浦珠母贝等属于水产经济动物养殖对象，有些种类可作为某些水产养殖动物的天然饵料，但有些种类的大量繁殖也会影响水生动物的养殖。

【危害】

(1) 病原体的携带者。一些螺蚌类经常是复殖吸虫的中间寄主，淡水壳菜是鳊盾腹吸虫和福州道佛吸虫的中间寄主，湖螺是侧殖吸虫的中间寄主，椎实螺是血居吸虫和双穴吸虫的中间寄主，车轮虫常寄生黄蚬体内，当鱼类被这些车轮虫感染时黄蚬就成为鱼类车轮虫病的传播介质。

(2) 鱼苗种的天然饵料和商品饲料的强竞争者。作为竞争者的螺类喜食豆浆和豆饼的碎粒，这样一些富有营养的商品饲料则被螺类所利用。同时，螺类又可以浮游生物为食料，流经蚌类入水孔中的水中生物都被螺类所消化利用。据粗略统计，每天流经一个蚌的水可达 40L 之多。在螺蚌类大量繁殖时，会大量消耗池里的浮游生物使池水很快变“瘦”。由于螺、蚌耗氧和浮游生物（特别是浮游植物）的减少会使水中含氧量进一步下降，影响鱼苗种的呼吸，对鱼苗种的生长有很大的影响。

(3) 捕食养殖贝类。主要是指一些海产肉食性螺类，如红螺、扁玉螺、福氏玉螺、斑玉螺、荔枝螺等，它们常用足包缠住贝类，使贝类窒息死亡，然后吃其肉；或分泌一种酸性物质，在贝壳上穿孔，吃食贝肉。蛎敌荔枝螺食牡蛎的幼贝时通过分泌酸液使贻贝穿孔，麻痹贻贝使其开壳后食其内脏团。而玉螺则以其外套膜将捕食的贝类包围起来，然后由穿孔腺分泌液体溶解贝壳，再将吻伸入贝壳内，食其肉，玉螺喜食蛏、杂色蛤仔、牡蛎、泥蚶等，对于水产经济动物的养殖造成严重损失。章鱼通常于夜间在海涂上觅食，用腕的尖端试探海涂洞穴，若遇到珍珠贝、扇贝、蛤仔、缢蛏、鲍等便用腕捉住，拉开双壳，吞食其肉，造成危害。

【防治方法】

（1）养殖前要彻底清池消毒，杀灭池中的螺蚌类。因玉螺、壳蛞蝓常潜入泥下，可用0.2%～0.3%石炭酸喷于滩面，迫使其出穴，然后捕捉。但在砂蚬田内使用时，浓度应低于0.1%。

（2）用发酵的粪肥撒在池中，使寄生虫卵被杀灭于发酵过程中。

（3）在血吸虫病流行区域进行经常性鱼池饲养管理工作的人员，下水作业时为防止尾蚴侵染应穿防护裤，或在皮肤涂抹防护药品。

（4）在海水贝类养殖日常管理工作中加强检查，捕捉清除有害螺类及其他敌害生物。

（六）桡足类

【危害】浮游桡足类种类繁多，常被作为鱼、虾类的优质天然饵料。但有些桡足类常侵袭鱼卵、鱼苗，咬伤或咬死大量的仔、稚鱼，对鱼类的孵化和幼鱼的生长造成很大的危害。淡水中常见的桡足类有屠氏中剑水蚤、丘邻剑水蚤和长刺温剑水蚤和萨氏剑水蚤；海水中常见的桡足类有捷氏歪水蚤、双刺唇角水蚤和左突唇角水蚤。

【防治方法】

（1）加强育苗池进水时的过滤，用孔径小于85μm的筛绢做滤水网，滤除这些水蚤的卵子及幼虫。

（2）用生石灰等药物对作为“发塘”的鱼池进行彻底清池。

（3）施用敌百虫：若发现池中有较多桡足类时，可全池泼洒0.2～0.5mg/L敌百虫。

（七）鱼类

【危害】养殖水体中的危害鱼类主要是指大量吞食养殖鱼类的鱼苗和幼鱼、虾类的幼体和幼虾、贝类的幼体和成贝的凶猛鱼类。此外，这些鱼类还与养殖鱼类、对虾、贝类等争夺饵料和氧气。常见的淡水凶猛鱼类有鳡、尖头鳡、鳜、乌鳢、鲇、黄颡鱼等；海水凶猛鱼类有鲈、鲷类、弹涂鱼、刺鰕虎鱼、马鲅鱼、黄姑鱼、鳐、狼牙鰕虎鱼、蛇鳗、须鳗、豆齿鳗等。这些凶猛性鱼类对于水生动物养殖有一定程度的危害。

【防除方法】

（1）可在放养前用生石灰杀灭野杂鱼，彻底清塘，在进水时用2～3层网目（一般为40～60目）的拦网拦滤。

（2）在鱼种饲养阶段通过拉网锻炼鱼种清除一些肉食性鱼类。

（3）在精养的湖泊、河道中采用特殊渔具清除有害鱼类。

（4）已放养虾类的虾池中如发现鱼类，可用15～20mg/L茶饼杀灭杂鱼类，先用水浸泡

12h，然后全池泼洒，同时注意泼洒完毕后开增氧机增氧。

（5）可按每 667m² 撒茶饼 5kg 杀灭蛇鳗、须鳗、豆齿鳗等食贝鱼类。

（八）蛙类

【危害】蛙类对养殖鱼类的危害主要表现在其成体捕食鱼苗，蝌蚪的幼体吞食鱼苗，抢食饵料，消耗水中溶解氧，造成鱼苗死亡，有时也是某些疾病病原的携带者和传播媒介。对鱼、虾养殖业有一定危害的通常是一些蛙类的成体和蝌蚪。常见的种类有黑斑蛙、虎纹蛙、金线蛙、泽蛙等。

【防治方法】

（1）放养前，用生石灰等药物杀灭蛙卵及蝌蚪，彻底清塘。

（2）拉网锻炼鱼苗种时，捞除蝌蚪。

（3）在蛙类繁殖季节，早晨及时用抄网捞除漂浮于水面的蛙卵团块。

（4）已放养虾苗或者鱼苗的池塘，有大量蝌蚪时可用茶饼水全池遍洒，使池水浓度达到 15～20mg/L，但泼完后要注意增氧。

（九）鸟类

【危害】鸟类通常猎食一些鱼类、虾类、蟹类和双壳贝类等，某些鱼类寄生虫的终寄主也是鸟类，因此可传播病原体，造成流行性疾病。因为在水滨生活，故对鱼、虾、贝类有较大危害，特别是对蟹类的危害更大，因而蟹塘不仅提供了水，还为鸟类提供了美食，由此造成的鸟害损失不可低估。较大的鸟类有鸬鹚、苍鹭、池鹭、鹗、红嘴鸥、翠鸟、燕鸥、蛎鹬、绿头鸭等。

【防治方法】

（1）用围网阻拦在蟹塘四周，上面用尼龙单丝网或聚乙烯网覆盖，网目 10cm 左右，网高 2m 左右，用竹竿等作为支柱加以固定。此法可有效地阻止鸟类进入蟹塘，适用于面积不大且形状较规则的蟹塘。

（2）草人恫吓。可在蟹塘四周、池中竖立身穿红衣、手舞彩带的稻草人，或用稻草扎成的“超级老鹰”，这样诸如白鹭、灰鹤等鸟类再也不敢轻易来。此法简单又经济。

（3）犬类驱赶。可用训练好的犬在蟹塘四周驱赶鸟类，这种方法既可驱赶鸟类又可看护蟹塘，可谓一举两得。

思考题

1. 简要说明水生动物常见的敌害生物有哪些？其危害性如何？
2. 水产养殖前、中、后需要如何防治哪些主要敌害生物的危害？

附　　录

《无公害食品　渔用药物使用准则》(NY 5071—2002)

1　范围

本标准规定了渔用药物使用的基本原则、渔用药物的使用方法以及禁用渔药。

本标准适用于水产增养殖中的健康管理及病害控制过程中的渔药使用。

2　规范性引用文件

下列文件中的条款通过本标准的引用而成为标准的条款。凡是注日期的引用文件，其随后所有的修改单（不包括勘误的内容）或修订版均不适用于本标准，然而，鼓励根据本标准达成协议的各方研究是否可使用这些最新版本。凡是不注日期的引用文件，其最新版本适用于本标准。

NY 5070 无公害食品　水产品中渔药残留限量

NY 5072 无公害食品　渔用配合饲料安全限量

3　术语和定义

下列术语和定义适用于本标准。

3.1　渔用药物　fishery drugs

用以预防、控制和治疗水产动植物的病、虫、害，促进养殖品种健康生长，增强机体抗病能力以及改善养殖水体质量的一切物质，简称“渔药”。

3.2　生物源渔药 biogenic fishery medicines

直接利用生物活体或生物代谢过程中产生的具有生物活性的物质或从生物体提取的物质作为防治水生动物病害的渔药。

3.3　渔用生物制品　fishery biopreparate

应用天然或人工改造的微生物、寄生虫、生物毒素或生物组织及其代谢产物为原材料，采用生物学、分子生物学或生物化学等相关技术制成的、用于预防、诊断和治疗水生动物传染病和其他有关疾病的生物制剂。它的效价或安全性应采用生物学方法检定并有严格的可靠性。

3.4　休药期　withdrawal time

最后停止给药日至水产品作为食品上市出售的最短时间。

4　渔用药物使用基本原则

4.1　渔用药物的使用应以不危害人类健康和不破坏水域生态环境为基本原则。

4.2　水生动植物增养殖过程中对病虫害的防治，坚持“以防为主，防治结合”。

4.3　渔药的使用应严格遵循国家和有关部门的有关规定，严禁生产、销售和使用未经取得生产许可证、批准文号与没有生产执行标准的渔药。

4.4　积极鼓励研制、生产和使用“三效”（高效、速效、长效）、“三小”（毒性小、副作用小、用量小）的渔药，提倡使用水产专用渔药、生物源渔药和渔用生物制品。

4.5 病害发生时应对症用药，防止滥用渔药与盲目增大用药量或增加用药次数、延长用药时间。

4.6 食用鱼上市前，应有相应的休药期。休药期的长短，应确保上市水产品的药物残留限量符合 NY 5070 要求。

4.7 水产饲料中药物的添加应符合 NY 5072 要求，不得选用国家规定禁止使用的药物或添加剂，也不得在饲料中长期添加抗菌药物。

5 渔用药物使用方法

各类渔用药使用方法见附表 1-1。

附表 1-1 渔用药物使用方法

渔药名称	用途	用法与用量	休药期/d	注意事项
氧化钙(生石灰)	用于改善池塘环境，清除敌害生物及预防部分细菌性鱼病	带水清塘：200～250mg/L（虾类：350～400mg/L） 全池泼洒：20mg/L（虾类：15～30mg/L）		不能与漂白粉、有机氯、重金属盐、有机络合物混用
漂白粉	用于清塘、改善池塘环境及防治细菌性皮肤病、烂鳃病、出血病	带水清塘：20mg/L 全池泼洒：1.0～1.5mg/L	≥5	1. 勿用金属容器盛装 2. 勿与酸、铵盐、生石灰混用
二氯异氰尿酸钠	用于清塘及防治细菌性皮肤溃疡病、烂鳃病、出血病	全池泼洒：0.3～0.6mg/L	≥10	勿用金属容器盛装
三氯异氰尿酸	用于清塘及防治细菌性皮肤溃疡病、烂鳃病、出血病	全池泼洒：0.2～0.5mg/L	≥10	1. 勿用金属容器盛装 2. 针对不同的鱼类和水体的 pH，使用量应适当增减
二氧化氯	用于防治细菌性皮肤病、烂鳃病、出血病	浸浴：20～40mg/L,5～10min 全池泼洒：0.1～0.2mg/L，严重时 0.3～0.6mg/L	≥10	1. 勿用金属容器盛装 2. 勿与其他消毒剂混用
二溴海因	用于防治细菌性和病毒性疾病	全池泼洒：0.2～0.3mg/L		
氯化钠(食盐)	用于防治细菌、真菌或寄生虫疾病	浸浴：1%～3%，5～20min		
硫酸铜（蓝矾、胆矾、石胆）	用于治疗纤毛虫、鞭毛虫等寄生性原虫病	浸浴：8mg/L（海水鱼类：8～10mg/L），15～30min 全池泼洒：0.5～0.7mg/L（海水鱼类：0.7～1.0mg/L）		1. 常与硫酸亚铁合用 2. 广东鲂慎用 3. 勿用金属容器盛装 4. 使用后注意池塘增氧 5. 不宜用于治疗小瓜虫病
硫酸亚铁（硫酸低铁、绿矾、青矾）	用于治疗纤毛虫、鞭毛虫等寄生性原虫病	全池泼洒：0.2mg/L（与硫酸铜合用）		1. 治疗寄生性原虫病时须与硫酸铜合用 2. 乌鳢慎用
高锰酸钾（锰酸钾、灰锰氧、锰强灰）	用于杀灭锚头鳋	浸浴：10～20mg/L，15～30min 全池泼洒：4～7mg/L		1. 水中有机物含量高时药效降低 2. 不宜在强烈阳光下使用

（续）

渔药名称	用途	用法与用量	休药期/d	注意事项
四烷基季铵盐络合碘（季铵盐含量为50%）	对病毒、细菌、纤毛虫、藻类有杀灭作用	全池泼洒：0.3mg/L（虾类相同）		1. 勿与碱性物质同时使用 2. 勿与阴性离子表面活性剂混用 3. 使用后注意池塘增氧 4. 勿用金属容器盛装
大蒜	用于防治细菌性肠炎	拌饵投喂：每千克体重10～30g，连用4～6d（海水鱼类相同）		
大蒜素粉（含大蒜素10%）	用于防治细菌性肠炎	每千克体重0.2g，连用4～6d（海水鱼类相同）		
大黄	用于防治细菌性肠炎、烂鳃病	全池泼洒：2.5～4.0mg/L（海水鱼类相同） 拌饵投喂：每千克体重5～10g，连用4～6d（海水鱼类相同）		投喂时常与黄芩、黄柏合用（三者比例为5∶2∶3）
黄芩	用于防治细菌性肠炎、烂鳃病、赤皮病、出血病	拌饵投喂：每千克体重2～4g，连用4～6d（海水鱼类相同）		投喂时常与大黄、黄柏合用（三者比例为2∶5∶3）
黄柏	用于防治细菌性肠炎、出血病	拌饵投喂：每千克体重3～6g，连用4～6d（海水鱼类相同）		投喂时常与大黄、黄芩合用（三者比例为3∶5∶2）
五倍子	用于防治细菌性烂鳃、赤皮病、白皮病、疖疮病	全池泼洒：2～4mg/L（海水鱼类相同）		
穿心莲	用于防治细菌性肠炎、烂鳃病、赤皮病	全池泼洒：15～20mg/L 拌饵投喂：每千克体重10～20g，连用4～6d		
苦参	用于防治细菌性肠炎、竖鳞病	全池泼洒：1.0～1.5mg/L 拌饵投喂：每千克体重1～2g，连用4～6d		
土霉素	用于治疗肠炎病、弧菌病	拌饵投喂：每千克体重50～80mg，连用4～6d（海水鱼类相同，虾类：每千克体重50～80mg，连用5～10d）	≥30（鳗鲡） ≥21（鲇）	勿与铝、镁离子及卤素、碳酸氢钠、凝胶合用
噁喹酸	用于治疗细菌肠炎病、赤鳍病，香鱼、对虾弧菌病，鲈结节病，鲱疖疮病	拌饵投喂：每千克体重10～30mg，连用5～7d（海水鱼类每千克体重1～20mg；对虾：每千克体重6～60mg，连用5d）	≥25（鳗鲡） ≥21（鲤、香鱼） ≥16（其他鱼类）	用药量视不同的疾病有所增减
磺胺嘧啶（磺胺哒嗪）	用于治疗鲤科鱼类的赤皮病、肠炎病，海水鱼链球菌病	拌饵投喂：每千克体重100mg，连用5d（海水鱼类相同）		1. 与甲氧苄氨嘧啶（TMP）同用，可产生增效作用 2. 第1天药量加倍

（续）

渔药名称	用途	用法与用量	休药期/d	注意事项
磺胺甲噁唑（新诺明、新明磺）	用于治疗鲤科鱼类肠炎病	拌饵投喂：每千克体重100mg，连用5～7d		1. 不能与酸性药物同用 2. 与甲氧苄氨嘧啶（TMP）同用，可产生增效作用 3. 第1天药量加倍
磺胺间甲氧嘧啶（制菌磺、磺胺-6-甲氧嘧啶）	用鲤科鱼类的竖鳞病、赤皮病及弧菌病	拌饵投喂：每千克体重50～100mg，连用4～6d	≥37（鳗鲡）	1. 与甲氧苄氨嘧啶（TMP）同用，可产生增效作用 2. 第1天药量加倍
氟苯尼考	用于治疗鳗鲡爱德华氏病、赤鳍病	拌饵投喂：每千克体重10.0mg，连用4～6d	≥7（鳗鲡）	
聚维酮碘（聚乙烯吡咯烷酮碘、皮维碘、PVP-1、伏碘）（有效碘1.0%）	用于防治细菌烂鳃病、弧菌病、鳗鲡红头病。并可用于预防病毒病，如草鱼出血病、传染性胰腺坏死病、传染性造血组织坏死病、病毒性出血败血症	全池泼洒： 海、淡水幼鱼、幼虾：0.2～0.5mg/L 海、淡水成鱼、成虾：1～2mg/L 鳗鲡：2～4mg/L 浸浴： 草鱼种：30mg/L，15～20min 鱼卵：30～50mg/L（海水鱼卵25～30mg/L），5～15min		1. 勿与金属物品接触 2. 勿与季铵盐类消毒剂直接混合使用

注：1. 用法与用量栏未标明海水鱼类与虾类的均适用于淡水鱼类。
2. 休药期为强制性。

6 禁用渔药

严禁使用高毒、高残留或具有“三致”毒性（致癌、致畸、致突变）的渔药。严禁使用对水域环境有严重破坏而又难以修复的渔药，严禁直接向养殖水域泼洒抗生素，严禁将新近开发的人用新药作为渔药的主要或次要成分。禁用渔药见附表1-2。

附表1-2 禁用渔药

药物名称	化学名称（组成）	别名
地虫硫磷	O-2基-S苯基二硫代磷酸乙酯	大风雷
六六六［BHC（HCH）］	1，2，3，4，5，6-六氯环己烷	
林丹	γ-1，2，3，4，5，6-六氯环己烷	丙体六六六
毒杀芬	八氯莰烯	氯化莰烯
滴滴涕（DDT）	2，2-双（对氯苯基）-1，1，1-三氯乙烷	
甘汞	二氯化汞	
硝酸亚汞	硝酸亚汞	
醋酸汞	醋酸汞	
呋喃丹	2，3-二氢-2，2-二甲基-7-苯并呋喃基-甲基氨基甲酸酯	克百威、大扶农
杀虫脒	N-（2-甲基-4-氯苯基）N′，N′-二甲基甲脒盐酸盐	克死螨

（续）

药物名称	化学名称（组成）	别名
双甲脒	1，5-双-（2，4-二甲基苯基）-3-甲基-1，3，5-三氮戊二烯-1，4	二甲苯胺脒
氟氰戊菊酯	（R，S）-α-氰基-3-苯氧苄基-（R，S）-2-（4-二氟甲氧基）-3-甲基丁酸酯	保好江乌、氟氰菊酯
五氯酚钠	五氯酚钠	
孔雀石绿	$C_{23}H_{25}CIN_2$	碱性绿、盐基块绿、孔雀绿
锥虫胂胺		
酒石酸锑钾	酒石酸锑钾	
磺胺噻唑	2-（对氨基苯磺酰胺）-噻唑	消治龙
磺胺脒	N_1-脒基磺胺	磺胺胍
呋喃西林	5-硝基呋喃醛缩氨基脲	呋喃新
呋喃唑酮	3-（5-硝基糠叉胺基）-2-噁唑烷酮	痢特灵
呋喃那斯	6-羟甲基-2-［-（5-硝基-2-呋喃基乙烯基）］吡啶	P-7138（实验名）
氯霉素(包括其盐、酯及制剂)	由委内瑞拉链霉素生产或合成法制成	
红霉素	属微生物合成，是 *Streptomyces eyythreus* 产生的抗生素	
杆菌肽锌	由枯草杆菌 *Bacillus subtilis* 或 *B. leicheniformis* 所产生的抗生素，为一含有噻唑环的多肽化合物	枯草菌肽
泰乐菌素	*S. fradiae* 所产生的抗生素	
环丙沙星	为合成的第三代喹诺酮类抗菌药，常用盐酸盐水合物	环丙氟哌酸
阿伏帕星		阿伏霉素
喹乙醇	喹乙醇	喹酰胺醇羟乙喹氧
速达肥	5-苯硫基-2-苯并咪唑	苯硫哒唑氨甲基甲酯
己烯雌酚（包括雌二醇等其他类似合成等雌性激素）	人工合成的非甾体雌激素	乙烯雌酚，人造求偶素
甲基睾丸酮（包括丙酸睾丸素、去氢甲睾酮以及同化物等雄性激素）	睾丸素 C_{17} 的甲基衍生物	甲睾酮，甲基睾酮

2020 水产养殖用药明白纸

参 考 文 献

孟庆显，1991. 对虾疾病防治手册 [M]. 青岛：青岛海洋大学出版社.
湖北省水生生物研究所，1973. 湖北省鱼病病原区系图志 [M]. 北京：科学出版社.
凌熙和等，2001. 淡水健康养殖技术手册 [M]. 北京：中国农业出版社.
陆承平，2001. 兽医微生物学 [M]. 北京：中国农业出版社.
汪开毓，2000. 鱼病防治手册 [M]. 成都：四川科学技术出版社.
宋大祥，匡溥人，1980. 中国动物图谱——甲壳动物（第四册）[M]. 北京：科学出版社.
战文斌，2011. 水产动物病害学 [M]. 2 版. 北京：中国农业出版社.

读者意见反馈

亲爱的读者：

感谢您选用中国农业出版社出版的职业教育规划教材。为了提升我们的服务质量，为职业教育提供更加优质的教材，敬请您在百忙之中抽出时间对我们的教材提出宝贵意见。我们将根据您的反馈信息改进工作，以优质的服务和高质量的教材回报您的支持和爱护。

地　　址：北京市朝阳区麦子店街 18 号楼（100125）

中国农业出版社职业教育出版分社

联系方式：QQ（1492997993）

教材名称：　　　　　　　　　　ISBN：

个人资料

姓名：__________________所在院校及所学专业：__________________

通信地址：____________________________________

联系电话：__________________电子信箱：__________________

您使用本教材是作为：□指定教材□选用教材□辅导教材□自学教材

您对本教材的总体满意度：

从内容质量角度看□很满意□满意□一般□不满意

改进意见：____________________________________

从印装质量角度看□很满意□满意□一般□不满意

改进意见：____________________________________

本教材最令您满意的是：

□指导明确□内容充实□讲解详尽□实例丰富□技术先进实用□其他____________

您认为本教材在哪些方面需要改进？（可另附页）

□封面设计□版式设计□印装质量□内容□其他__________________

您认为本教材在内容上哪些地方应进行修改？（可另附页）

____

____

本教材存在的错误：（可另附页）

第________页，第________行：________________应改为：________________

第________页，第________行：________________应改为：________________

第________页，第________行：________________应改为：________________

您提供的勘误信息可通过 QQ 发给我们，我们会安排编辑尽快核实改正，所提问题一经采纳，会有精美小礼品赠送。非常感谢您对我社工作的大力支持！

欢迎访问“全国农业教育教材网”http：//www.qgnyjc.com（此表可在网上下载）

欢迎登录“中国农业教育在线”http：//www.ccapedu.com 查看更多网络学习资源

图书在版编目（CIP）数据

水生动物病害防治/叶志辉主编．—北京：中国农业出版社，2020.7

中等职业教育农业农村部“十三五”规划教材

ISBN 978-7-109-25157-1

Ⅰ．①水…　Ⅱ．①叶…　Ⅲ．①水生动物—动物疾病—防治—中等专业学校—教材　Ⅳ．①S94

中国版本图书馆 CIP 数据核字（2019）第 017183 号

SHUISHENG DONGWU BINGHAI FANGZHI

中国农业出版社出版

地址：北京市朝阳区麦子店街 18 号楼

邮编：100125

责任编辑：李　萍

版式设计：杜　然　　责任校对：沙凯霖

印刷：中农印务有限公司

版次：2020 年 7 月第 1 版

印次：2020 年 7 月北京第 1 次印刷

发行：新华书店北京发行所

开本：787mm×1092mm　1/16

印张：13　　插页：4

字数：310 千字

定价：38.50 元

彩图5-1　草鱼出血病表现（红肌肉型）（汪开毓　供图）

彩图5-2　草鱼出血病表现（红鳍红鳃盖型）（汪开毓　供图）

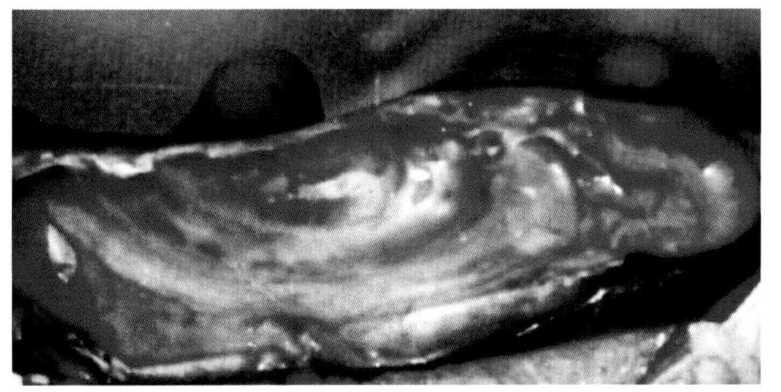

彩图5-3　草鱼出血病表现（肠炎型）（汪开毓　供图）

彩图5-4　淋巴囊肿病症状（患病牙鲆的皮肤上出现大量淋巴囊肿物）（汪开毓　供图）

彩图5-5　鲤痘疮病症状（患病鲤体表出现大量石蜡样增生物）（汪开毓　供图）

彩图5-6　斑点叉尾鮰病毒病症状（患病斑点叉尾鮰腹部肿大，眼球突出、充血、出血）（汪开毓　供图）

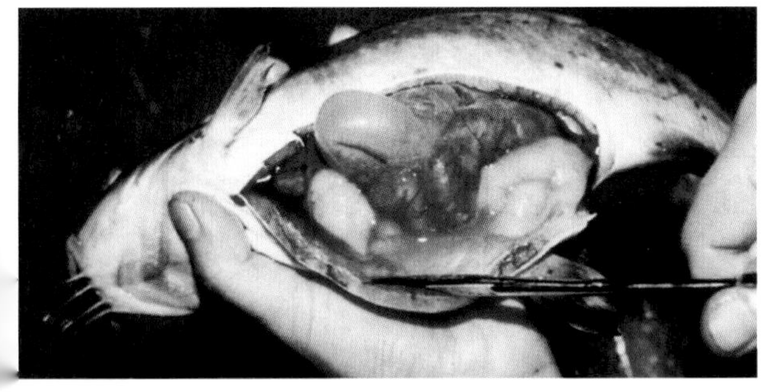

彩图5-7　斑点叉尾鮰病毒病症状（患病斑点叉尾鮰肠腔内充满大量气体，肠壁变薄）（汪开毓　供图）

彩图5-8　鲤春病毒血症症状（患病鲤腹部膨大，体表充血、出血）（汪开毓　供图）

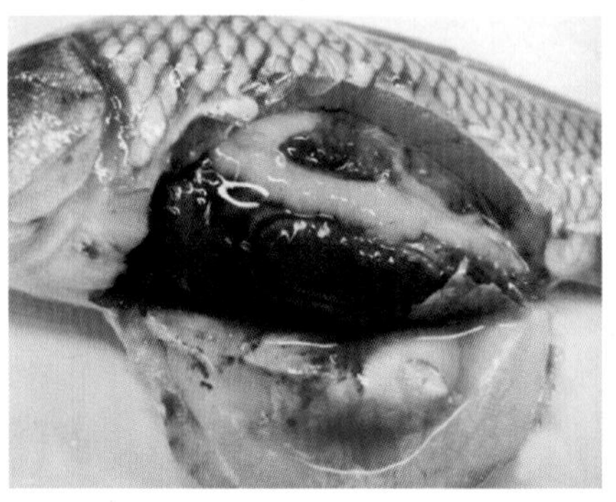

彩图5-9　鲤春病毒血症症状（患病鲤腹腔内出现带血腹水，肝肿大、出血）（汪开毓　供图）

彩图5-10　细菌性烂鳃病症状（患病草鱼鳃盖腐蚀，形成"开天窗"）（叶志辉　供图）

彩图5-11　细菌性烂鳃病症状（患病草鱼鳃丝腐烂）（叶志辉　供图）

彩图5-12　赤皮病症状（患病草鱼体侧鳞片脱落，体表发红）（叶志辉　供图）

彩图5-13　赤皮病症状（病鱼腹部充血、发炎）（叶志辉　供图）

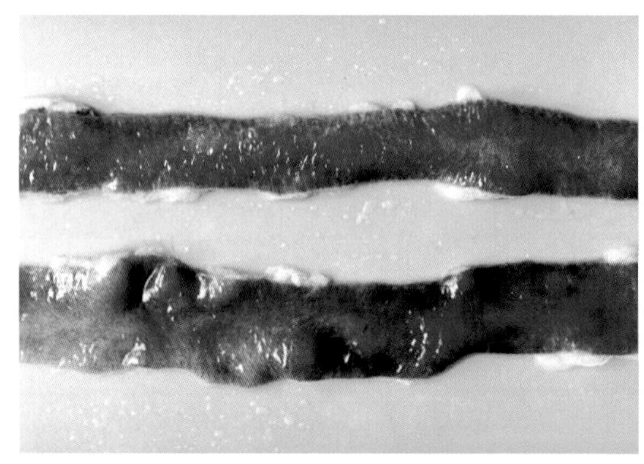

彩图5-14　细菌性肠炎症状[患病草鱼肠道充血、出血、发红（局部放大）]（汪开毓　供图）

彩图5-15　细菌性败血症症状（患病鲫体表充血、蛀鳍）（叶志辉　供图）

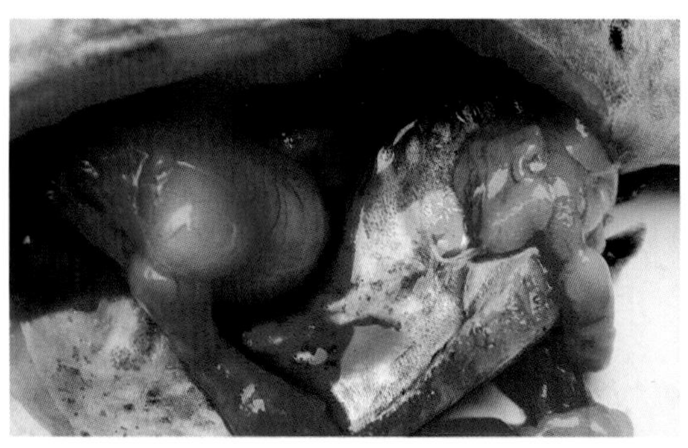

彩图5-16　细菌性败血症症状（患病斑点叉尾鮰肠腔内有大量黏液）（叶志辉　供图）

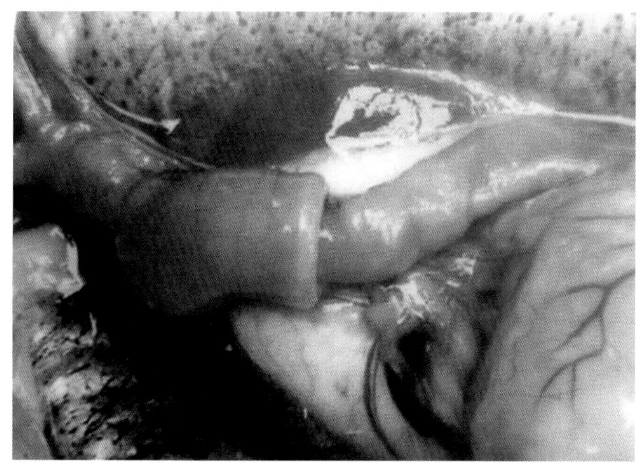

彩图5-17　斑点叉尾鮰传染性肠套叠症状（患病鱼剖检可见肠套现象）（汪开毓　供图）

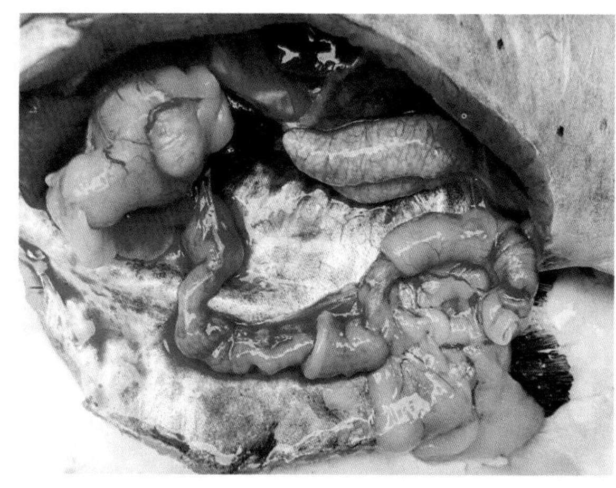

彩图5-18　斑点叉尾鮰传染性肠套叠症状（严重时可见两个套叠）（叶志辉　供图）

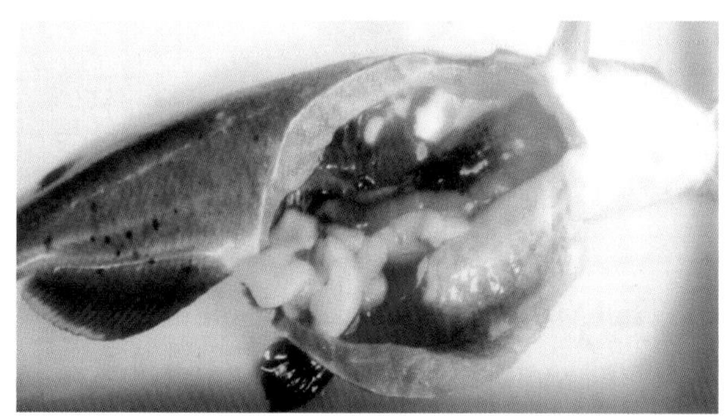

彩图5-19　斑点叉尾鮰肠型败血症症状（患病鱼肝、脾肿大，腹腔内有大量带血腹水）（汪开毓　供图）

彩图5-20　斑点叉尾鮰肠型败血症症状（患病鱼体表出现大量小溃疡灶）（叶志辉　供图）

彩图5-21　体表溃疡病症状（患病鲟体表形成溃疡）（汪开毓　供图）

彩图5-22　白头白嘴病症状（患病大口鲇吻端呈乳白色）（叶志辉　供图）

彩图5-23　烂尾病症状（患病草鱼尾鳍溃烂、断损）（汪开毓　供图）

彩图5-24　白皮病症状（患病鲫尾柄处发白）（叶志辉　供图）

彩图5-25　鲤科鱼类疖疮病症状（患病中华倒刺鲃背部隆起的疖疮）（叶志辉　供图）

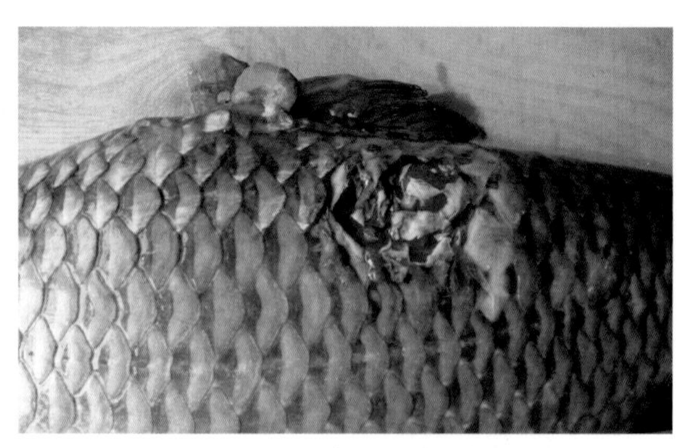

彩图5-26　鲤科鱼类疖疮病症状（患病鱼隆起剖开后为血水）（叶志辉　供图）

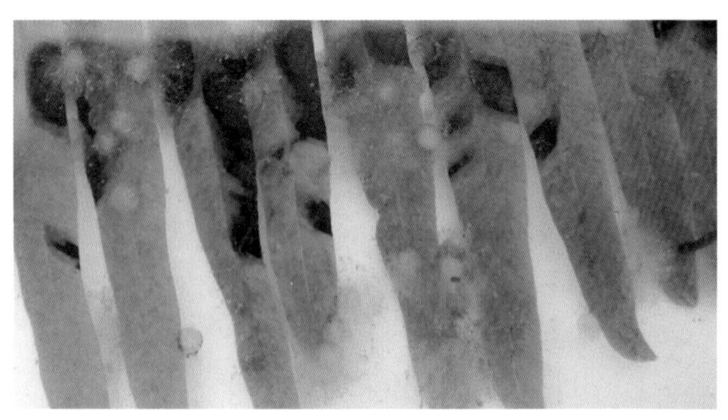

彩图5-27　水霉病症状（鱼卵着生大量水霉）（叶志辉　供图）

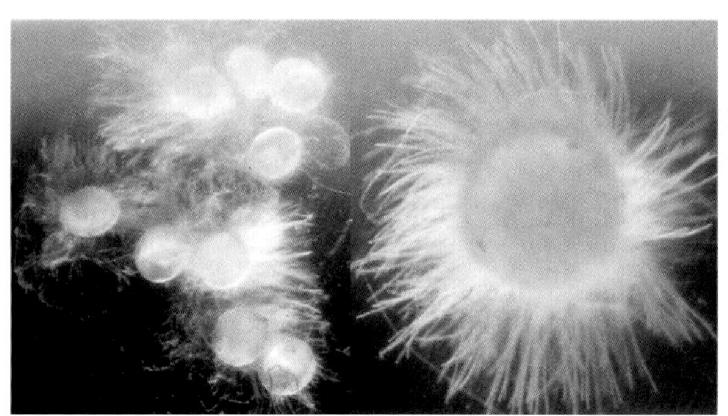

彩图5-28　水霉病症状（鱼卵着生水霉，呈"太阳籽"状）（汪开毓　供图）

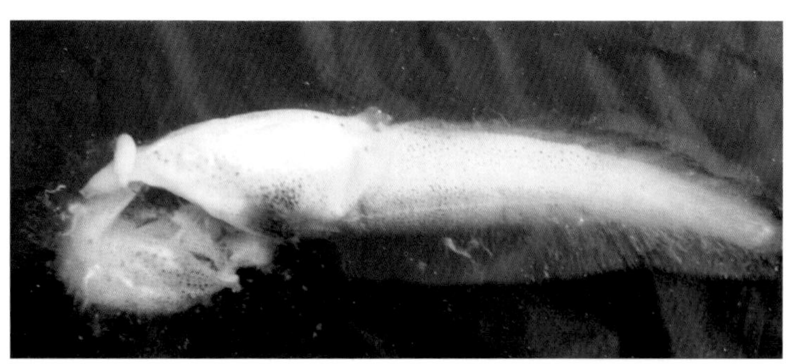

彩图5-29　水霉病症状（大口鲇着生水霉菌丝）（叶志辉　供图）

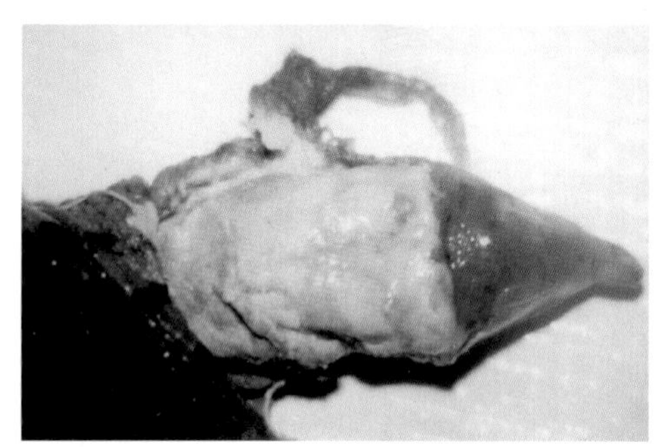

彩图5-30　鳖腐皮病症状（患病鳖颈部皮肤溃烂）（汪开毓　供图）

彩图5-31　鳖腐皮病症状（患病鳖背甲腐烂）（汪开毓　供图）

彩图5-32　蛙红腿病症状（患病幼蛙腿部充血、出血）（汪开毓　供图）

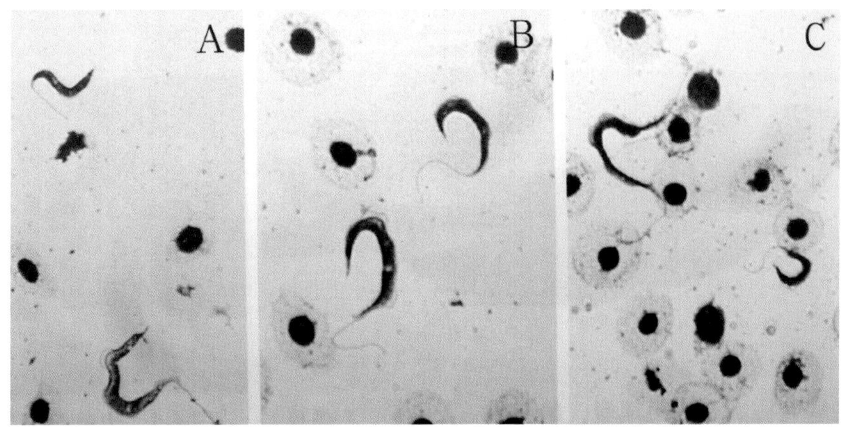

彩图6-1　锥体虫（患锥体虫病大口鲇血液中的锥体虫）
（汪开毓　供图）

彩图6-2　黏孢子虫（寄生于头部、鳍条的黏孢子虫）
（叶志辉　供图）

彩图6-3　黏孢子虫（寄生于体腔中的黏孢子虫）
（叶志辉　供图）

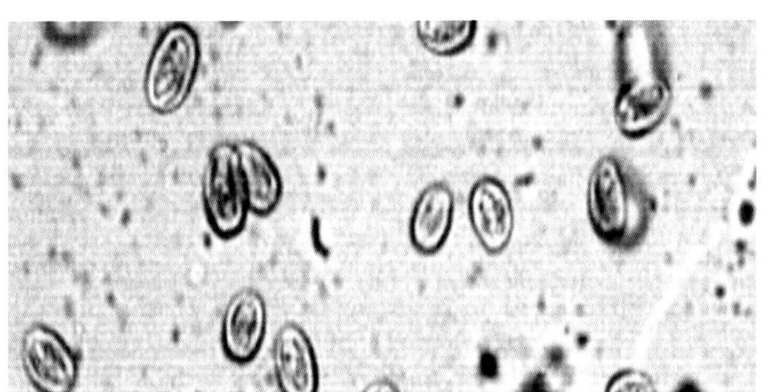
彩图6-4　鲤斜管虫形态（叶志辉　供图）

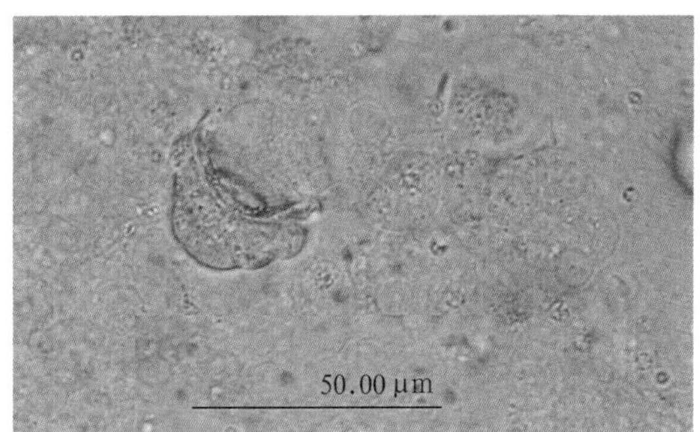

彩图6-5　车轮虫侧面观（叶志辉　供图）

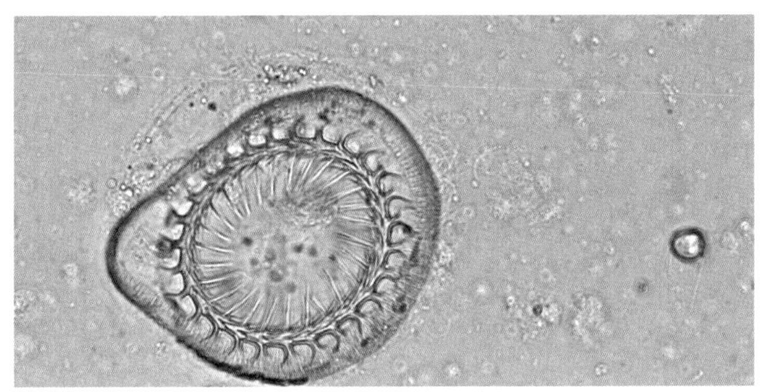
彩图6-6 车轮虫反面观（叶志辉　供图）

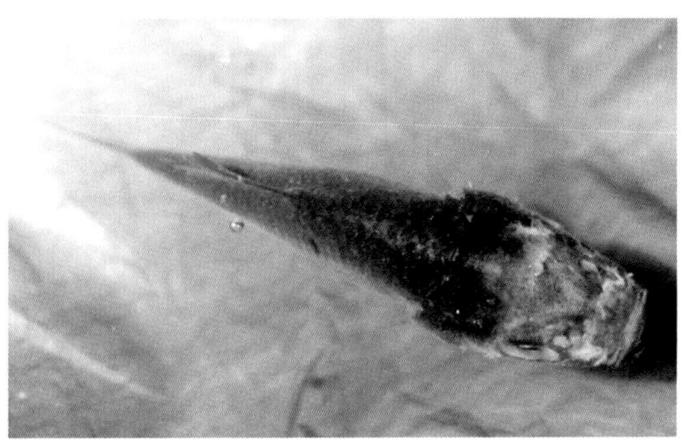
彩图6-7　车轮虫病症状（患病鲫出现“白头白嘴”）（叶志辉　供图）

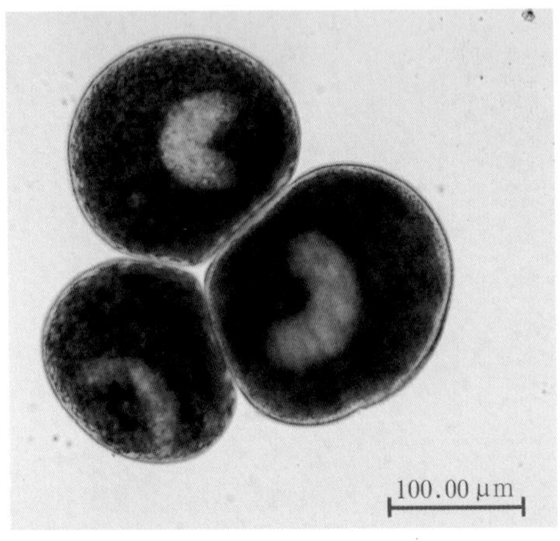

彩图6-8　小瓜虫成虫（叶志辉　供图）

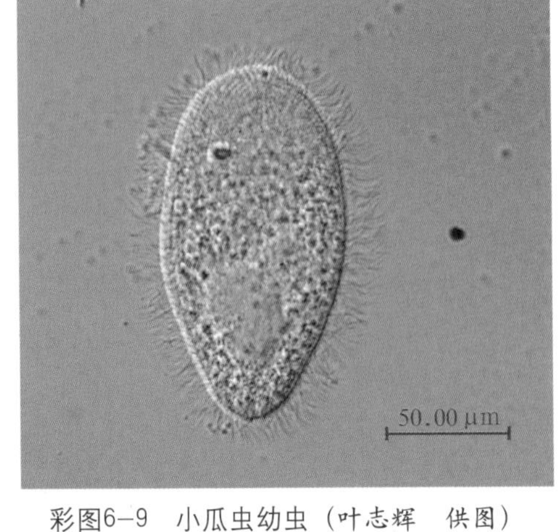

彩图6-9　小瓜虫幼虫（叶志辉　供图）

彩图6-10　小瓜虫病症状（寄生于虹鳟尾鳍上的包囊）（叶志辉　供图）

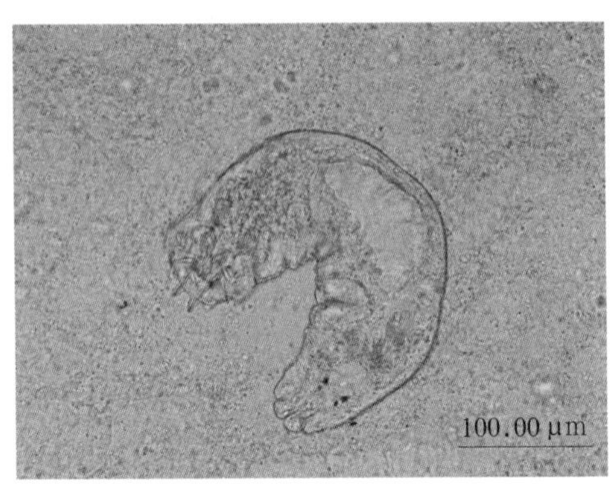

彩图6-11　指环虫外部形态（叶志辉　供图）

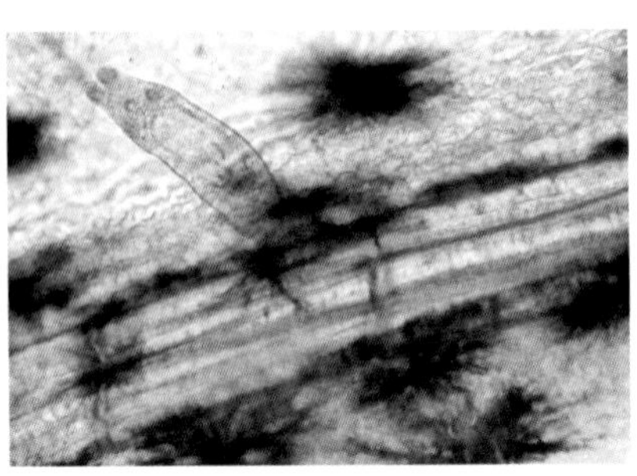

彩图6-12　寄生在体表上的三代虫（叶志辉　供图）

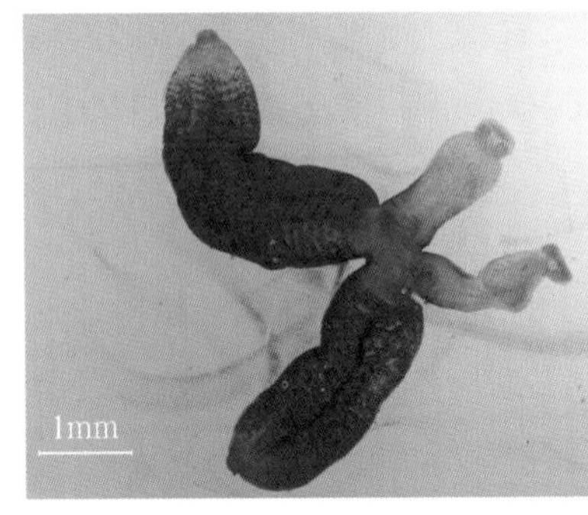

彩图6-13　双身虫染色标本

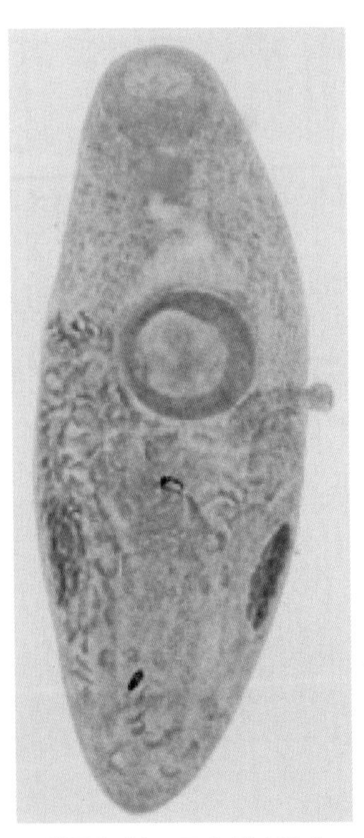

彩图6-14　日本侧殖吸虫（叶志辉　供图）

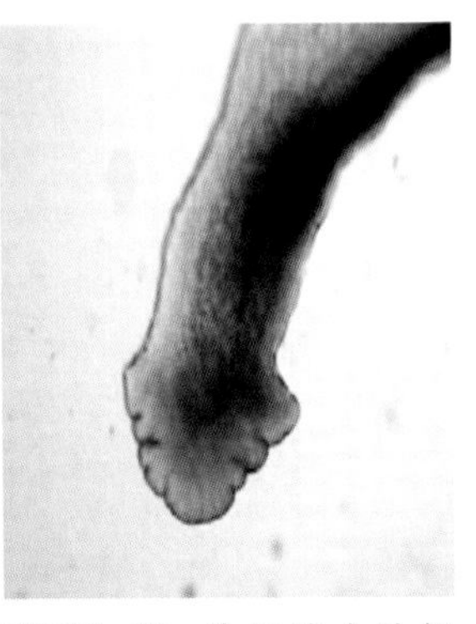

彩图6-17　许氏绦虫头部形态（叶志辉　供图）

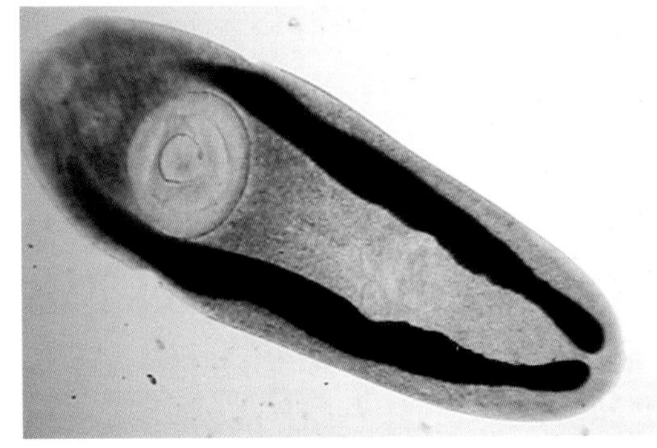

彩图6-15　扁弯口吸虫的囊蚴（叶志辉　供图）

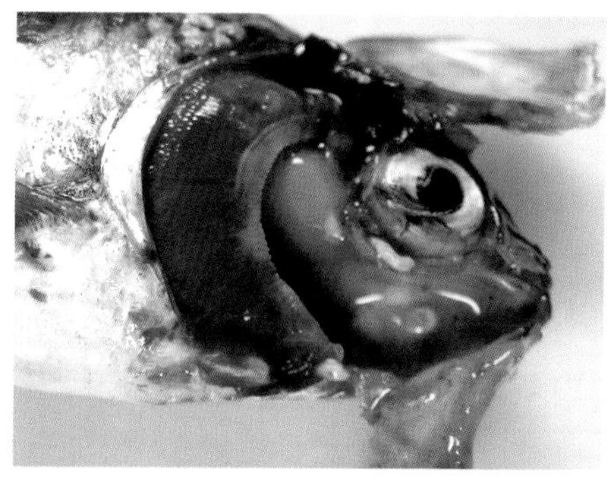

彩图6-16　患病鲫的鳃和口腔内出现黄色包囊（叶志辉　供图）

彩图6-18 许氏绦虫病（患病鲤肠道内有大量虫体）（叶志辉　供图）

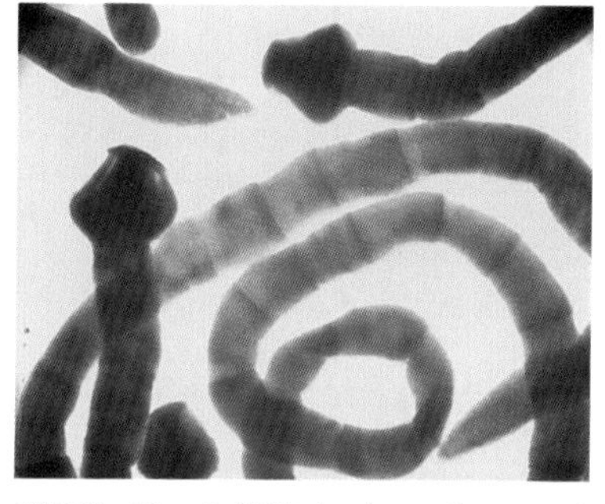

彩图6-19　头槽绦虫（汪开毓　供图）

彩图6-20　头槽绦虫病症状（患病草鱼肠道内大量虫体）（汪开毓供图）

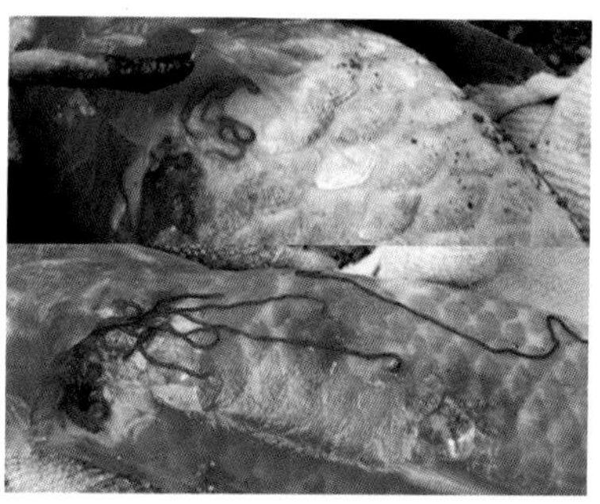

彩图6-21　寄生于鲤鳞片下的嗜子宫线虫（叶志辉　供图）

彩图6-22　隐藏新棘虫吻部形态（叶志辉　供图）

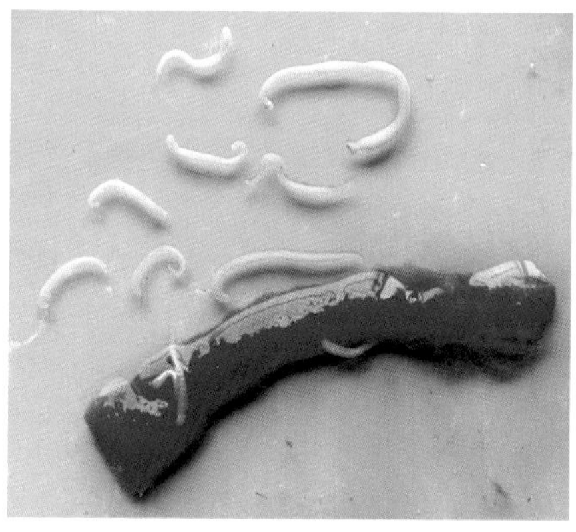

彩图6-23　隐藏新棘虫病症状（患病黄鳝肠道内的虫体）（叶志辉　供图）

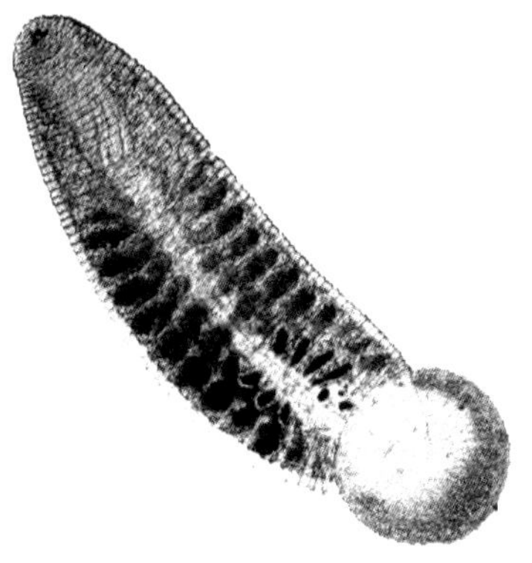

彩图6-24　尺蠖鱼蛭外部形态（叶志辉　供图）

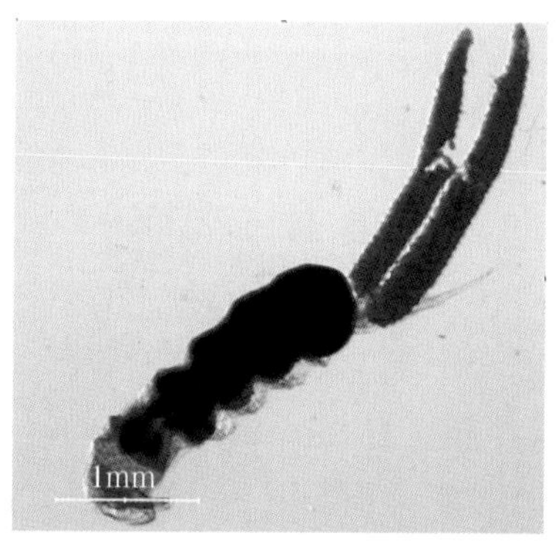

彩图6-25　中华鳋形态

彩图6-26 寄生在鲢鳃上的中华鳋，呈白色小蛆状（叶志辉　供图）

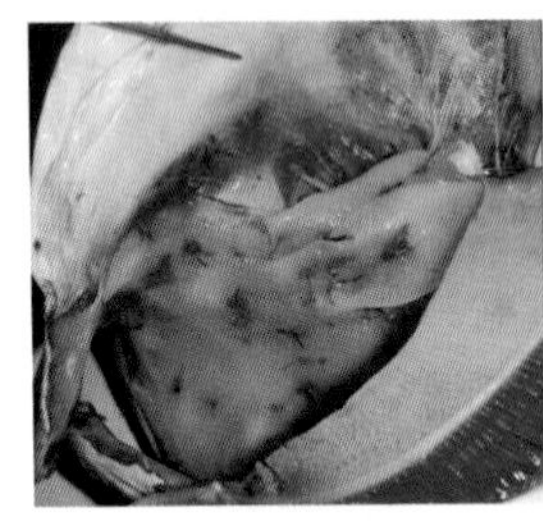
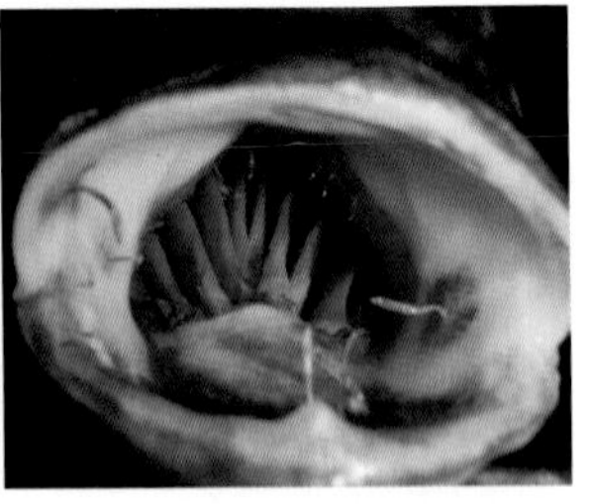

彩图6-27　寄生于鲢口腔中的锚头鳋（叶志辉　供图）

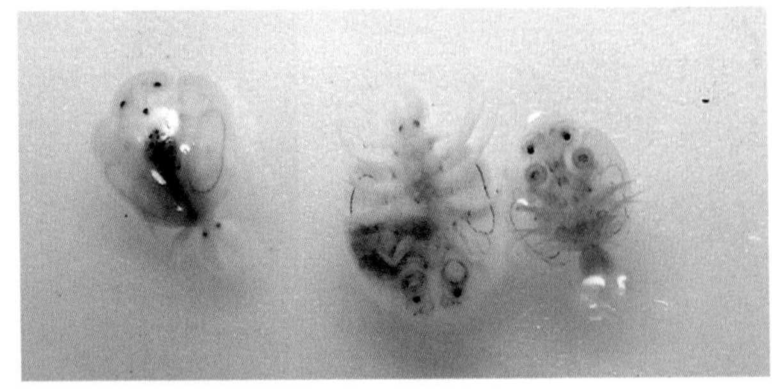

彩图6-28　鱼鲺活体的形态（叶志辉　供图）

彩图6-29　鱼怪形态（汪开毓　供图）

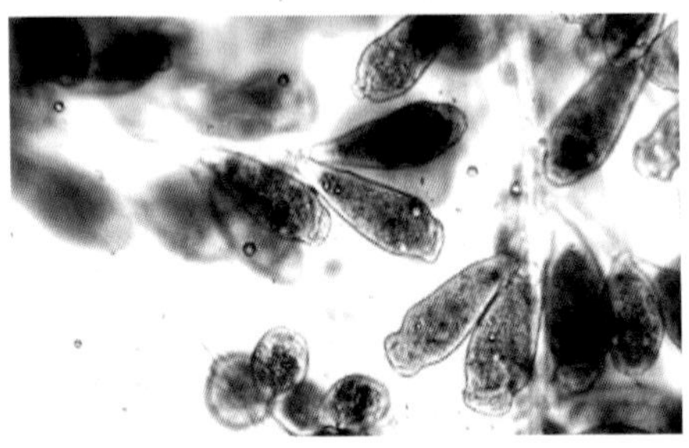

彩图6-30　寄生在鳃上的累枝虫（叶志辉　供图）

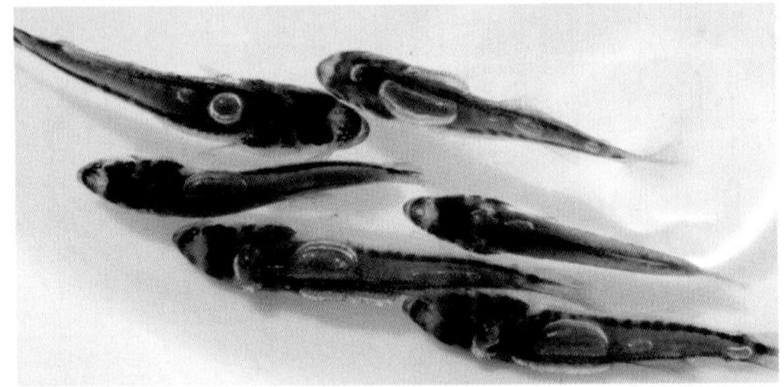

彩图7-1　气泡病症状（体表或体内出现气泡）（叶志辉　供图）

彩图7-2　弯体病症状（患病草鱼呈弯体状）（叶志辉　供图）

彩图7-4　铜中毒鲤体色变黑（下），上为正常对照（汪开毓　供图）

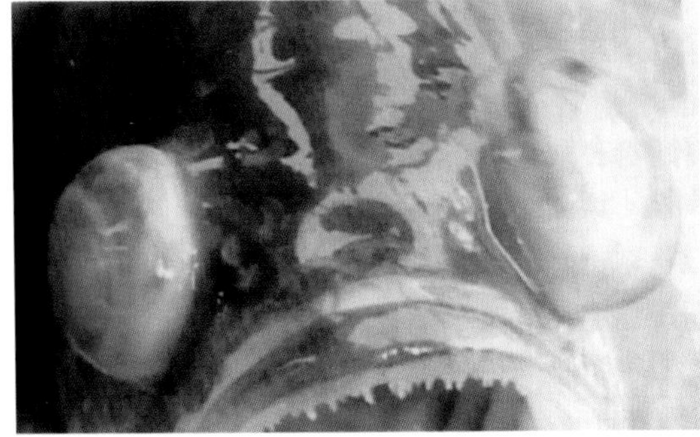

彩图7-3　维生素A缺乏的鲈角膜水肿，眼球突出（肖丹　供图）

彩图7-5　铜中毒的鲤鳃上附着有淡蓝色的絮状物（汪开毓　供图）